杨彦明 等 编著

航空维修
质量管理

（在线课程版）

清华大学出版社

北京

内 容 简 介

本书吸收现代质量管理的新理论、新技术以及最新成果,结合航空维修保障工作的特点,主要论述了现代质量管理的基础知识、航空维修质量管理的基本理论、航空装备通用质量特性、航空维修质量管理体系、航空维修质量管理的基本方法和工具、精益六西格玛管理、航空维修保障精细化管理、航空维修保障现场 6S 管理等内容。

本书可作为军队院校和普通高校航空类、军事装备类、管理类相关专业方向本科生或研究生学习航空维修质量管理的基本理论和技术方法,培养正确质量观和优良机务作风,增强质量强国意识和质量安全素养的教材或参考书,也可作为军队院校相关专业军官任职培训、军士职业技术教育的教材或参考书,以及军事职业教育学习军队级精品在线开放课程"航空维修质量管理"的配套教材,还可供从事装备管理和装备保障的人员阅读。本书提出的观点、思想和方法对民用产品的质量管理也具有一定的指导、借鉴和参考作用。

图书在版编目(CIP)数据

航空维修质量管理:在线课程版 / 杨彦明等编著. -- 北京:清华大学出版社,2025. 8.
ISBN 978-7-302-70144-6

Ⅰ. V267

中国国家版本馆 CIP 数据核字第 2025ZE3805 号

责任编辑:王 欣
封面设计:常雪影
责任校对:王淑云
责任印制:杨 艳

出版发行:清华大学出版社
      网 址:https://www.tup.com.cn, https://www.wqxuetang.com
      地 址:北京清华大学学研大厦 A 座   邮 编:100084
      社 总 机:010-83470000   邮 购:010-62786544
      投稿与读者服务:010-62776969, c-service@tup.tsinghua.edu.cn
      质量反馈:010-62772015, zhiliang@tup.tsinghua.edu.cn
印 装 者:三河市人民印务有限公司
经 销:全国新华书店
开 本:185mm×230mm   印 张:16.75   字 数:366 千字
版 次:2025 年 9 月第 1 版   印 次:2025 年 9 月第 1 次印刷
定 价:96.00 元

产品编号:087456-01

《航空维修质量管理》

编 著 人 员

杨彦明

高万春　许成斌　王灵芝

赵　洋　方　平　郑海燕

李江龙　崔骏夫　张　琦

前　言

著名质量管理专家朱兰曾预言："21世纪将是质量的世纪"。当前，质量在我国得到了前所未有的重视。"质量第一"和"质量强国"一起写入了党的十九大报告，党的二十大报告再次提出建设"质量强国"①，充分说明了新时期我党对质量工作的高度重视，《质量强国建设纲要》②的发布再次确立了"质量强国"是党和国家重大战略。

国防和军队建设作为国家建设的一个重要方面，同样也要关注质量的建设。质量是战斗力的基础，抓质量就是抓战斗力。质量是航空维修的生命线，航空维修质量管理是航空维修保障工作的重要组成部分。本书的出版将对读者学习航空维修质量管理的基本理论和技术方法，形成一定的航空维修质量管理能力，以及增强质量强国意识和质量安全素养、培养正确质量观和优良航空机务作风起到重要作用。

全书分为9章，按照"质量管理基础理论—装备通用质量特性—质量管理体系构建—质量管理方法手段—质量管理技术应用"的体系结构组织。汲取现代质量管理理论的最新成果和思想方法，结合航空维修保障工作的特点，围绕航空维修质量管理能力培养这条主线，以质量管理理论为基础，以质量管理体系为支撑，以质量管理技术方法和工具为核心，论述了现代质量管理基础知识、航空维修质量管理基本理论、航空装备通用质量特性、航空维修质量管理体系、航空维修质量管理方法、航空维修质量管理工具、精益六西格玛管理、航空维修保障精细化管理、航空维修保障现场6S管理等内容。

"教材建设是育人育才的重要依托。"③教材与教学对象、教学内容的高度契合是实现高质量教学的重要保障。教材编著坚持新时代军事教育方针，落实习近平总书记对教材建设提出的"一坚持五体现"要求④，遵循"以学为中心"的理念，凸显教材先进性和时效性、为战性和实用性、铸魂性和思想性、智慧化和立体化的风格特色。具体体现在以下几个方面：

第一，注重学科最新发展与应用，吸收现代质量管理的新理论、新技术以及最新成果，突

---

① 党的二十大报告指出："加快建设制造强国、质量强国、航天强国、交通强国、网络强国、数字中国。"

② 中共中央、国务院2023年2月印发《质量强国建设纲要》，并发出通知，要求各地区各部门结合实际认真贯彻落实。

③ 习近平总书记在全国高校思想政治工作会议上指出："教材建设是育人育才的重要依托。建设什么样的教材体系，核心教材传授什么内容、倡导什么价值，体现国家意志，是国家事权。"

④ 习近平总书记在全国教育大会上指出："教材建设必须坚持马克思主义的指导地位，体现马克思主义中国化要求，体现中国和中华民族风格，体现党和国家对教育的基本要求，体现国家和民族基本价值观，体现人类文化知识积累和创新成果。"

出先进性和时效性特色。《周易》有言"凡益之道，与时偕行"。坚持"体现人类文化知识积累和创新成果"要求。一是结合航空维修管理工作实际，系统介绍全面质量管理、六西格玛管理、精益管理、精细化管理等新理论、新技术、新方法和新颁布的国际、国家和军队质量管理相关标准等，以及军内外质量管理方面的最新应用案例，旨在使读者生动地体验到新技术与时俱进的步伐，引导学习者以创新精神投入到维修质量管理实践活动中。二是注重将最新战训成果和科研学术成果充实到教材中，丰富、完善教材内容，同时也增加了美军开展精益六西格玛管理、精细化管理的应用案例，确保了教材内容的先进性和时效性。三是将近几年荣获我国质量管理领域最高荣誉——中国质量奖的典型案例融入教材，包括航天科技集团、航天二院、厦门航空、华为、海尔、格力、美的等著名单位和企业的质量管理实践案例，体现了"国家和民族基本价值观"，确保了质量管理案例的权威性和时效性，也可激发读者报国强军的家国情怀和使命担当。

第二，立足航空维修保障实际，实现质量管理与航空维修保障工作的有机结合，突出为战性和实用性特色。明代理学家、教育家王阳明认为"知者行之始，行者知之成"。坚持"为战育人"，聚焦航空装备保障发展方向，实现专业知识与岗位需求高度契合。教材在强调质量管理理论的延续性和应用性基础上，紧密结合航空维修质量管理实际，精选航空维修保障实际问题和典型案例，实现质量管理的基本理论、基本方法与航空维修管理实际的有机融合，旨在使理论与实际结合，力求在对典型问题的解决过程中使学习者领悟原理、理解技术、掌握方法，增强学习者在工作实践中分析和解决问题的能力，力求达到知行并重、学以致用，彰显了为战性和实用性特色。

第三，秉持立德树人理念，力求思政元素融入，实现教材知识传授与思想引领的有机融合，突出铸魂性和思想性特色。儒家经典《礼记》有言"教之以事，而喻诸德也"。北宋史学家司马光在《资治通鉴》中有言"才者，德之资也；德者，才之帅也"。坚持"立德树人"，聚焦人的价值塑造和全面发展，将质量管理中蕴含的思政元素与专业知识有机融合，力求教材的知识性与思想性统一。质量管理素养不仅包含质量管理的知识与能力，还包含"质量强国意识""质量安全素养"，以及"追求卓越的质量品质""精益求精的工匠精神"和"严谨细致的工作作风"等思政元素。本教材每章在"知识目标""能力目标"的基础上，增设了"思政育人目标"，目标导向明确；创设课程思政板块——"思政聚焦"（下设"质量强国""质量故事""质量案例""警示案例""大国工匠""古为今用""他山之石""思想启迪""科学思维""科学精神""机务作风""微言大义"等子栏目），共计 90 余个，涵盖主要章节，便于开展渗透式课程思政教育[①]；力求"体现中国和中华民族风格"，每一章开篇均配有精心挑选的与质量管理思想相关的中华优秀传统文化元素，涉及《礼记》《论语》《老子》《墨子》《管子》《司马法》等传统经典中

---

① 《高等学校课程思政建设指导纲要》指出："落实立德树人根本任务，必须将价值塑造、知识传授和能力培养三者融为一体、不可割裂。全面推进课程思政建设，就是要寓价值观引导于知识传授和能力培养之中，帮助学生塑造正确的世界观、人生观、价值观，这是人才培养的应有之义，更是必备内容。"

的锦言佳句。正文拓展了《考工记》《孙子兵法》《韩非子》《齐民要术》《梦溪笔谈》《营造法式》《天工开物》《朱子家训》等经典记载的中国古代质量管理制度、工匠精神和管理智慧,富有文化内涵和人文气息,让读者体悟其中蕴含的优秀传统文化,增强文化自信;适度添加了"知识链接"和"温馨提示"等板块40余个,以此拓展知识、提示方法,有效激发学习兴趣。

第四,同步推进数字资源建设,实现纸质教材与数字化教学资源的有机融合,突出智慧化和立体化特色。坚持"以学为中心",变传统"教材"为"教材+学材",开发丰富实用、符合学习需要的立体化信息资源。以军队级精品在线开放课程"航空维修质量管理"为基础,进行纸质教材和课程数字资源一体化设计。运用二维码技术,建立纸质教材和数字化资源的有机联系,支持学习者利用移动终端扫码,即可随时随地观看学习,打造"纸质教材+多媒体资源"的新形态智慧化教材①,也为开展"线上线下"混合式教学提供有力支撑。

杨彦明教授主持本书的编著,负责全书策划设计、内容组织与撰写、统稿审定及数字资源设计等工作。高万春、许成斌、王灵芝、赵洋、方平等老师参与部分章节内容的撰写和配套数字资源的开发工作。在此,真诚感谢本书所参阅、引用文献的作者以及提供相关素材案例的同仁给予的理解和支持。限于作者水平,书中疏漏及不当之处在所难免,恳请同行专家和读者朋友批评指正。

作 者

2025 年 1 月

---

① 党的二十大报告明确提出了"加强教材建设和管理""推进教育数字化"等一系列重要论断。新形态智慧化教材是信息技术和教育教学深度融合的产物,也是推进教育数字化的重要体现,具有富媒体性、交互性、开放性、动态性、灵活性等特点。

目　　录

物勒工名，以考其诚。

功有不当，必行其罪，以穷其情。

——《礼记·月令》

戴 圣①

第1章　现代质量管理基础

📖 知识目标

✦ 理解质量与质量管理的基本概念及相关术语。

✦ 熟悉质量管理的发展阶段及特点。

✦ 熟悉现代质量管理的代表人物及其管理理念。

🔧 能力目标

✦ 掌握应用质量管理思想的能力。

✦ 初步掌握运用质量管理基本理论解决实际问题的能力。

🎓 思政育人目标

✦ 树立正确质量观，培树"质量第一"和"质量强国"的价值认同和政治认同。

✦ 深刻领会我国"质量强国"战略的相关精神，增强责任感和使命感。

✦ 自觉传承中国优秀传统质量文化，增强文化自信和民族自豪感。

---

① 戴圣　西汉经学家。今文礼学"小戴学"的开创者。《礼记》亦称《小戴记》或《小戴礼记》。儒家经典之一。秦汉以前各种礼仪论著的选集。相传西汉戴圣编纂，今本为东汉郑玄注本。凡四十九篇，大率为孔子弟子及其再传、三传弟子等所记，是研究中国古代社会情况、儒家学说和文物制度的参考书。"物勒工名"制度的记述最早见于《礼记·月令》，在此后亦见录于由秦国丞相吕不韦集合门客共同编写的《吕氏春秋》第十卷《孟冬纪》。

◈ 树立"零缺陷"质量理念,培养精益求精和追求卓越的质量品质。

◈ 树立正确价值观,学习和弘扬世界先进质量管理文化。

◈ 学习先进质量管理案例,激发报国强军的家国情怀和使命担当。

美国著名质量管理专家朱兰曾预言:21世纪将是质量的世纪,质量将成为占领市场的有效武器,成为社会发展的强大动力。质量管理是为适应提高产品质量的要求而发展起来的一项十分重要的科学技术。它的出现和日臻完善,不断促进着产品质量的提高,推动着社会生产力的发展,目前已受到世界各国的普遍重视。本章主要介绍现代质量管理的基本概念和相关术语、现代质量管理的代表人物及其质量观。

视频讲解

质量

1.1 质　　量

质量是一个大家都关心的话题,它与人们的日常生活、科技发展和国防安全都息息相关。质量不佳往往会给人们的生命财产造成严重损失。从整个国家的建设与发展看,质量问题是个重大的战略问题。

思政聚焦——质量强国:【我国质量强国战略】质量发展是强国之基、立业之本和转型之要。建设质量强国是我国将长期坚持的党和国家重要战略。中共中央、国务院2017年9月发布的《关于开展质量提升行动的指导意见》把质量提升为国家战略。2017年10月,"质量第一"和"质量强国"一起写入了党的十九大报告,充分说明了新时期我党对质量工作的高度重视。2022年10月,建设质量强国再次写进党的二十大报告,报告指出:"加快建设制造强国、质量强国、航天强国、交通强国、网络强国、数字中国。"中共中央、国务院2023年2月印发《质量强国建设纲要》(以下简称《纲要》)。《纲要》贯彻落实党的二十大精神,部署深入实施质量强国战略。这就再次确定了质量强国是党和国家重大战略,显示建设质量强国是全面建设社会主义现代化国家的必由之路。《纲要》指出,建设质量强国是推动高质量发展、促进我国经济由大向强转变的重要举措,是满足人民美好生活需要的重要途径。质量强国,国之大者,我们要不负韶华,为建设质量强国而努力奋斗。(资料来源:[1]党的二十大报告.2022.[2]质量强国建设纲要[M].北京:中国标准出版社,2023.[3]中国政府网.)

1.1.1 质量的概念

质量(Quality)是质量管理学的研究对象,其内涵极其丰富,并且随着社会经济的发展,质量的含义也得以不断充实和拓展。关于质量的概念,从不同层面和视角,可以做出不同的界定,比较具有代表性的定义主要有以下几种。

1. 质量就是合乎标准(符合性质量)——克劳士比

美国质量管理专家克劳士比(P. B. Crosby)从生产者角度将质量定义为:质量就是符合标准的程度。对生产者来说,质量意味着与技术要求的一致性。他们通过技术标准来体现其质量状况,在制造业,通常表现为公差、寿命、可靠性等;在服务业,则通过其服务标准来表现,如服务承诺、服务守则、规章制度等。对于生产者来说,质量与现有生产技术能力和欲达到的目的相关。质量标准可以将质量量化为便于衡量的特性值。质量必须符合要求,意味着组织的运作不再只是依靠意见或经验,而是将所有的脑力、精力、知识集中于制定质量标准。这是一种基于生产的观点,目的是要努力达到制定的质量标准。然而,如果不能真正反映出对顾客最重要的特性,标准就是毫无意义的。

　　知识链接:克劳士比在《质量免费》(*Quality is Free*)一书中指出:对于质量的定义,最容易发生的错误认识就是将质量表示为"优良""精美""闪闪发光"或"引人注目","质量"这个词经常用于表达某些产品的相对价值,如"优质"或"劣质"。因此,克劳士比认为必须对质量有一个准确的定义:质量就是符合要求(规格,Specification)。

　　知识链接:【"质量"一词的来源】《辞海》对质量的定义是:"事物的优劣程度。如:产品质量;教学质量。"这是一种符合性质量观,包含两层含义:事物质量和评价标准。今天,我们常说的"质量"这个词,来源于西方的"Quality",它在古希腊语中本义是"哪一个",是物与物之间的比较。但早在"Quality"译成汉语的一千多年前,"质量"一词就已在华夏大地上使用。三国时期魏人刘劭所著《人物志》:"凡人之质量,中和最贵矣。中和之质,必平淡无味。故能调成五材,变化应节。是故观人察质,必先察其平淡,而后求其聪明。"在这里"质量"的含义是"资质"与"器量",构成"体质"要素的含量,即人的质量。(资料来源:[1]陈至立,等.辞海(彩图本)[M].7版.上海:上海辞书出版社,2020.[2]梁满仓.中华经典名著全本全注全译丛书:人物志[M].北京:中华书局,2018.[3]伏俊琏.人物志译注[M].上海:上海古籍出版社,2018.[4]《大国质量》节目组.大国质量:世界名企版"大国崛起"[M].北京:当代世界出版社,2019.)

2. 质量就是适用性(适用性质量)——朱兰

美国质量管理专家朱兰(J. M. Juran)博士从用户角度出发,提出了产品质量就是产品的适用性,认为"质量是产品在使用过程中成功地满足用户要求的程度"。用户对产品的基本要求就是适用,适用性恰如其分地表达了质量的内涵。

这一定义有两个方面的含义,即使用要求和满足程度。人们使用产品时,总对产品质量提出一定的要求,而这些要求往往受到使用时间、使用地点、使用对象、社会环境和市场竞争等因素的影响，这些因素的变化，会使人们对同一产品提出不同的质量要求。因此，质量不是一个固定不变的概念，它是动态的、变化的、发展的；它随着时间、地点、使用对象的不同而不同，随着社会的发展、技术的进步而不断更新和丰富。

用户对产品的使用满足的程度，反映在对产品的性能、经济特性、服务特性、环境特性和心理特性等方面。因此，质量是一个综合的概念。它并不要求技术特性越高越好，而是追求诸如性能、成本、数量、交货期、服务等因素的最佳组合，即所谓的最适当。

由此可见，质量理念也由追求"产品合格"发展到"顾客满意"。这种"质量是由顾客的要求来决定的"基于用户的观点，也存在以下局限：一是顾客的要求是一个模糊的概念，难以度量，需要相应的指标；二是符合性质量虽然是一种动态的质量观，但过分强调顾客，容易忽视其他相关方。

3. 质量是客体的一组固有特性满足要求的程度（广义质量）——国际标准化组织

国际标准化组织（International Organization for Standardization，ISO）在 ISO 9000：2015《质量管理体系 基础和术语》标准（等同于国家标准 GB/T 19000—2016）中，把质量定义为："客体的一组固有特性满足要求的程度"。该定义全面、准确，在全世界范围内具有权威性。这一定义可从以下几个方面来理解。

（1）质量的载体称为客体，客体是"可感知或可想象到的任何事物"。客体可以是产品、服务、过程、人员、组织、体系、资料等。客体可能是物质的（如一架飞机、一台发动机、一张纸）、非物质的（如装备维修保障工作、一个项目计划）或想象的（如未来组织的状态）。

（2）定义中的"固有"是指在某事或某物中本来就有的，尤其是那种永久的特性。"特性"是指可区分的特征，它可以是固有的或赋予的、定性的或定量的。特性有多种类型，如物理的、感官的、行为的、时间的、人体功效的、功能的，等等。固有特性是指存于客体的一组永久性的特性，它是产品、过程或体系的一部分（如螺栓的直径、机器的功率和转速、打电话时的接通时间等技术特性），而人为赋予的特性（如产品的价格）不是固有特性，不反映在产品的质量范畴中。

（3）定义中的"要求"是指"明示的、通常隐含的或必须履行的需求或期望"。"明示的"——供需双方业务洽谈和签订合同过程中，用技术规范、质量标准、产品图样、技术要求加以明确规定的内容。"通常隐含的"——组织和相关方的惯例或一般做法，所考虑的需求或期望是不言而喻的。特定要求可使用修饰词表示，如产品要求、质量管理要求、顾客要求；规定要求是经明示的要求，需在文件中予以阐明；要求可由不同的相关方提出。

（4）质量是名词。质量本身并不反映一组固有特性满足顾客和其他相关方要求的能力的程度。所以，产品、体系或过程质量的差异要用形容词加以修饰，如质量好或质量差等。

（5）顾客和其他相关方对产品、体系或过程的质量要求是动态的、发展的和相对的。它随着时间、地点、环境的变化而变化。所以，应定期对质量进行评审，按照变化的需要和期望，相应地改进产品、体系或过程的质量，才能确保持续地满足顾客和其他相关方的要求。

从上述定义可以看出,客体的固有特性必须尽可能满足要求,固有特性与要求越接近,其质量水平就越高;反之,质量水平就越低。

另外,需要说明的是,不少学者从其他视角对质量的概念进行了研究。日本著名的质量管理专家田口玄一(Genichi Taguchi)提出的质量概念是以否定的方式来定义质量的。他对质量下的定义是:产品从装运之日起,直到使用寿命完结止,给社会带来损失的程度。换言之,质量是用产品出厂后带给社会的损失大小来衡量的。其中,损失可以分为有形损失和无形损失。有形损失包括三部分:一是由于产品性能波动所造成的损失;二是由于产品缺陷项目所造成的损失;三是产品的额外使用费用。无形损失包括导致企业信誉损失的顾客满意成本等。日本狩野纪昭(Noriaki Kano)教授根据顾客的感受和质量特性的实现程度,提出了一个新的质量模型——卡诺模型(KANO Model),该模型定义了三个层次的顾客需求:基本型需求(基本质量)、期望型需求(一元质量)和兴奋型需求(魅力质量)。这三种需求根据绩效指标分类就是基本因素、绩效因素和激励因素。

思政聚焦——思想启迪:【质量是人类智慧的结晶,提升质量是全人类共同的追求】质量不仅仅表现为产品和服务的性能,也是一种生活规范和处世哲学,质量对个人、企业、行业、国家未来的发展都有着深刻影响。传统的质量观念在产品定位上主要关注产品的固有特性,停留在满足顾客生理需求的层面上,在体现顾客心理或伦理需求和期望的赋予特性上还有很大差距。顾客的购买欲望,不仅是好(hǎo,质优),更重要的是好(hào,喜好),质量突出表现在产品的魅力上。(资料来源:[1]韩福荣.现代质量管理学[M].4版.北京:机械工业出版社,2018.[2]中国质量大会《上海质量宣言》.2017.)

在理解"质量"术语时,还要注意以下几个特点。

(1)质量的广义性。质量的载体是实体,实体是"可单独描述和研究的事物"。实体可以是产品(硬件和软件),也可以是组织、体系或人,以及以上各项的任意组合。质量不仅可以指产品质量,也可以指某项活动或过程的工作质量,还可以指涉及人的素质、设备的能力、管理体系运行的质量等。

(2)质量的时效性。组织的顾客及其他相关方对组织的产品、过程和体系的需求和期望是不断变化的,组织应根据顾客和相关方需求及期望的变化,不断调整对质量的要求,并争取超越他们的期望。

(3)质量的相对性。组织的顾客和相关方对同一产品的功能可能提出不同的需求;也可能对同一产品的同一功能提出不同的需求;需求不同,质量要求也就不同,但只要满足需求,就应该认为质量是好的。

(4)质量的动态性。随着科学技术的发展和生活水平的提高,人们对产品、过程或质量体系会提出新的质量要求。因此,应定期评价质量要求,修订规范。不同顾客、不同地区因自然环境条件和技术水平的不同,消费水平的差异,也会对产品提出不同的要求,产品应具有各种环境的适应性,以满足顾客"明示或隐含"的需求。

随着人类社会的进步,人们对质量的认知也在不断变化,越来越接近事物的本质,并逐渐被企业、社会所理解和接受。因此,人们对质量的认知过程是与时俱进和永无止境的。

思政聚焦——质量强国:【中华民族追求质量的历史源远流长,创造了手工业时代的绚烂与辉煌】2021年9月16日,国家主席习近平向中国质量(杭州)大会致贺信指出:"质量是人类生产生活的重要保障。人类社会发展历程中,每一次质量领域变革创新都促进了生产技术进步,增进了人民生活品质。中国致力于质量提升行动,提高质量标准,加强全面质量管理,推动质量变革、效率变革、动力变革,推动高质量发展。"2017年9月15日,国家主席习近平向中国质量(上海)大会致贺信指出:"质量体现着人类的劳动创造和智慧结晶,体现着人们对美好生活的向往。中华民族历来重视质量。千百年前,精美的丝绸、精制的瓷器等中国优质产品就走向世界,促进了文明交流互鉴。今天,中国高度重视质量建设,不断提高产品和服务质量,努力为世界提供更加优良的中国产品、中国服务。"

中华民族自古以来就对产品有高质量追求。众所周知,在英文中,china这个词有两个含义,一是中国(英文首字母大写),二是瓷器(英文小写)。在西方人的观念里,"瓷器"虽然只是一种物品,但它却可以成为"中国"的特征或属性,不言而喻,"瓷器"的品质就是"中国"的品质,"瓷器"的质量内涵就是"中国"质量文化的外在体现。中国瓷器以其高超的工艺水平、大师的匠心独运、完美的质量品质,又为"中国制造"传统与历史写下浓墨重彩的一笔,也成为中国质量传统的最佳见证之一、象征之一。质量是中华文明的重要基因,数千年历史发展赓续不断,产出名扬四海的丝绸、瓷器、玉器、青铜器等产品,铸就了东方文明古国悠久灿烂的文化。例如:商"后母戊"青铜方鼎(曾称"司母戊鼎"),形制巨大,雄伟庄严,重832.84千克,是目前已知中国古代最重的青铜器,充分说明商代后期的青铜铸造不仅规模宏大,而且组织严密,分工细致,足以代表高度发达的商代青铜文化。四羊方尊是商代晚期青铜礼器,采用了圆雕与浮雕相结合的装饰手法,将四羊与器身巧妙地结合为一体,造型生动,巧夺天工,显示了高超的铸造水平,达到了技术与艺术的完美结合,被史学界称为"臻于极致的青铜典范"。西汉错金银云纹青铜犀尊,整件器物饰以细如游丝的错金银云纹,金色、银色与铜胎底色相衬,熠熠生辉,华美无比,造型生气郁勃,孔武有力,虽为实用重器,却又洋溢着充沛的活力,堪称汉代青铜器中的精品,是中国古代青铜器中实用与美观有机结合的典范之作。虽然沉睡两千到三千多年,但它们出土时依旧熠熠生辉,历久弥新。中国古代青铜器、瓷器如图1-1

所示。(资料来源：[1]李刚.建设质量强国[M].北京：中国青年出版社,2022.[2]中国质量大会官网.[3]国家博物馆官网.)

商后母戊青铜方鼎　　　　商四羊青铜方尊　　　　西汉错金银云纹青铜犀尊

北宋青釉洗　　　　南宋哥窑鱼耳炉　　　　清康熙黄地珐琅彩牡丹纹碗

图 1-1　中国古代青铜器、瓷器

(图片来自国家博物馆官网)

思政聚焦——质量案例：【海尔质量观——用户永远是对的】海尔集团(以下简称"海尔")于 1984 年在青岛创立,是全球领先的美好生活和数字化转型解决方案服务商。用户是企业的衣食之源,一个企业没有用户便无法存活。海尔始终坚持"永远以用户为是,以自己为非",这是海尔满足用户需求的原动力。"用户永远是对的"有两层含义：一是质量的标准是由用户定义的。传统质量观中质量的主体只是产品本身,而互联网时代产品本身质量合格只是一个基本的条件,能为用户带来个性化的体验、赢得用户的心理认同才是衡量产品质量的最终标准。二是质量的标准要随着用户需求的变化而不断变化。在互联网时代,用户的需求逐渐趋向个性化、动态化,因此质量标准也不是一成不变的,而是随着用户需求的变化而变化。质量管理的目标由单纯的产品质量上升到满足用户的全流程最佳体验。质量定义从传统时代的"标准""耐用""无瑕疵"等形容词

变为物联网时代的"个性化制造""事先参与""心理认同"等动词。物联网时代高质量产品必须是用户乐意买单的产品,为了创造出这样的产品,海尔的质量管理模式全面升级,搭建了让用户全流程参与产品的研发、设计、生产等每个环节的体验平台。2023年6月,被誉为全球品牌界"奥斯卡"的凯度BrandZ在英国伦敦发布2023年最具价值全球品牌100强排行榜,腾讯、华为、海尔等14家中国品牌上榜。海尔连续5年荣膺全球唯一物联网生态品牌,全球排名第59位。(资料来源:[1]《中国质量管理最佳实践集萃》编委会.中国质量管理最佳实践集萃[M].北京:中国标准出版社,2023.[2]海尔官网.)

1.1.2 质量的分类

随着社会生产的发展和管理水平的提高,质量也从狭义的概念发展到广义的概念。广义的质量,不仅指产品质量,还包括工作质量、服务质量等。我们可以把质量按照实体的不同进行分类,即产品质量、服务质量、工作质量和过程质量等。

1. 产品质量

根据质量的定义,产品质量(Product Quality)可以理解为"产品的一组固有特性满足要求的程度"或者"产品满足规定需要和潜在需要能力的特征和特性的总和"。无论简单产品还是复杂产品,都应当用产品的质量特性和特征进行描述,产品的质量特性依产品的特点而各不相同,归纳起来通常包括以下几个方面:性能(Function)、寿命(Life)、可靠性与维修性(Reliability and Repairability)、安全性(Safety)、适应性(Adaptability)、经济性(Economy)等。

知识链接:【航空产品质量】航空产品是航空兵作战的主要武器装备,其质量的好坏直接决定着航空兵战斗力。航空产品质量首先应具有良好的作战效能和较低的全寿命周期费用。由于飞机是载人飞行的、长期反复使用的产品,其质量要求还需要特别强调可靠性和安全性。地面产品如果出现不良品,可降级使用,使用中出现质量问题,可停机修理。而飞行中的航空武器装备,如果出现质量问题,训练时可能造成机毁人亡的恶性事故,作战时则可能贻误战机,危及战争全局。飞机质量的特殊要求,是由它的特殊使用环境决定的。随着飞机使用范围的拓宽、使用时间的延长、使用条件的恶化,飞机特殊质量特性的要求也将不断提高。可见,航空产品的质量主要包括产品性能、战术技术指标、寿命、安全性、可靠性、维修性、经济性、保障性等。目前我国新机研制的质量工作,正从单纯抓可靠性变为抓可靠性和维修性,进而向安全性、综合后勤保障、可测试性、全寿命周期费用等领域扩展。

思政聚焦——大国工匠：【我国古代武器装备质量】武器装备质量管理的历史源远流长。我国古代对兵器的质量非常重视。先秦时期的礼学文献选编《礼记·王制》记载"兵车不中度不粥于市"（兵车不合规格不拿到市上去卖），说明周朝时期对上市交易的武器装备质量进行了规定。春秋战国时期著名兵书《司马法》指出："凡马车坚，甲兵利，轻乃重。"相反，"兵不告利，甲不告坚，车不告固，马不告良"，就是未得强国之道。孔子提出的"工欲善其事，必先利其器"，都暗含搞好装备质量的意思。据《管子·七法》记载，为了提高武器装备的质量，必须精选材料，不断提高工艺水平，加强质量检查，做到"聚天下之精财，论百工之锐器；春秋角试，以练精锐为右；成器不课不用，不试不藏"。秦始皇兵马俑坑出土的秦国箭镞，拥有一种近乎完美的流线型，非常接近今天子弹的形状。不可思议的是，兵马俑坑出土的四万余件箭镞，虽然产自不同工坊，但这些箭头底边的宽度，两两相较，误差最多不超过 0.83 毫米。越王勾践剑，是春秋末年越国国君勾践专用的青铜剑，1965年 12 月出土于湖北江陵望山一号楚墓，出土时插在漆木剑鞘里，出鞘时仍然寒光闪闪，毫无锈蚀，耀人眼目。越王勾践剑制作精美，历经两千五百余年，仍然纹饰清晰精美，神采奕奕，高贵典雅，被誉为"天下第一剑"。

启示：越王勾践剑之所以千年不朽，得益于"表面合金化技术"，即在普通青铜表面镀一层金属膏剂膜层（用锡、金混合天然黏合剂制作）刻画菱形纹饰后，再与兵器同时入炉加热铸冶，由此在兵器表层形成性能优化的合金层，使兵器兼具防腐蚀功能和艺术效果。这是一种超高的造剑技术，在古代就已经达到那种地步，足以可见古人的智慧是我们无法想象的。秦国用事实证明，度量衡不仅仅是公平交易的一杆秤、一把尺，当它为制造业所利用时，它甚至可以成为一个国家的质量基石。随着装备日益复杂，要保持其固有可靠性，延长其使用寿命，就需要严格按规定组织管理和保障，装备质量管理在装备管理中居于越来越重要的地位。（资料来源：[1]杨天宇.礼记译注[M].上海：上海古籍出版社，2016.[2]陈曦，陈铮铮.中华经典兵法丛书：司马法[M].北京：中华书局，2017.[3]谢浩范，朱迎平.管子译注[M].上海：上海古籍出版社，2020.[4]《大国质量》节目组.大国质量：世界名企版"大国崛起"[M].北京：当代世界出版社，2019.[5]湖北省博物馆官网.）

思政聚焦——质量故事：【海尔砸冰箱——"砸醒了中国质量意识"】在青岛海尔的展览室里，至今保存着一个大铁锤，这个大铁锤有一个故事。1985 年，海尔从德国引进了世界一流的冰箱生产线。一年后，有用户反映海尔冰箱存在质量问题。海尔公司在给用户换货后，对全厂冰箱进行了检查，发现库存中有 76 台冰箱虽然不影响冰箱的制冷功能，但都有小问题。为唤醒员工的质量意识,时任厂长张瑞敏带头抡起大锤亲手砸毁了76台有缺陷的冰箱,并明确提出"有缺陷的产品就是不合格产品"的观点和"创优质、夺金牌"的目标,制定了"名牌战略",在社会上引起极大的震动。今天的媒体,往往将这一锤形容成"砸醒了中国质量意识的一锤"。图分别是1985年海尔砸毁76台不合格电冰箱的场景和1996年美国优质服务协会向张瑞敏颁发国际星级服务最高荣誉"五星钻石奖"。

启示:为唤醒员工的质量意识,厂长带头亲手砸毁了76台有缺陷的冰箱,并明确提出"创优质、夺金牌"的目标,制定了"名牌战略"。作为一种企业行为,海尔砸冰箱事件不仅改变了海尔员工的质量观念,为企业赢得了美誉,而且引发了中国企业质量竞争的新局面,反映出中国企业质量意识的觉醒,对中国企业及全社会质量意识的提高产生了深远的影响。(资料来源:海尔官网.)

2. 服务质量

服务质量(Service Quality)是指服务规定的或潜在的特性满足顾客要求的程度。即服务行业各项活动或工业产品的销售和售后服务活动,满足规定需要和潜在需要的特征和特性的总和。服务行业包括交通运输、邮电、商业、金融、旅游、饮食、医疗、文化娱乐等行业,其产品是无形的,服务质量往往取决于服务的技能、态度、及时性等,具体概括为六个方面:功能性(Function)、经济性(Economy)、安全可靠性(Safety Reliability)、时间性(Time Service)、舒适性(Comfortability)和文明性(Civility)。

思政聚焦——质量案例:【厦航"以诚为本,以客为尊,发自内心"的服务文化】
厦门航空有限公司(以下简称"厦航")成立于1984年,是中国首家按现代企业制度运行的航空公司。经过多年的持续发展,厦航已发展成为中国民航保持盈利时间最长的航空公司,也是自1987年以来,世界唯一一家实现连续35年持续盈利的大中型客运航空公司。厦航倡导"以诚为本,以客为尊,发自内心"的服务文化,通过在服务规范上抠细节、抓标准,做到全过程布置、全方位关注,会员忠诚度常年保持在85%以上。厦航全员参与提高服务质量,形成"全员为旅客服务"的大服务意识,做到领导为员工服务、机关为基层服务、上道工序为下道工序服务、后台为前台服务、地面为空中服务、全员为旅客服务。通过以客舱为舞台,以产品为道具,以旅客为中心,厦航着力为旅客创造超越梦想的旅行体验。在全国首家推出经济舱选餐服务,推出"飞要好好吃"全新餐食;开展"摘星绮旅"特色

服务,成为全国首家与米其林三星餐厅合作开展头等舱餐酒服务的中国航空公司。2020 年新冠感染期间,厦航第一时间响应国家和行业政策,积极调整并加强服务保障工作,直击旅客需求,为旅客免费购买"新冠肺炎"保险。同时号召全体员工坚持践行真情服务理念,"隔口罩不隔微笑,遮嘴角不遮温情",把温暖和关爱传递给旅客。

2016 年,厦航荣获我国质量管理领域的最高荣誉——第二届中国质量奖。成为中国服务业首家获此殊荣的企业,同时也是中国民航唯一获奖的航空公司。作为中国服务业的典型,厦航荣膺中国质量奖实至名归。自 2020 年参评以来,厦航连续三年获得世界著名航空服务测评机构 APEX 颁发的"五星级国际航空公司"大奖,2022 年更是荣获"世界级航空公司"大奖(World Class Award),成为首家跻身"世界八强"的中国航司。2022 年,由厦航牵头编制的《质量管理文化和机制支撑服务提升指南》获国家级认证,厦航式标准正式上升为国家标准。(资料来源:[1]《中国质量管理最佳实践集萃》编委会.中国质量管理最佳实践集萃[M].北京:中国标准出版社,2023.[2]厦航官网.)

3. 工作质量

工作质量(Work Quality)是指工作对保证产品和服务质量实现的程度。即与质量有关的各项工作,对产品质量、服务质量的保证程度。这里所提到的与质量有关的工作主要包括管理工作、技术工作。工作质量涉及各个部门、各个岗位工作的有效性,同时,决定着产品质量和服务质量。工作质量又取决于人的素质,包括工作人员的质量意识、责任心、业务水平等,其中管理层的工作质量起着主导地位,对工作质量起到保证和落实的作用。

思政聚焦——警示案例:【巴西塔姆航空——工作质量不到位造成客机撞上加油站爆炸】2007 年 7 月 17 日,巴西塔姆航空公司一架客机在圣保罗孔戈尼亚斯机场降落时滑离跑道,最后撞入附近一个燃油站和一处仓库并引发大火,空难最终造成近 200 人死亡,成为巴西历史上最惨烈的空难事件。当地媒体把失事原因归咎于机场跑道存在的安全隐患。事故后,航空公司宣布向死难者家属赔偿 15 亿美元。通过对机场监控录像的分析,发现失事飞机在降落后仍然继续加速,从而导致惨祸的发生。之后,巴西航空危机调查委员会通过对失事客机"黑匣子"的分析初步认定,客机失事原因是发动机控制杆未置于正确位置,导致飞机失控。事故发生时,客机发动机的两个控制杆一个处于"空闲"位置,而另一个处于"上升"位置,造成飞机的一个发动机在减速,而另一个却在加速。

启示:赔偿金买不回逝去的死者的生命,买不回幸福的家庭,空难事故让多个家庭痛苦不已。无论是跑道问题,还是航空公司的工作质量不到位,都有可能造成重大事故。(资料来源:民航资源网.)

4. 过程质量

过程质量(Process Quality)是指过程满足规定需要或潜在需要的特征和特性的总和,也可以说是过程的条件与活动满足要求的程度。其质量特性包括设计过程质量、制造过程质量、使用过程质量和服务过程质量。那么,这几种质量之间有什么关系呢?过程质量是由过程和活动来保证的,它包括设计、制造、使用和服务过程,对产品质量和服务质量而言,设计制造决定了产品的性能、寿命、可靠性、维修性、安全性和经济性,服务过程决定了产品的服务质量,因此我们可以说,过程质量决定了产品质量和服务质量。工作质量是对产品质量和服务质量的保证。反过来,产品质量和服务质量又是过程质量和工作质量的具体体现。

思政聚焦——大国工匠:【瓷器的工序——先进的制瓷工艺和严格的过程质量】 景德镇素有"瓷都"之称,这里千年窑火不断,其瓷器以"白如玉,明如镜,薄如纸,声如磬"的独特风格蜚声海内外。景德镇瓷业辉煌与其先进的制瓷工艺和严格的过程质量密不可分,在长期的制瓷过程中,形成了一套严谨的传统手工制瓷工艺。据明代科学家宋应星所著中国古代科学技术名著《天工开物》记载,一只普通的杯子细分起来工序达到 72 道之多,因此有"一坯工力过手七十二方克成器"的说法,每道工序都简化到不能再简化的程度。炼泥的只管炼泥,拉坯的只管拉坯,彩绘也是画者画而不染,染者染而不画,如此明细分工提高了制瓷效率,也使景德镇瓷器得以成为全国瓷器的翘楚。图为清乾隆霁青釉金彩海晏河清尊,这件瓷尊是景德镇御窑为圆明园海晏堂烧制的陈设品,敞口,短颈,丰肩,鼓腹,腹下部内敛,肩颈之间雕贴一对白色的展翅剪尾燕子作为耳。外壁施霁青色釉,以金彩绘蕉叶、缠枝花卉等纹饰,近足部饰粉彩仰莲纹及联珠纹。此尊需多次入窑和施彩,制作集雕、贴、凸压之大成,工艺高超。(资料来源:[1]李晓男,顾海洋.质量管理与控制技术基础[M].北京:北京理工大学出版社,2017.[2]国家博物馆官网.)

视频讲解

质量管理

1.2 质量管理

质量管理是管理科学中的一个重要分支,随着现代管理科学的发展,现代质量管理也已发展成为一门独立的管理科学——质量管理工程。

1.2.1　质量管理及相关术语

1. 质量管理

ISO 9000：2008 对质量管理（Quality Management）的定义是："指导和控制组织的关于质量的相互协调的活动。"这里的活动包括制定质量方针、质量目标，进行质量策划、质量控制、质量保证和质量改进。质量管理以质量管理体系为载体，通过建立质量方针和质量目标，并为达到规定的质量目标进行质量策划，实施质量控制和质量保证，开展质量改进等活动予以实现。质量策划、质量控制、质量保证和质量改进都是质量管理的重要组成部分，如图 1-2 所示。

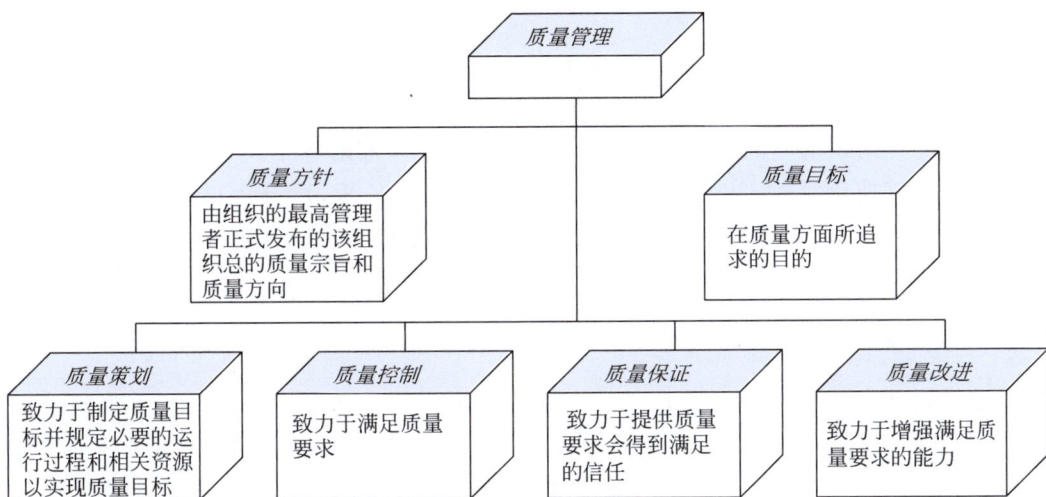

图 1-2　质量管理概念图

2. 质量特性

质量特性（Quality Characteristic）是指产品、过程或体系与要求相关的固有特性。这里，特性是指可区分的特征，可以是固有的或赋予的，也可以是定量的或定性的。所谓"固有的"，是指产品、过程或体系本来就有的，尤其是那种永久的特性。还要注意一点的是，赋予产品、过程或体系的特性（如产品的价格、所有者）不属于它们的质量特性。产品的质量特性包括性能、适用性、可信性（可用性、可靠性、维修性）、安全性、环境性、经济性和美学性；服务的质量特性包括时间性、功能性、安全性、经济性、舒适性和文明性。

武器装备的质量特性可以划分为专用质量特性和通用质量特性两个方面（《武器装备质量管理条例》，2010）。专用质量特性反映了不同类别武器装备自身特点的个性特征。例如对于军用飞机而言其专用质量特性一般包含飞行速度、飞行高度、加速度、作战半径、最大航程、载重量等。通用质量特性反映了不同类别武器装备均应具有的共同特征，一般包括可靠性、维修性、保障性、测试性、环境适应性等。

3. 质量方针

质量方针（Quality Policy）是指由组织的最高管理者正式发布的该组织的质量宗旨和方向。组织是指职责、权限和相互关系得到安排的一组人员及设施。例如，企事业单位、研究机构、代理商、社团或上述组织的部分或者组合。质量方针是一个组织总方针的重要组成部分，是组织质量活动的纲领，其制定必须以质量管理原则为基础，应反映对顾客的承诺，并为制定质量目标提供框架；质量方针应形成书面文件，并由组织的最高管理者正式发布，动员全体员工贯彻实施。

4. 质量目标

质量目标（Quality Objective）是指在质量方面所追求的目的。质量目标是质量方针的具体体现，要加以量化，以便实施、检查。质量目标还应根据组织的结构和职能进行逐层分解、细化，以便在组织的不同层次上展开、落实。在组织内部对各个层次和部门的相关职能可以分别确定其质量目标。质量目标依据其达到的时间长短，可分为长期质量目标（3～5年）和短期质量目标（年、季、月、周等）。质量目标的内容包括质量指标、顾客满意度指标、质量成本目标、质量管理目标等。

5. 质量策划

质量策划（Quality Planning）是质量管理的一部分，致力于制定质量目标并规定必要的运行过程和相关资源以实现质量目标。质量策划的目的是制定质量目标并努力使之实现。组织无论研制、生产什么样的产品，都必须进行质量策划。质量策划包括提出明确的质量目标，规定必要的作业过程，配备相关的资源，明确职责，最后形成书面文件，即质量计划（Quality Plan）。

6. 质量控制

质量控制（Quality Control）是质量管理的一部分，致力于满足质量要求。质量控制是一个设定标准（根据质量要求）、分析结果、发现偏差、采取纠正和预防措施的过程。例如，为控制采购过程的质量，通常采取的控制措施包括：制定控制计划、通过评定选择供应商、规定对进货产品的检验方法、做好质量记录并定期进行绩效分析等。质量控制通常与质量管理的工具或技术相关，通过利用这些工具或技术对产品形成和体系实施的全过程进行控制，找出不满足质量要求的原因并予以消除，以减少损失，从而给组织带来效益。

7. 质量保证

质量保证（Quality Assurance）是质量管理的一部分，致力于提供质量要求会得到满足的信任。它分为内部质量保证和外部质量保证。内部质量保证是向组织自己的管理者提供信任；而外部质量保证是向顾客或其他相关方提供信任。质量保证的基础和前提是保证质量、满足要求，核心是提供信任。质量管理体系的建立和有效运行是提供信任的重要手段。为了使顾客有足够的信任，需要对供方质量管理体系的要求进行证实。证实的方法有：供方的合格声明、提供形成文件的基本证据、提供由其他顾客认定的证据、顾客亲自审核、由第三方进行的审核、提供经国家认可的认证机构出具的认证证据等。

8. 质量改进

质量改进（Quality Improvement）是质量管理的一部分，致力于增强满足质量要求的能力。质量改进的目的是增强能力，使组织满足质量要求。质量改进的过程就是在对现有质量水平的控制和维持的基础上加以突破和提高，将现有质量提高到一个新的水平。质量改进的对象可能涉及组织的质量管理体系、过程和产品，组织应注意识别需要改进的项目和关键质量要求，考虑改进所需要的过程，以完善组织质量管理体系，优化产品实现过程，并提升其满足要求的能力。质量改进以有效性和效率为准则，需要持之以恒。组织只有推动持续的质量改进才能满足顾客的需要，为组织带来持久的效益。质量改进有许多技术和方法，如试验设计（Design of Experiment，DOE），田口方法，全面质量管理，新、老七种质量管理工具，六西格玛改进等。群众性的质量管理小组（QC 小组）活动是质量改进最基层的组织形式。

9. 质量管理体系

质量管理体系（Quality Management System）是指在质量方面指挥和控制组织的管理体系。其中，体系是指相互管理或相互作用的一组要素，而要素是指构成体系的基本单元或组成体系的基本过程。管理体系是指建立方针和目标并实现这些目标的体系。一个组织的管理体系可以由若干个不同的管理体系构成，如质量管理体系、环境管理体系、职业健康安全管理体系、财务管理体系、人力资源管理体系等。质量管理体系是组织诸多管理体系的一个重要组成部分，它致力于建立质量方针和质量目标，并为实现质量方针和质量目标确定相关的组织机构、过程、活动和资源。建立质量管理体系的目的是在质量方面帮助组织提供持续满足要求的产品，以满足顾客和其他相关方的要求。质量管理体系由管理职责，资源管理，产品实现和测量、分析与改进四个过程（要素）组成。质量管理体系是建立在过程和连续改进的基础之上的。

1.2.2　质量管理的发展

随着质量概念的不断演变，质量管理也在不断发展。根据质量管理主要方法的不同，质量管理经历了质量检验、统计质量控制和全面质量管理三大历史阶段。20 世纪 30 年代以前，质量是通过检验把关的，这一阶段，通常称为质量检验阶段；自 20 世纪 30 年代，休哈特

(W. A. Shewhart)提出控制图以来,质量管理的重心从产品的事后检验,转向对生产过程的监测控制,这一阶段,通常称为统计质量控制阶段;自 20 世纪 60 年代,费根堡姆提出全面质量控制(Total Quality Control,TQC)以来,质量管理进入了全面质量管理阶段。质量管理发展的路线如图 1-3 所示。

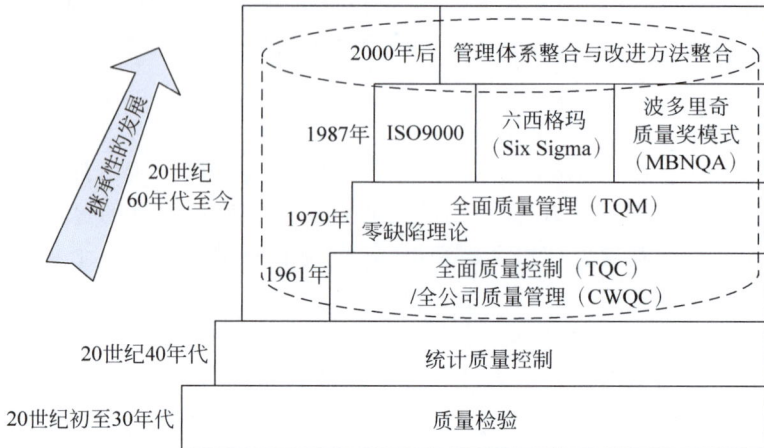

图 1-3　质量管理发展的路线

1. 质量检验阶段

质量检验阶段是从 20 世纪初到 30 年代末。其主要特点是以事后检验为主。

人类历史上自有商品产生以来,就形成了以商品的成品检验为主的质量管理方法。在家庭作坊制生产条件下,产品质量主要依靠操作人员的技艺和经验来保证,因此有人称之为"操作者的质量管理"。

在 20 世纪初期,随着机器工业大生产的出现,"科学管理运动"的奠基人,美国的费雷德里克·泰勒(F. W. Taylor)提出了科学管理的理论,要求按照职能的不同进行合理的分工,首次将质量检验作为一种管理职能从生产过程中分离出来,建立了专职检验的部门,并形成了严格的产品质量检验制度。同时,随着企业生产规模的扩大,基于大批量生产的产品技术标准也逐步建立起来,为质量检验奠定了基础。在这一阶段,执行质量管理的责任逐步由操作人员转移给工长,然后由工长转移到专职的检验员。大多数企业都设置了专职的检验部门并直属厂长经理,负责企业各生产单位的产品检验工作,因此有人称之为"检验员的质量管理"。质量检验人员根据预先制定的产品技术和加工精度的要求,利用各种测试手段对零部件或成品进行检验,做出合格与不合格的判断,不允许不合格产品进入下一道工序或者出厂。

质量检验属于事后把关,对防止不合格品出厂、维护消费者的利益与保证产品质量起到了重要的作用,但是这种事后检验方法在产品生产过程中很难起到预防与控制的作用。主要存在以下弱点:其一,属于"事后检验",无法在生产过程中进行预防和控制,一旦发现废品,往往无法挽救。其二,要求对成品进行 100% 的检验。这样做有时在经济上并不合理,造成检验成本太高;有时从技术上(如破坏性检验)也无法实现。特别是在大批量生产的情况下,这种检验方法的管理效能很低。

思政聚焦——科学精神:【泰勒及其科学管理实验】 泰勒是美国古典管理学家,科学管理的创始人,被管理界誉为"科学管理之父",他率先提出用科学管理法代替经验管理法。泰勒的科学管理理论很多是建立在实践实验基础上,这些科学实验成为对其科学管理原理的最好说明。泰勒相信,即使是搬运铁块这样的工作也是一门科学,可以用科学的方法来管理。1898 年,泰勒从伯利恒钢铁厂开始他的实验。这个工厂的原材料是由一组记日工搬运的,工人按天数拿钱,每天挣 1.15 美元,每天搬运的铁块重量有 12～13 吨,对工人的奖励和惩罚的方法就是找工人谈话或者开除。泰勒通过仔细地研究,观察各种工作因素对生产效率的影响。例如,有时工人弯腰搬运,有时他们又直腰搬运,后来他又观察了工人行走的速度,持握的位置和其他的变量。通过长时间的观察实验,并把劳动时间和休息时间很好地搭配起来,发现工人每天的工作量可以提高到 47 吨,同时并不会感到太疲劳。他于是采用了计件工资制,工人每天搬 47 吨,工资也升到 3.85 美元,劳动生产率提高了很多。(资料来源:百度百科.)

2. 统计质量控制阶段

统计质量控制阶段(Statistical Quality Control,SQC)是从 20 世纪 40 年代初到 50 年代末。其主要特点是:从单纯依赖事后质量检验,发展到工序控制,突出了质量的预防性,是控制与事后检验相结合的质量管理方式。

第二次世界大战期间,由于战时的需要,美国大批生产民用品的公司改为生产军需品,当时面临的严重问题是:由于事先无法预防废品产生,武器质量难以保证。在欧洲战场上,美军炮弹炸膛事件时有发生,造成大量伤亡。同时由于质量差,不能按期交货,也严重影响了战争所需军用物资的供应。为了在军工产品生产中克服产品质量不稳定的问题以及增加产量、降低成本并保证及时交货,美国政府开始大力提倡和推广用统计质量控制方法进行质量管理。美国国防部于 1942 年召集休哈特等一批专家,用数理统计方法制定了战时质量管理标准,半年后成功地解决了武器等军需物资的质量问题,使美国的军工生产在数量、质量和经济效益上都处于世界领先地位。

在统计质量控制阶段,由于采用数理统计方法对过程的质量进行控制,改变了以往陈旧的检验方式,同时突破了单纯事后检验的局限,逐渐实现了预防控制的要求,把质量管理工作建立在科学的基础上。统计质量管理由于着重应用统计学的方法进行质量控制和质量检验,强调对生产制造过程的预防性控制,使质量管理由单纯依靠质量检验事后把关,发展到突出质量的预防性控制与事后检验相结合的工序管理,成为进行生产过程控制强有力的工具。这种方法的应用使制造企业降低了不合格品产生的概率,降低了生产费用。

从质量检验阶段到统计质量控制阶段,质量管理的理论和实践都发生了一次飞跃。从事后把关变为预先控制.并很好地解决了全数检验和破坏性检验的问题。但由于统计质量控制管理过分强调统计方法,忽视组织管理和生产者能动性,致使人们误认为质量管理好像就是数理统计方法、质量管理是少数数学家和学者的事情,从而影响了质量管理方法的普及,限制了它的发展。

思政聚焦——科学精神:【数理统计方法在军需供应中的应用】在质量管理中,运用数理统计原理解决问题的最早典型应用是第一次世界大战期间,美国临时突击组织军需供应的成功。1917 年,美国仓促决定赴欧参战,遇到一个突出问题,即 300 万参战大军的军装、军鞋,应当按照什么规格,争取在短期内最快加工出来,才能保证适用,既快又准地满足需要。当时,贝尔电话研究所的休哈特提出运用数理统计方法将能办到这一点。他通过抽样调查,发现所需军装、军鞋的尺寸规格分布恰如其他许多事物的分布一样,符合两头小、中间大,像一座"钟"形大山那样的曲线形状排列规则,可以把军装、军鞋尺码按高、矮、胖、瘦分成十档进行加工制作。美国国防部听从休哈特的建议将军装、军鞋加工赶制出来,结果显示它们与参战军人体裁基本吻合,军装、军鞋全部分配完毕,及时保证了军需供应。这一实践初步证明了数理统计方法在管理工作中的巨大作用。(资料来源:百度文库.)

3. 全面质量管理阶段

全面质量管理(Total Quality Management,TQM)阶段大约是从 20 世纪 60 年代开始,可以说一直到今天。全面质量管理的概念是由美国通用电气公司质量总经理费根堡姆(A. V. Feigenbaum)首先提出来的。

进入 20 世纪 50 年代,工业生产技术手段逐渐现代化,工业产品更新换代也愈加频繁。特别是为满足航天技术、军事工业以及大型系统工程的需要,开始引进可靠性概念,对产品质量要求更高、更严格。单纯依靠统计方法控制生产过程是不够的,还需要一系列的组织管理工作,要对设计、准备、制造、销售和使用等环节都进行质量管理,而统计方法只是其中的一种工具。于是,新的历史条件和经济形势对质量管理提出了新的要求,促使质量管理从统计质量控制向更高级的全面质量管理发展。促使全面质量管理出现的直接原因主要有以下三个方面。

(1) 随着产品性能的高级化、结构的复杂化和品种规格的多样化,对产品质量,尤其是可靠性和安全性提出了越来越高的要求。

(2) 管理科学中的各种学派,如梅奥(George Elton Mayo)的行为科学和西蒙(Herbert Alexander Simon)的决策理论,对现代企业管理影响较大。它们都强调企业管理中人的主观能动性,主张实现工业民主。受其影响,出现了依靠工人、自主控制的"零缺陷"运动和质量管理(QC)小组活动等,促使质量管理逐渐成为一项大家共同参与的管理活动。

（3）由于"保护消费者利益"运动的发展，制造企业不但要提供性能符合质量标准规定的产品，而且要保证售后正常使用过程中的安全性和可靠性等。质量保证成了质量管理中的一个十分突出的问题。这就要求企业必须建立贯穿于产品质量形成全过程的质量保证体系，把质量管理工作转向质量保证的目标。

基于上述原因，质量管理专家费根堡姆和朱兰等先后提出了全面质量的思想。主张应改变单纯强调数理统计方法的偏见，把统计方法的应用与改善组织管理密切结合起来，建立一套完整的质量管理体系，以保证经济地生产出满足用户要求的产品。这一思想经过进一步的完善和发展形成了一门完整的学科，即全面质量控制（TQC）。费根堡姆对全面质量控制的定义是："为了能够在最经济的水平上并充分考虑到满足顾客要求的条件下，进行市场研究、制造、销售和服务，使企业各部门的研制质量、维持质量和提高质量的活动成为一种有效的体系。"

此后，全面质量控制理论得到了进一步的扩展和深化，逐渐由早期的全面质量控制演化为全面质量管理，其含义远远超出了一般意义上的质量管理的领域，成为一种综合、全面的经营管理方式和理念。

全面质量管理是指企业为了保证和提高产品质量，组织企业全体员工和各有关部门参加，综合运用现代科学和管理技术成果，对影响产品质量的全过程和各种因素实行控制、限制，生产和提供用户满意的产品的系统管理活动。全面质量管理的目的在于通过使顾客满意和本组织所有成员及社会受益而达到长期成功的管理途径。

全面质量管理强调：质量管理仅靠检验和统计控制方法是不够的，解决质量问题的方法和手段是多种多样的，而且还必须有一整套组织管理工作；质量职能（Quality Function）是企业全体人员的责任，企业全体人员都应具有质量意识和承担质量责任；质量问题不限于产品的制造过程，解决质量问题也是如此，应该在整个产品质量产生、形成、实现的全过程中都实施质量管理；质量管理必须综合考虑质量、价格（经济性）、交货期和服务，而不能只考虑狭义的产品质量。

从统计过程控制发展到全面质量管理，是质量管理工作的一个质的飞跃。全面质量管理活动的兴起标志着质量管理进入了一个新的阶段，它使质量管理更加完善，使质量管理的概念更全面、更人性化。随着全面质量管理的不断发展，20 世纪 80 年代国际标准化组织发布了第一个质量管理的国际标准——ISO 9000 标准；20 世纪 90 年代国际上又掀起了推行六西格玛管理的高潮。

综上所述，20 世纪质量管理发展的三个阶段的区别是：质量检验阶段靠的是事后把关，是一种"防守型"的质量管理；统计质量控制阶段主要是在生产过程中实施控制，通过控制原因实现预期的目标，是一种"预防型"的质量管理；全面质量管理则保留了前两者的长处，以满足顾客的要求为目标，对产品生命周期的整个过程（质量环，Quality Loop）实施管理，是一种"全面的、全过程的、全员参与的"质量管理。质量管理的发展过程是一个不断发展和逐步完善的过程，从质量管理的思想到管理方法、内容、范围和对象都是从不全面、不成熟,逐步走向全面、成熟的。表1-1大致勾勒出了这几个阶段的基本特点。

表1-1　质量管理阶段与质量管理模式

质量管理阶段	质量管理模式	主要特征	出现时间
不出错	检验质量管理	单纯检验把关为主	20世纪初以前
符合性	统计质量控制	生产过程控制与检验把关结合	20世纪40年代
适用性	全面质量管理	全面的、全过程的和全员参与的	20世纪60年代

思政聚焦——古为今用:【中国古代质量管理历史源远流长】虽然质量管理的几种经典模式皆为西方国家首创,但在我国,质量管理的产生和发展过程源远流长。根据历史文献记载,我国早在2400多年以前就有了青铜制刀枪武器的质量检验制度。先秦时期我国古代科技名著《考工记》开始就写道:"审曲面势,以饬五材,以辨民器,谓之百工。"其中,所谓"审曲面势",就是对当时的手工业产品做类型与规格的设计;"以饬五材"是指确定所用的原材料;"以辨民器"就是对生产出的产品进行质量检查,合格者才能使用。先秦时期的礼学文献选编《礼记·月令》中,有"物勒工名,以考其诚,功有不当,必行其罪,以穷其情"的记载。其内容是在生产的产品上刻上工匠或工场的名字,并设置了政府中负责质量的官员职位"大工尹",其目的是考查质量,如果质量不好就要处罚和治罪。当时的手工业产品主要是兵器、车辆、量器、钟、鼓等。由于兵器的质量是决定当时战争胜负的关键,是生死攸关的大事,因此,质量检验就更加详尽和严格。如弓箭就分为"兵矢""田矢""旅矢"三类。对"弓"的原料选择规定"柘最好,其次是桔、木瓜、桑等,竹为下";对弓体本身的弹射力,箭的射程、速度,箭上的羽毛及其位置等也有具体规定。这些规定都是根据实践经验总结出来的,目的是要生产出高质量的弓和箭。图为战国曾侯乙编钟,战国早期文物,现藏于湖北省博物馆,为该馆"镇馆之宝"。战国曾侯乙编钟的出土改写了世界音乐史,是中国迄今发现数量最多、保存最好、音律最全、气势最宏伟的一套编钟,代表了中国先秦礼乐文明与青铜器铸造技术的最高成就,在考古学、历史学、音乐学、科技史学等多个领域产生了巨大的影响,被中外专家、学者称之为"稀世珍宝"。

北宋时期,为了加强对兵器的质量检验,专设了军器监。北宋科学家、政治家沈括所著的《梦溪笔谈》中就谈到了当时兵器生产的质量管理情况。据古书记载,当时兵器生产批量剧增,质量标准也更具体。如对弓的质量标准就有下列六条:①弓体轻巧而强度高;②开弓容易且弹力大;③多次使用,弓力不减弱;④天气变化,无论冷热,弓力保持一致;⑤射箭时弦声清脆、坚实;⑥开弓时,弓体正,不偏扭。虽然这些质量标准基本上还是实践经验的总结,但质量检验是很严格的,历代封建王朝都对产品规定了成品验收制度以及对质量不合格的处罚措施。官府监造的产品一般都由生产者自检后,再由官方派员验收。秦、汉、唐、宋、明、清等朝代都以法律形式颁布了对产品质量不合格的处罚措施,如笞(杖打 30 次、40 次和50 次)、没收、罚款,以及对官吏撤职、降职等。这个时期就形成了早期的质量检验的思想、行为和实践。(资料来源:[1]韩福荣.现代质量管理学[M].4 版.北京:机械工业出版社,2018.[2]湖北省博物馆官网.)

　　思政聚焦——古为今用:【物勒工名,以考其诚】从文献记载推断,"物勒工名"出现在春秋战国时期。《礼记》和《吕氏春秋》对"物勒工名"都有记载。《礼记·月令》记载:"物勒工名,以考其诚。功有不当,必行其罪,以穷其情。"郑玄注曰:"勒,刻也,刻工姓名于其器,以察其信,知其不功致。功不当者,取材美而器不坚也。"这是现知最早的有关"物勒工名"制的文献记载。为了提高产品质量,统治者要求工匠在自己生产的产品上刻上自己的名字,用来确定其责任,如果其产品质量不合格,就会受到惩罚。这一制度的出现说明我国春秋战国时期手工业已经发展到了一定的水平。"物勒工名"制在秦代得到进一步发展,并日臻成熟。秦国的兵器、铜器、陶器和漆器上普遍都有铭文,其内容大多与"物勒工名"制有关,且"工"的含义也扩展到包括工官、生产机构以及制作地等内容。秦之后,历朝历代都沿袭并不断完善"物勒工名"的质量责任制度。在这一制度下,计量、标准、检验检测等质量基础设施也伴随发展,渐成体系。自秦汉以来,中国古代纺织品、陶器等工艺品因其制作技术的精湛及外观的精美,远销中亚、西亚以及欧洲等地,中国因此得到了"丝绸之国""陶器之都"的称号。到宋代,冶炼、桥梁、建筑、舟车、织造、印染、制衣、陶瓷、茶和酒等工艺技术已经达到了相当高的水平。这些精美的物品和精湛的制作技术是中国古代灿烂文化的重要载体,而物品的精美和制作技术的精湛是与"物勒工名"制的推行密不可分的。

　　启示:"物勒工名"制是中国古代国家管理手工业生产的一项重要制度,这项制度的核心是工匠的名字与产品质量终身相伴。在长达两千多年的历史中,这项制度对中国传统手工业生产和技术进步起到了非常重要的促进作用,也保障了传统工匠精神的传承。"物勒工名"制的推行,有效地促进了中国古代商标的形成和中国古代先进技艺的传承与发展。"物勒工名"制作为中国传统文化的一部分,深刻蕴含了责任意识、诚信意识、精细意识和法律意识等,成为我国传统工匠精神的伦理基础。现在大家比较熟悉的产品质量"黑名单"制,事实上就是"物勒工名"的延伸发展;同时,传世精品上留下的"工名"也让许多精工良匠和称职官吏载入史册,成为"工匠精神"的代表。(资料来源:[1]杨天宇.礼记译注[M].上海:上海古籍出版社,2016.[2]李刚.建设质量强国[M].北京:中国青年出版社,2022.[3]袁远维扬."物勒工名"制的伦理蕴含[J].湖北经济学院学报(人文社会科学版),2018,15(4):22-24.[4]梅其君."物勒工名"与传统工匠精神[J].孔学堂,2021(2):68-74.)

思政聚焦——大国工匠：【匠心永恒——中国传统工匠精神】《考工记》说："百工之事,皆圣人之作也。烁金以为刃,凝土以为器,作车以行陆,作舟以行水,此皆圣人之所作也。天有时,地有气,材有美,工有巧,合此四者,然后可以为良。"《墨子·节用中》说："凡天下群百工,轮车鞟鞄,陶冶梓匠,使各从事其所能。"老百姓也说："三百六十行,行行出状元。"自古以来,工匠精神就是"中国气质"之一,成为流淌在中华民族血液里的质量基因。《庄子》里的"庖丁解牛",欧阳修写的《卖油翁》,《刻舟记》中的王叔远都诠释了工匠精神的内涵。在历史长河中,中国质量人才不断涌现。"技可近乎道,艺可通乎神。"土木工匠的始祖鲁班,李冰建都江堰、李春建赵州桥、蔡伦发明造纸术、毕昇发明活字印刷术、贾思勰著《齐民要术》、陆羽撰《茶经》、李诫编《营造法式》、沈括写《梦溪笔谈》等故事流传至今,彰显着大国工匠精神,深刻影响着中国质量文化。(资料来源:[1]闻人军.考工记译注[M].上海:上海古籍出版社,2021.[2]张永祥,肖霞.墨子译注[M].上海:上海古籍出版社,2016.[3]李刚.建设质量强国[M].北京:中国青年出版社,2022.)

1.3 现代质量管理的代表人物及其质量观

在质量管理发展的过程中,出现了许多大师级的人物,如休哈特、戴明、朱兰、克劳士比、费根堡姆、石川馨、田口玄一等人。正是他们在长期的质量管理理论和实践中所形成的质量哲学思想,推动着人们对质量管理认识的不断提高,不断吸收科学的方法和技术,促进质量科学的发展和进步。

1.3.1 休哈特的质量观

视频讲解

休哈特

休哈特(W. A. Shewhart)(1891—1967),美国著名的统计质量控制专家,现代质量管理的奠基者。休哈特基于对西方电气公司所制造产品的研究,创立了统计过程控制理论,并于1924年提出了世界上的第一张控制图,由此把质量管理从检验阶段推动到对生产过程的监测控制阶段。1931年他发表了经典著作《制造产品质量的经济控制》(*Economic Control of Quality of Manufactured Product*),并将控制图应用在西方电气公司霍桑工厂的产品质量控制中。1939年,出版了《质量控制的统计方法》(*Statistical Method from the Viewpoint of*

休哈特

Quality Control），奠定了统计过程控制的理论基础。

1. 统计过程控制理论

统计过程控制（Statistical Process Control，SPC）以美国休哈特博士所发明的控制图为标志。休哈特在研究中发现，所有产品在生产过程中都存在波动（Variation），发现和控制波动是质量改进的主要目的。他进一步指出制造过程中存在两类因素的波动：一类是偶然因素（Chance Cause），另一类是系统因素（System Cause）。偶然因素引起波动的幅度较小，在工程上是可以接受的。系统因素一旦发生变化，对产品质量影响较大，需要查出并采取措施予以消除。正是由于系统因素的作用，使得过程输出结果的偶然性呈现出一种必然的内在规律性。通过过程输出结果的规律性，可以探测当前过程是否处于受控状态，即系统因素是否发生变异。系统因素所引起的波动属于异常波动，过程控制的目的就是要消除、避免异常波动，使过程处于正常波动状态。

休哈特控制图的基本思想是：根据偶然因素所形成正态分布的"3σ原则"建立了一组控制限，任何落在控制限之外的或者呈现某种异常趋势的观测值都表明可能存在系统变异。由于将产品在生产过程中的观测数据按所发生的顺序进行描点，所以若存在异常趋势或形态便可通过控制图将其区分开来。根据反馈信息及时发现系统因素出现的变异，并采取措施消除其影响，使过程维持在仅受偶然因素影响的受控状态，达到控制质量的目的。

统计过程控制非常适合重复性的生产过程。它能够对过程做出可靠的评估；确定过程的统计控制界限，判断过程是否失控、过程能力是否满足要求；为过程提供了一个早期的报警系统，及时地监控过程的情况防止废品的产生；减少对常规检验的依赖性，用定时的观察以及系统的测量方法替代了大量检测和验证工作。

2. 休哈特环

休哈特最先提出了连续质量改进的思想，即著名的"计划（Plan）—执行（Do）—检查（Check）—处理（Act）"循环（PDCA循环）。戴明于1951年将这种思想传授给日本人，日本人称之为戴明环。事实上，戴明一直把这种思想归功于休哈特。如果称之为戴明环的话，戴明认为是PDSA（Plan-Do-Study-Act）。他将检查改为研究学习的目的就是强调获取知识增强能力。知识越多，解决问题的能力就越强。

1.3.2　戴明的质量观

戴明（W. E. Deming）（1900—1993），美国著名的质量专家和统计学家，以推动日本的质量改善闻名全球，对统计质量管理在日本的发展和深化起到了巨大的作用。以戴明命名的"日本戴明奖"，从1950年至今已经成

视频讲解

戴明

戴明

为世界著名三大质量奖项之一。戴明作为质量管理的先驱者,其学说对国际质量管理理论和方法产生了十分重要的影响。

1. 戴明的系统观

戴明主张的是一种系统的观念,即采用科学方法来优化系统,从而实现质量的改进。戴明强调,导致效率低下和不良质量的原因 85% 在于企业的管理系统,而只有 15% 是由员工造成的。他强调统计方法的应用,主张管理者必须掌握一套基本的知识体系才能采取正确的行动,并提出了渊博知识体系(Profound Knowledge System),包括对系统的认识、波动理论、知识理论和心理学的知识。渊博知识体系是一个管理构架,统计的原理应用于过程和系统,知识理论用于预测,心理学的知识用于解决人的问题。戴明认为质量是经营和社会效益的首要推动力,并按反应链的理论进行传递。假设一个组织改进了质量,成本就会降低,资源会得到更好的利用。这样就提高了生产率,从而使公司因高质量和低价格获得市场份额,使公司能够更好地经营和发展。

2. 戴明质量管理的"十四条"

戴明的质量管理理论集中体现在《领导职责的十四条》中,其管理理论为全面质量管理理论的形成奠定了最为核心的理论基础。

第一条:要有一个改善产品和服务的长期目标,而不是只顾眼前利益的短期观点。为此,要投入和挖掘各种资源。

第二条:要有一个新的管理思想,不允许出现交货延迟或差错和有缺陷的产品。

第三条:要有一个从一开始就把质量造进产品中的办法,而不要依靠检验去保证产品质量。

第四条:要有一个最小成本的全面考虑。在原材料、标准件和零部件的采购上不要只以价格高低来决定对象。

第五条:要有一个识别体系和非体系原因的措施。85% 的质量问题和浪费现象是由于体系的原因,15% 的是由于岗位上的原因。

第六条:要有一个更全面、更有效的岗位培训。不只是培训现场操作者怎样干,还要告诉他们为什么要这样干。

第七条:要有一个新的领导方式,不只是管,更重要的是帮,领导自己也要有个新风格。

第八条:要在组织内有一种新风气。消除员工不敢提问题、提建议的恐惧心理。

第九条:要在部门之间有一个协作的态度。帮助从事研制开发、销售的人员多了解制造部门的问题。

第十条:要有一个激励、教导员工提高质量和劳动生产率的好办法。不能只对他们喊口号、下指标。

第十一条:要有一个随时检查工时定额和工作标准有效性的程序,并且要看它们是真正帮助员工干好工作，还是妨碍员工提高劳动生产率。

第十二条：要把重大的责任从数量上转到质量上，要使员工都能感到他们的技艺和本领受到尊重。

第十三条：要有一个强而有效的教育培训计划，以使员工能够跟上原材料、产品设计、加工工艺和机器设备的变化。

第十四条：要在领导层内建立一种结构，推动全体员工都来参加经营管理的改革。

知识链接：【中国质量奖和三大国际质量奖】 中国质量奖是我国质量管理领域的最高荣誉，为政府奖励，于 2012 年经中央批准正式设立，每两年评选一次。中国质量奖旨在推广科学的质量管理制度、模式和方法，促进质量管理创新，传播先进质量理念，激励引导全社会不断提升质量，推动建设质量强国。中国质量奖评选表彰工作由原国家质检总局负责组织实施。随着全面质量管理的发展，世界各国家和地区纷纷设立质量奖以促进全面质量管理的普及和提升企业的管理水平及企业竞争力。目前，全球近 90 个国家和地区相继设立了国家质量奖，其中最为著名、影响最大的当推日本爱德华·戴明质量奖（Edward Deming Prize）、美国马尔科姆·波多里奇质量奖（Malcolm Baldrige National Award）和欧洲质量奖（European Quality Award），现更名为 EFQM 卓越奖（欧洲质量管理基金会卓越奖），这三大国际质量奖被称为卓越管理与绩效模式的创造者和经济奇迹的助推器。各个国家和地区都希望通过质量奖的实施来实现对全面质量管理发展的促进，最终实现自身经济竞争力的提升。可以说，三大国际质量奖的贡献不仅局限在美国、日本、欧洲，而在于将全新的管理理念带给了全世界。（资料来源：[1]张根宝.现代质量工程[M].4 版.北京：机械工业出版社，2020.[2]百度百科.）

视频讲解

朱兰

1.3.3　朱兰的质量观

朱兰（J. M. Juran）（1904—2008），美国著名的质量管理专家。朱兰博士所倡导的质量管理理念和方法始终深刻影响着世界企业界以及世界质量管理的发展。他的"质量计划、质量控制和质量改进"被称为"朱兰三部曲"，他最早将帕累托原则应用于质量管理中。朱兰建立的朱兰研究学院，现已发展为世界一流的质量管理咨询机构。1951 年，他主编了《质量控制手册》（Quality Control Handbook），为奠定全面质量管理的理论基础和方法做出了卓越的贡献，在质量管理领域赢得了国际声誉。

朱兰

1. 朱兰质量管理三部曲(Quality Trilogy)

朱兰认为质量管理应和其他职能一样受到关注,因此,他提出了"朱兰三部曲"或称"质量管理三部曲",即:①质量计划。目的在于建立有能力满足质量标准化的工作程序。②质量控制。目的在于掌握何时采取必要措施纠正质量问题。③质量改进。质量改进有助于发现更好的管理工作方式。质量管理三部曲为解决企业质量问题提供了明确的方向。但朱兰通过对许多公司考察后发现,人们往往把主要精力集中在质量控制环节,而质量计划与质量改进并没有引起足够的重视,因此,朱兰呼吁将更多注意力放在质量计划与质量改进环节,尤其是质量改进环节。

2. 帕累托原则(Pareto Principle)

朱兰将经济学中的帕累托定律应用于质量管理中。以帕累托定律来看,大部分的质量问题是由相对少数的关键因素造成的,朱兰将造成质量问题的原因分为关键的少数和次要的多数,尖锐地提出了质量责任的权重比例问题。他依据大量的实际调查和统计分析认为,在所发生的质量问题中,追究其原因,只有20%来自基层操作人员,而80%的质量问题是由领导责任所引起的。

3. 朱兰质量螺旋(Quality Spiral)

朱兰博士用一条螺旋曲线来表示质量的形成过程,称为朱兰质量螺旋曲线,如图 1-4 所

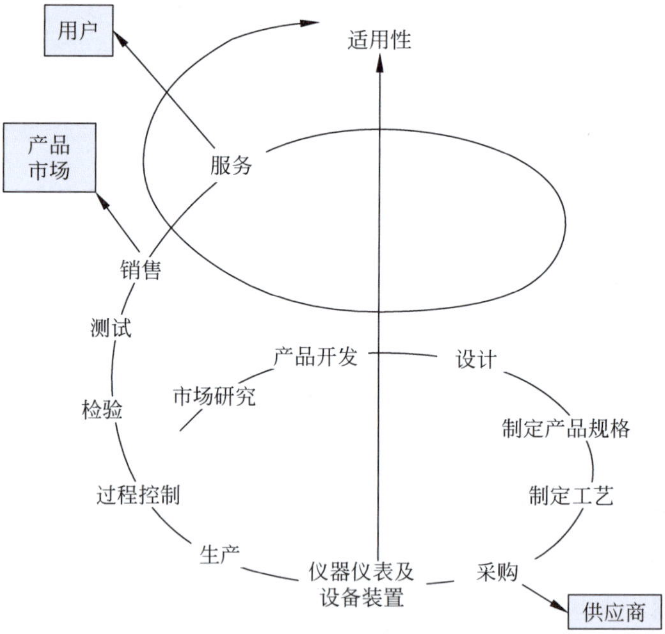

图 1-4 朱兰质量螺旋曲线

示。朱兰认为产品质量的形成由市场研究、产品开发、设计、制定产品规格、制定工艺、采购、仪器仪表及设备装置、生产、过程控制、检验、测试、销售、服务 13 个环节组成。这 13 个环节一环扣一环,周而复始,但不是简单的重复,而是一个不断上升、不断提高的过程。产品质量的形成是全过程的,对质量要进行全过程的管理。

4. "大质量"与"小质量"

朱兰提出了"大质量"与"小质量"的概念,并将其加以区分。他认为相对于战术层面的质量为"小质量";而相对于战略层面的质量为"大质量"。这是人们逐步认识的过程。例如,公司团队解决一个具体的质量问题,就是一个"小质量";整个公司需要解决的质量问题,就是一个"大质量"。

1.3.4 克劳士比的质量观

视频讲解

克劳士比

克劳士比(P. B. Crosby)(1926—2001),美国著名的质量管理专家。他不仅有丰富的实践经验,而且还是质量管理概念和理论的杰出的传播者,被誉为当代"伟大的管理思想家""零缺陷之父",终身致力于质量管理哲学的发展和应用。1961 年提出了"零缺陷"(Zero Defect)的概念。1979 年出版了著作《质量免费》(Quality is Free),在全世界广为流传,许多公司以此作为行动的指南。2001 年当选为美国质量学会(ASQ)终身荣誉会员——美国质量界公认的最高荣誉。2002 年,美国质量学会设立以克劳士比命名的"克劳士比奖章"。

克劳士比

克劳士比认为质量应符合下列四大定理:质量就是合乎标准;质量来自预防,而不是检验;工作的唯一标准就是"零缺陷";以产品不符合标准的代价衡量质量。

1. 质量就是合乎标准

质量合乎标准即质量符合要求的标准。克劳士比认为,符合要求的标准在各个领域都有清楚明确的定义,不会被人误解,"我们依据这个标准去评估表现,不符合就是没有质量,所以质量问题就是合不合标准的问题"。

2. 质量来自预防

质量来自预防,而不是检验。预防是质量管理中最为需要的,以防患于未然为质量管理制度是指事先了解行事程序而且知道如何去做,它来自对整个工作过程的深切了解,知道哪些是必须事先防范的,并应尽可能找出每个可能发生错误的机会。这一定理认为检查、分类、评估都是事后弥补,因而提升质量的良方是预防,而不是检验。

3. 工作标准是"零缺陷"

工作标准必须是"零缺陷"，强调第一次就把事做对。"零缺陷"的思想主张使自己的产品、业务没有缺点，并向着高质量标准目标奋斗；它要求生产工作者从一开始就本着严肃认真的态度把工作做得准确无误，在生产中从产品的质量、成本与消耗、交货期等方面的要求来做合理安排，而不是依靠事后的检验来纠正。零缺陷管理（Zero Defect Management）具有以下三个要点：一是质量管理的标准是"零缺陷"，合格品率是"容许错误存在"的体现。二是要求每一个人第一次就把事情做对，事后补救是非常昂贵的。三是提高质量的良方是事先预防，不是事后检验。"零缺陷"要求把一次做对作为工作质量的执行标准，将工作的重心放在预防上。预防产生质量问题，资源的配置要确保各项工作能够正确完成，不能将资源浪费在查找问题和补救层面上。

4. 质量衡量标准是"不符合要求的代价"

不符合要求的代价是浪费的代价，是不必要的代价。这里主要是认识到质量成本（Cost of Quality），尤其是不合要求的花费成本。所谓不合要求的花费成本是指所有做错事情的花费，这一花费累计起来是十分惊人的：在制造业公司约占总营业额的20％以上，而在服务业公司更高达35％。而符合要求的花费，包括大部分专门性的质量管理、防范措施和质量管理教育等费用，即为了把事情做对而花费的成本。为了追求"零缺陷"，改善与预防最为重要，而要建立这样的观念，应先了解提高预防成本是可以降低总质量成本的。克劳士比将预防成本与鉴定成本合称为符合成本，而提高预防成本可以降低鉴定成本，故提高质量，并不一定会增加符合成本。

思政聚焦——科学精神：【"零缺陷"的由来】克劳士比在一家美国国防部认可的专门生产导弹与战斗机的军工企业担任质量部经理。那时导弹经常发射失败，人们都不以为然，他们认为由成千上万个零部件装配在一起那么复杂的玩意儿，出错是难免的。有一次，又一枚导弹发射失败，主持发射的将军大为恼火，对克劳士比和他的老板大声吆喝着："一群废物！你们难道拿不出没有缺陷的东西吗？"大家心情沮丧，克劳士比围绕着工厂漫无目的地转圈，突然一个清晰的概念闪现在脑海中——"零缺陷"！不久，克劳士比便开始向人们讲解他的理念："人非圣贤，孰能无过？所以，凡有人参与的事，就永远不可能完美。对吗？""有些人以为，每天不犯点错，就难以证明自己是人类了。""人们是不是有先天的犯错比率呢？""犯错的多寡，取决于人们的态度。人们抱有双重态度。在某些事情上，人们视缺陷为理所当然，而在另一些事情上，人们却要求完美无缺。""酿成错误的因素有两种：缺乏知识和漫不经心。知识是能衡量的，也能由经验和学习而充实改进。但是，漫不经心却是一个态度的问题，唯有经个人彻底的反省觉悟，才有可能改进。""任何一个人只要决意小心谨慎，避免错误，便已向'零缺陷'的目标迈进了一大步。"这就是"零缺陷"的由来。

1.3.5　费根堡姆的质量观

视频讲解

费根堡姆(A. V. Feigenbaum)(1920—2014)，美国著名的质量管理专家。费根堡姆是全面质量控制的创始人，20 世纪 40 年代后期在通用电气公司建立了"全面质量管理"的理念，并于 1961 年首次发表。他所著的《全面质量管理》(*Total Quality Management*)为大多数质量专家所采用。1992 年，费根堡姆入选美国工程院院士。1998 年，费根堡姆被美国商务部部长任命为美国波多里奇国家质量奖项目的首届理事会成员。费根堡姆也是国际质量科学院(International Academy for Quality)首任院长。

费根堡姆

1. 全面质量管理的理念

费根堡姆是全面质量管理的创始人。他主张用系统或者全面的方法管理质量，解决质量问题的方法和手段是多种多样的，应综合利用；在质量管理过程中要求所有职能部门参与，而不局限于生产部门，这一观点要求在产品形成的早期就建立质量，而不是在既成事实后再做质量的检验和控制。费根堡姆强调管理的观点并认为人际关系是质量控制活动的基本问题，一些特殊的方法，如统计和预防维护，只能被视为全面质量控制程序的一部分；他指出质量并非意味着"最佳"，而是"客户使用和售价的最佳"。费根堡姆主张整个组织的人员均须参与到质量改进的过程中，提高产品质量是公司全体成员的责任，应当使全体人员都具有质量意识和承担质量责任的精神，这意味着质量管理并不仅仅是少数专职质量管理人员的事；他认为在组织中存在着质量发展、质量维护和质量改进的不同团队，一个组织要成为整合这些团队的有效系统，在最经济的水平上，使产品和服务全面地满足顾客的要求；他认为产品质量与成本不是相互矛盾的，离开成本谈质量是没有任何意义的，应强调质量成本的重要性。

2. 质量管理的三要素和四原则

费根堡姆提出了质量管理的三要素：①质量领导，持续领导的重点必须放在质量上，必须在特定期限内进行全面策划；②质量技术，传统的质量部门不能解决 80%～90% 的质量问题；③组织承诺，为实现所需的质量，持续改进是必需的，质量应看成是经营策划中的战略要素。全面质量管理的四项基本原则：①竞争意味着不存在永久的质量水平；②良好的管理应努力通过调动组织的质量知识、技能，以及使每一个人都相信质量的改进会使任何事都变得更好的态度来实现直接的领导;③成功的创新要求有高质量来支持,特别需要设计新产品和更快更有效的投放来支持;④成本和质量是相互补充而不是相互矛盾的目标。全面质量管理应关注的五个领域是产品开发、供应与采购、培训与人力资源开发、质量经济和传承管理。

1.3.6　石川馨的质量观

视频讲解

石川馨

石川馨(Kaoru Ishikawa)(1915—1989),日本著名的质量管理专家。石川馨认为"质量始于教育,终于教育"。他一生致力于质量管理的教育和企业实践的推动工作,被称为日本质量管理之父、因果图的发明者、质量管理小组(Quality Control Circle,QCC)的奠基人。他对日本的经济发展做出了卓越的贡献,开创并形成了日本质量管理的理论和方法,曾荣获"戴明奖""休哈特奖章""日本改善新闻奖"和工业标准化奖。石川馨教授以自传形式著述的《日本质量管理》一书,是日本质量管理思想的代表作。

石川馨

1. 自上而下的质量控制(Top Down QC)

石川馨教授认为:"瀑布效应"领导的质量文化决定企业的发展,决定企业的产品质量。他主要有以下观点。

(1) 全公司质量管理必须由企业领导亲自抓。

(2) 政策和策略不明确,质量管理就无法推进。

(3) 要明确责任和权限。

(4) 权限应下放,但是责任不能下放。

(5) 不说服中层干部,质量管理就无法推进。

(6) 要做个不在公司也可以的人,但要做个公司所离不开的人。

(7) 不会使用下级的人连半个人都算不上,会使用上级的人可算一个成熟的人。

2. 开展全公司的质量管理(Company-wide Quality Control,CWQC)

为了区分日本全面质量管理模式和西方全面质量管理模式,他将日本的质量管理模式称为全公司的质量管理(CWQC)。CWQC 包括了组织从最高管理者到一线员工的全员参与,并贯穿于产品的整个生命周期。CWQC 有以下六个显著的特点。

(1) 质量管理是所有部门、全体职工的工作。

(2) 全公司质量管理是团体竞赛,要团结协作,不要各干各的。

（3）全公司质量管理，只要从公司经理到操作人员、推销人员的全体人员齐心协力，就一定会成功。

（4）在全公司质量管理中，问题常常出在中层干部身上。

（5）质量管理小组活动是全公司质量管理的一部分。

（6）全公司质量管理不是马上见效的特效药，而是长期服用才能见效的、治根治本的中药。

1.3.7　田口玄一的质量观

视频讲解

田口玄一

田口玄一（Genichi Taguchi）（1924—2012），日本著名的质量工程专家。1980 年首次将其三次设计的思想引入到美国贝尔实验室。田口玄一博士是数理统计应用技术方面的著名学者和"田口方法"（Taguchi Method）的创始人，也是"戴明奖"的获得者，被称为"质量工程之父"。

1. 三次设计的理论

田口玄一

田口玄一认为质量是指产品在整个生命周期中给社会造成的损失。他把数理统计、经济学应用到质量工程中，形成了在线（On Line）质量控制和离线（Off Line）质量控制，进而创立了"质量工程学"（Quality Engineering），形成了自己独特的质量哲学。田口玄一认为："产品质量首先是设计出来的，其次才是制造出来的，检验并不能提高产品质量。"开发具有某种性能的产品以满足顾客需要，通常要经历以下三个阶段。

（1）系统设计（System Design）阶段：通常由专业技术人员利用专业知识和工程学原理对具有某种功能的产品进行产品布局和结构设计。

（2）参数设计（Parameter Design）阶段：在系统设计确定后，需要进一步地确定系统中的参数，使得产品性能指标既能达到目标值，又能使它在各种环境条件下对噪声干扰不敏感，稳定性能好。

（3）公差设计（Tolerance Design）阶段：确定各种设计参数的公差值。

2. 质量损失原理

田口玄一认为，质量特性一旦偏离其设计目标值，就会造成质量损失，偏离越远，损失越大，并用期望损失函数加以刻画。他把质量特性分为三类，即望大特性（Larger the Better）、望小特性（Smaller the Better）和望目特性（Nominal the Best），并用信噪比（Signal to Noise Ratio，SNR）作为度量准则。

田口玄一利用正交表进行试验设计,以减少质量损失。他把影响系统的输入因素分为可控因子(Controllable Factor)和不可控因子(Non-controllable Factor)或噪声因子(Noise Factor),采用内、外正交表直积的方式,通过选择可控因子水平的不同搭配,使得产品或过程在各种噪声因子的干扰下,对噪声因子的影响不敏感,即实现产品或过程的稳健性。

思考与讨论题

1. 什么是质量?应如何理解质量的概念的演变?

2. 何为狭义质量?何为广义质量?

3. 田口玄一对质量下的定义是:产品从装运之日起,直到使用寿命完结止,给社会带来损失的程度。谈谈你的理解。

4. 狩野纪昭关于质量提出了 KANO 模型,认为质量是分层次的,质量层次不是一成不变的,而是可以转换的。谈谈你的理解。

5. 产品质量包括哪些特性?

6. 什么是工作质量?产品质量、工程质量与工作质量有何关系?

7. 谈谈服务质量的重要性。

8. 简述质量管理、质量特性、质量策划、质量控制、质量保证、质量改进的内涵。

9. 什么是质量方针和质量目标?两者有哪些主要区别?

10. 质量管理经历了几个发展阶段?每个阶段有哪些主要特征?

11. 统计质量控制阶段相较于质量检验阶段的主要进步是什么?存在什么问题?

12. 试对比分析休哈特、戴明、朱兰、克劳士比、费根堡姆、石川馨、田口玄一的质量管理理念的异同点。

13. 谈谈你对朱兰质量三部曲的理解。

14. 帕累托原则(二八原理)是具有普遍性的原则,试举一个质量管理以外的例子说明其应用。

15. 质量螺旋说明质量改进是一个螺旋式上升的过程,其中包含哪些环节?

16. 你如何理解朱兰提出的"大质量"与"小质量"的概念?

17. 简述戴明的质量管理 14 条,并结合生活或工作中的实例进行分析。

18. 你认为戴明的质量哲学是否完全符合中国的实际情况?为什么?

19. 有人认为"零缺陷"只是一种理想状态,根本无法实现,因此,"零缺陷"的思想没有多大用处,你怎么认识这个问题?

20. 费根堡姆全面质量管理的核心观点是什么?

21. "产品质量首先是设计出来的,其次才是制造出来的,检验并不能提高产品质量。"

谈谈你的理解。

22. 提高产品质量,意识是第一位的,你认为应该如何培育质量意识?

23. 谈谈你对我国"质量强国"战略的认识。

24. 结合"物勒工名"制度,谈谈你对我国古代质量管理制度的认识。

25. 查阅文献资料,谈谈你对中国传统工匠精神的认识。

26. 查阅文献资料,讨论中华民族追求质量的历史源远流长。

27. 查阅文献资料,讨论我国古代对武器装备质量的重视。

天有时，地有气，材有美，工有巧，

合此四者，然后可以为良。

——《周礼·考工记》

刘　德①

第2章　航空维修质量管理概论

📖 **知 识 目 标**

✦ 理解航空维修质量与质量管理的基本概念。

✦ 熟悉航空维修质量的影响因素。

✦ 理解航空维修全面质量管理的基本思想、基本内容和主要特点。

✦ 掌握航空维修全面质量管理的基本方法。

✦ 熟悉加强航空维修全面质量管理的对策。

🔧 **能 力 目 标**

✦ 掌握运用"5M1E"分析质量问题的能力。

✦ 掌握应用全面质量管理思想的能力。

---

① 刘德(? —公元前 130)　汉景帝刘启之子,汉武帝刘彻之兄,史称"河间献王"。东汉班固在《汉书》中称刘德"修学好古,实事求是"。《考工记》是先秦古籍中的科学技术著作,作者不详。据后人考证,是春秋末齐国人记录手工业技术的官书。西汉河间献王刘德因《周官》缺《冬官》篇,以此补入,刘向、刘歆父子校书时改《周官》名《周礼》,故亦称《周礼·考工记》。

思政育人目标

◈ 树立"质量强国"的政治意识,增强认同感、责任感和使命感。

◈ 树立"质量第一"的精品意识,培养精益求精和追求卓越的质量品质。

◈ 树立"用户至上"的服务意识,培养良好的职业道德素养。

◈ 树立"预防为主、防治结合"的思想,培养良好的质量安全素养。

◈ 树立"全面质量管理"理念,培养全员参与的团队协作精神。

◈ 学习先进质量管理案例,激发报国强军的家国情怀和使命担当。

航空维修保障是航空装备作战使用的前提,是影响战斗力的重要因素。维修质量是航空维修保障的生命线,贯穿于维修保障活动的全过程,渗透于航空维修保障的各个领域,已经成为航空装备作战使用的一个不容忽视的根本问题。本章主要介绍航空维修质量管理的基本概念及影响因素、航空维修全面质量管理等。

2.1　航空维修质量与质量管理

航空维修是一种复杂的实践活动,维修质量管理贯穿于维修活动的全过程。数十年来的维修实践得出的一条基本经验就是,维修质量管理是航空装备管理的核心。随着装备越来越先进,结构越来越复杂,维修质量管理对于保持装备固有可靠性,延长装备使用寿命,保证装备安全,避免装备事故,发挥着越来越重要的作用。装备维修质量管理已成为影响装备作战使用的一个不容忽视的根本问题,是装备安全的重要保证。在新的形势下,科学技术的发展和航空装备的更新,对航空维修质量提出了更高的要求,因此,深入学习全面质量管理的理论和方法,对增强全体机务人员的质量意识,提高航空维修质量,具有十分重要的意义。

2.1.1　航空维修质量

根据国际标准化组织(ISO)关于质量的定义,我们可以对航空维修质量(Aviation Maintenance Quality)定义为:航空维修组织对维修对象航空器及其系统和部件实施的维修活动满足航空器运行安全性、准时性、经济性、舒适性需要的能力的特性总和。《空军航空工程辞典》对航空维修质量的定义为:通过维护和修理,所达到的装备性能、寿命、可靠性、安全性和外观的质量。通过以上论述,我们可以知道航空维修质量是通过对航空装备(飞机、发动机、机载设备及部件等)实施的维修活动(包括维护和修理等),以使其满足各种要求(包括性能、可靠性、安全性等)。航空维修质量是航空维修质量管理的综合反映,既包括维修过程质量,又包括维修工作质量。

1. 维修过程质量

维修过程质量(Maintenance Process Quality),是指维修所达到的保持和恢复航空装备固有可靠性水平。其衡量标准是所维修的航空装备在规定的使用条件下固有功能的实现程度,表现形式有三种:一是保证航空技术装备的合理使用和正确维修;二是保证装备最大限度地处于完好状态;三是保证飞行安全和作战训练任务的圆满完成。其中,前两条体现了维修质量的符合性要求,第三条体现了维修质量的适用性要求,因此是最主要的质量属性。维修过程质量虽有多种表现形式,但集中反映在航空装备使用过程中是否发生故障。

2. 维修工作质量

维修工作质量(Maintenance Performance Quality),是为了保证和提高维修过程质量所开展工作的优劣,如领导工作质量、检查工作质量、保养工作质量、修理工作质量、检验工作质量、信息反馈工作质量等,反映了所做工作对保证和提高维修质量所起作用的性质和水平,其中最为重要的、起决定作用的是领导工作质量。

3. 维修过程质量和维修工作质量二者的关系

维修过程质量和维修工作质量既有区别,又密切相关。维修过程质量由维修工作质量来决定和保证,而维修工作质量又是由维修过程质量来检验和衡量的。航空维修全面质量管理主要就是通过管理维修工作质量来管理维修过程质量,控制维修工作质量来控制维修过程质量,提高维修工作质量来提高维修过程质量。

2.1.2　航空维修质量管理

1. 维修质量管理

维修质量管理(Maintenance Quality Management),就是为制定和达到装备及其维修质量标准所采取的管理技术、手段及其相应的管理过程。作为特殊产品的航空装备,其质量管理同样也伴随着生产力的发展和科技的进步,经历了从单纯的事后检验把关,到以预防为主的全面质量管理发展阶段。

2. 航空维修质量管理

航空维修质量管理(Aviation Maintenance Quality Management),是指航空维修质量形成全过程的所有管理活动,通常包括制定质量方针和质量目标以及质量策划、质量控制、质量保证和质量改进等活动。

2.2　航空维修质量的影响因素

在长期的生产实践和管理过程中,人们发现装备质量和自然界的事物一样,没有两个绝对相同的事物,它们总是或多或少地存在着差异,这就是质量变异的固有特性——波动性。维修质量也一样,同一型号不同装备的维修质量可能不尽相同,同一装备不同时期的维修质量也有差异,因此,维修质量的波动性是客观存在的,只有掌握了维修质量波动(Quality Variation)的客观规律,才能对维修质量实施有效的控制。维修质量波动性的原因可从来源和性质这两个不同的角度来分析。

2.2.1　维修质量波动性的来源

一般来讲,引起维修质量波动性的原因通常概括为"5M1E",即:人员(Man),人员技术水平的差异、熟练程度、工作态度、身体条件以及心理素质等;装(设)备(Machine),装(设)备型号的差异、批次的不同、技术状态的差异等;原材料(Material),材料成分、物理性能与化学性能等;方法(Method),维护或保养不当或者使用维修人员操作不当等;测量(Measurement),测量设备落后、检测方法错误、试验手段落后,不能保证质量性能指标的统一和稳定等;环境(Environment),温度、湿度、亮度、清洁条件以及装(设)备作战使用环境等。

航空装备维修过程的质量同样受到各种因素的影响,全面了解和掌握各种影响因素是开展维修质量管理的基础。

1. 人的因素

人是所有因素中最重要的因素。它一方面是指人的精神,另一方面是指人的业务水平。综合起来,就是人的素质的高低。只有素质高的人,才能生产出质量高的产品,也才能维修出高质量的飞机。

思政聚焦——思想启迪:【却是平流无石处,时时闻说有沉沦】
关于人自身的因素对于质量安全的决定作用,我国早就有"吉凶由人"的明确结论。"吉凶由人"是《周易》的基本哲学意蕴,也体现了我国文化"以人为本"的优秀传统。唐代诗人杜荀鹤写过一首诗《泾溪》:"泾溪石险人兢慎,经岁不闻倾覆人。却是平流无石处,时时闻说有沉沦。"精辟地道出了安全与否的关键所在,那就是人的"兢慎"。换言之,险要之处,人们往往能够思想集中,小心谨慎,事故反而不易发生;平流之处,却容易放松警惕,麻痹大意,因此常常"舟覆人亡"。

这正如战国末思想家韩非子在《韩非子·六反》所言："不踬于山,而踬于垤。山者大,故人顺之;垤者小,故人易之。"(资料来源:[1]张会峰,杨哲,包佳仪.现代航空装备维修差错:人为差错研究[M].北京:北京航空航天大学出版社,2021.[2]张觉,等.韩非子译注[M].上海:上海古籍出版社,2016.)

(1)维修作业人员。在影响航空维修质量的人的因素中,航空装备维修作业人员的工作表现会影响到维修工作的质量,而维修工作质量决定了维修质量,维修质量的好坏将影响到航空安全,因此,航空装备维修作业人员的全面素质和业务技能水平对维修质量起着直接的作用。

思政聚焦——警示案例:【错误使用维修技术,叶片断裂击伤发动机】事故经过:1995年8月21日,美国大西洋东南航空公司一架飞机执行ASE529航班任务,飞行途中发动机螺旋桨叶片断裂,导致发动机、机体受损,迫降时飞机坠毁。机上26名乘客和3名机组成员,其中机长和7名乘客遇难,11人重伤,8人轻伤。**原因分析:**从事打磨修理事故叶片的维修技术人员既没有FAA颁发的维修人员执照,也没有维修单位的雇员所要求的执照。违规使用打磨技术修理带有腐蚀裂纹的螺旋桨叶片后,将其重新投入使用,最终叶片断裂,击伤发动机和机身,飞机坠毁。**教训启示:**加强修理人员业务培训,熟练掌握各类修理技术的适用范围。(资料来源:[1]张宗玉,等.维修差错案例图解[M].北京:国防工业出版社,2017.[2]李学仁,杜军,王红雷.维修差错导致的民用航空事故案例分析汇编[M].北京:国防工业出版社,2013.)

(2)维修管理人员。航空维修管理人员的全面素质和领导管理水平起着主导和宏观控制作用。由于管理人员肩负单位或部门的组织指挥任务,其工作内容涉及面宽,宏观指导性强,所以其工作失误对航空维修质量的影响更大。

(3)影响维修质量的表现形式。人对维修质量的影响,基本表现形式有两种,即维修操作人员的工作差错和维修管理人员的工作失误。维修操作人员的工作差错大体分为技术性差错、违章性差错、过失性差错和体质性差错等几种;而维修管理人员的工作失误大体分为决策失误、计划不周、用人不当、管理不善、标准不高、要求不严等几种。

2. 航空装备器材因素

一方面,航空装备本身的设计水平对维修质量具有严重的影响,包括飞机的可靠性、维修性和保障性等。但随着航空装备的发展以及设计、制造水平的提高,飞机的可靠性、维修性及保障性也大幅度地提高,这些设计特性也明显增强。但对于军用飞机,由于其使用环境、使用强度以及飞机所承受的载荷等与民用航空器差别较大,因此,质量问题在现阶段仍然是影响航空安全的主要因素之一。主要表现在飞机的故障率较高,质量问题突出。另一方面,影响航空维修质量的装备器材因素还有航材不符合技术标准,油料、冷气混有杂质、水分,机加工所用金属材料理化性能不合格以及翻修产品存在质量缺陷等。

思政聚焦——警示案例:【固定螺栓用错,机长吸出窗外】事故经过:1990 年 6 月 10 日,英国航空公司一架 BAC-111 飞机执行 BA5390 定期航班任务。空中机长一侧的风挡玻璃突然脱落,机长的上半个身子被瞬间吸出窗外,位于驾驶舱门旁的乘务员,拦腰抱住机长,并试图将机长拉回到飞机里,由于强烈的气流作用,始终无能为力。副驾驶努力控制飞机紧急下降,最终安全降落,避免了一场特大灾难。机长的上半身在窗外直到飞机着陆,冻伤严重。**原因分析**:修理人员没有按照维修手册和维修程序的要求进行施工,而是粗心大意,主观臆断,选用直径不符合要求(比规定尺寸略小)的固定螺栓,使用不适当的工装和工具,采用错误的安装工艺,在施工完成后也没有经过任何测试和检查就签字放行了,从而导致风挡玻璃空中脱落。**教训启示**:维修工作应当严格按照维修手册要求使用规定的零件。(资料来源:[1]张宗玉,等.维修差错案例图解[M].北京:国防工业出版社,2017.[2]李学仁,杜军,王红雷.维修差错导致的民用航空事故案例分析汇编[M].北京:国防工业出版社,2013.)

3. 航空维修组织机构因素

航空维修组织体制、保障体制、管理体制等都对航空维修质量有直接或间接的影响,其中,保障体制尤其是航空维修作业体制对航空维修质量有着直接的影响。如果组织机构不健全,管理机制不完善,就会出现工作无人管、质量无人抓的现象。

思政聚焦——警示案例:【维修组织管理不严,客机坠入太平洋】事故经过:2000 年 1 月 31 日,美国阿拉斯加航空公司 261 航班起飞不久,飞行机组发现水平安定面被卡住、操纵失灵。为了保持飞机平衡飞行,机组手动操纵,水平安定面开始动作。但动作不是正常运动,而是急速下俯,结果飞机大速度俯冲撞入太平洋。机上 5 名机组人员和 83 名乘客全部遇难,飞机也由于受到严重撞击而解体。**原因分析**:航空公司为了节省成本,违反维修保养程序,私自更换了润滑脂并将润滑检查时间延长近一倍。机务人员简化了润滑程序,飞机水平安定面梯形螺纹杆润滑工作时间由规定的 4 小时缩减到 1 小时,润滑脂无法润滑到螺纹杆的全程,导致其 90% 螺纹磨损,最终卡住水平安定面,使飞机操纵失灵。**教训启示**:一方面,监管部门对航空公司监管缺失。另一方面,维修组织机构管理不严,未能严格按照维修周期实施保养,简化工作程序和偷工减料。(资料来源:[1]张宗玉,等.维修差错案例图解[M].北京:国防工业出版社,2017.[2]李学仁,杜军,王红雷.维修差错导致的民用航空事故案例分析汇编[M].北京:国防工业出版社,2013.)

4. 维护方法因素

影响维修质量的维护方法因素是指以下三种情况。一是法规不健全,在某些方面缺乏明确的规定,无章可循。目前,航空装备维修保障法规体系的建立为航空维修工作提供了强有力的依据,但从法规体系的完整性和适用性的角度出发,还需要对法规进行细化,增加法规的指导性和可操作性,要在法规的基础上完善各项工作的规定、制度,如战备和战时状态下的技术保障工作、计算机管理、网络管理、照相管理、信息分析等。尤其是飞机的预防性维修内容、维修时机、维修周期、维修方式、维修手段等还需要进行改进。二是维修规程和工艺规程所规定的内容、标准、操作方法、检验方法不科学、不系统、不正确。三是有章不循,个人看情况、凭经验修理,工艺流程、操作方法不当。

思政聚焦——警示案例:【擅自更改工序,飞机掉落发动机】事故经过:1979 年 5 月 25 日,美国航空公司的一架客机执行 191 航班任务,在起飞滑跑阶段,飞机一台发动机及吊架结构从机身脱落。驾驶员未发现这一重大问题,飞机继续离地并开始爬升。当离地高度 90 米时,飞机滚转,机头下俯并最终坠毁于一个拖车停车场,造成机上 271 人全部遇难,另有地面 2 人遇难,2 人受伤。**原因分析**:维修人员更换发动机吊架球形轴承时,未按规定先拆下发动机,再拆下吊架的程序操作,而是将二者作为一个整体拆下。在安装时,维修人员为了便于施工,又私自更改了施工顺序,导致重量巨大的发动机和吊架在拆装过程中损伤了后隔框的上安装边。飞机起飞时在巨大推力载荷的作用下,使得发动机及吊架从飞机上脱落。**教训启示**:严格执行维修施工规定的程序和方法。(资料来源:[1]张宗玉,等.维修差错案例图解[M].北京:国防工业出版社,2017.[2]李学仁,杜军,王红雷.维修差错导致的民用航空事故案例分析汇编[M].北京:国防工业出版社,2013.)

思政聚焦——警示案例:【不按修理手册施工,飞机空中解体】事故经过:2002 年 5 月 25 日,中国台湾航空公司一架客机执行台湾桃园—香港的航班任务,飞机滑行、起飞、爬升、平飞均正常。20 分钟后,雷达屏幕上显示飞机发生了空中解体,随后消失。在台湾澎湖海面上发现了飞机残骸,机上 225 人全部遇难,包括 19 名机组人员

和 206 名乘客。**原因分析**:经调查,事故原因属于维修失误。22 年前该机曾发生机尾擦地事件,按照结构修理手册必须切除受损蒙皮并安装补片或者更换受损蒙皮。由于施工困难,修理人员便直接将加强补片装于受损蒙皮上。原损伤部位产生疲劳裂纹,由于补片的存在,后续的各种检查都无法发现其覆盖蒙皮上产生的大量疲劳裂纹,随着裂纹的扩展,蒙皮结构剩余强度降低,导致

机体结构不稳定而发生撕裂，飞机空中解体。**教训启示**：严格按照结构修理手册要求进行施工。（资料来源：[1]张宗玉,等.维修差错案例图解[M].北京：国防工业出版社,2017.[2]李学仁,杜军,王红雷.维修差错导致的民用航空事故案例分析汇编[M].北京：国防工业出版社,2013.)

5. 环境因素

自然环境、维修作业现场环境、战场环境因素不仅直接影响航空装备和保障装(设)备、维修设施的技术状态,而且还会对航空维修保障人员的生理、心理状态及行为产生影响,从而对航空维修质量产生影响。例如自然环境,包括季节及气候条件、地理环境,工作区域的温度、湿度、噪声、照明、供电、供水(是否清洁)等。恶劣的环境不仅直接影响装备的可靠性和检测仪器的准确性,而且直接影响维修人员的情绪和精力,从而造成工作效率降低,作业差错增多,维修质量下降。另外,家庭、社会环境对人的生理和心理也有重要影响。

6. 工具设备和测量因素

影响维修质量的工具设备因素是指：工具、量具、仪器、设备和机加工用的夹具、模具等,对维修质量的主要影响是精度低、误差大、适用性差。影响维修质量的测量因素是指：测量设备落后、检测方法错误、试验手段落后,不能保证质量性能指标的统一和稳定。

维修质量管理就是从全面分析影响维修质量的因素入手,综合运用管理技术、专业技术和数理统计方法,掌握维修质量形成的客观规律,建立一套完整的维修质量保证体系,有组织、有系统地实施全面质量管理。

2.2.2 维修质量波动性的性质

根据以上六方面原因,按其性质可归纳为两类：偶然性原因和系统性原因。

1. 偶然性原因

偶然性原因是指诸如原材料的细微差异,维修工具的正常磨损,操作或维修人员细微的不稳定性等这样一些原因,它们的出现是由随机性因素造成的,不易识别和测量。由于随机因素是不可避免的、经常存在的,所以,也称偶然性原因为正常原因,它是一种经常起作用的无规律的原因。

2. 系统性原因

系统性原因是指诸如工具严重磨损,装备不正确调整,操作或维修人员偏离操作或维修规程、标准等这样一些原因,它们容易被发现和控制,采取措施后容易消除。由于这些因素是由具有明显倾向性或一定规律的因素造成的,因此是可以避免的,也是不允许存在的,所以,也称系统性原因为异常原因,它是一种不经常起作用的有规律的原因。

正常原因所造成质量特性值的波动称为正常波动,并称这时的维修过程处于统计的控制状态,或处于控制状态;异常原因所造成质量特性值的波动称为异常波动,并称这时的维修过程是处于非统计的控制状态,或处于非控制状态。维修过程处于控制状态时,维修数据具有统计规律性,一旦处于非控制状态,维修数据的统计规律性就受到破坏。因此,维修质量控制的重要任务之一就是要分析维修质量特性数据的规律性,从中发现异常数据并追查原因,消除异常因素,把重点从"事后把关"转移到"事前控制"上来,以消除或控制故障的发生。

2.3 航空维修全面质量管理

航空维修全面质量管理就是要从全面分析影响维修质量的因素入手,综合运用管理技术、数理统计等技术方法,掌握航空维修质量形成的客观规律,有组织、有系统地实施全面的、全员的、全过程的质量管理,建立相对完善的航空维修质量管理体系。

2.3.1 全面质量管理的基本思想

1. 用户第一的思想

真正好的质量是用户完全满意的质量。事实上,符合国家、部门或地区规定的质量标准的产品,往往并不是满足用户要求的产品。因此,用户是否满意就成为衡量产品质量好坏的唯一标准。推行全面质量管理,就是要把"一切为用户"作为企业经营管理的出发点,把过去"生产什么就销售什么"转到"用户需要什么就生产什么",使企业的职工树立为用户服务的思想,生产出用户喜爱的产品。为此,企业必须经常调查,收集用户的意见和要求,不断改进和提高产品质量,增加品种,降低成本,以满足用户日益提高的质量要求。

"下道工序是用户",这是全面质量管理的基本口号,也是全面质量管理的指导思想。把对用户高度负责的精神应用于生产全过程和工作全过程,把各工序之间、部门之间和工作对象之间都看成是上下工序之间的关系,从而增强了生产者及工作人员的责任心和生产的严肃性,密切了各工序之间的关系,促进了相互协调。凡达不到本工序质量要求的产品或工作都不能交给下一工序,从而使最终工序的质量有了可靠的保证,以确保用户的利益。

思政聚焦——他山之石：【德国人的质量观】德国的产品质量之高素来为全世界所公认。德国有句谚语"德国纽扣的寿命比婚姻还长"。这一句话,说出来的却是一个严肃的话题,因为它说的意义是:当衣服已经旧得不能再旧的时候,它的扣子依然还在。对待一个纽扣,能钉得如此结实,纽扣的质量好、寿命又长,说明了德国人对于质量的追求几乎深入到骨髓。同样,在德国自动化的流水生产线上,为了保证质量,每一道工序都有机器反复地进行质量检验,又不时有工人进行质量检验,每隔四十分钟,还要从流水线上随机抽出一台来进行各项指标的严格检测。世界著名名牌奔驰甚至成了德国货的代名词。如果你稍加留意就会发现,奔驰汽车很少做广告,对此,奔驰人的解释是"我们的质量就是最好的广告"。德国企业自进入中国市场以来,因产品质量、性能存在严重问题或服务不到位而引发的纠纷几乎没有发生过,这也从一个侧面说明了德国企业质量管理的扎实。德国的产品质量是全世界公认的,虽然每种产品产量不一定是世界最高,但是质量永远是世界最高的,这也是德国人引以为豪的一种荣耀。他们要做世界上最好的产品,他们的产品就是世界上最好的产品。(资料来源:李晓男,顾海洋.质量管理与控制技术基础[M].北京:北京理工大学出版社,2017.)

思政聚焦——质量案例:【海尔"人单合一"质量管理模式】海尔集团自创业以来,坚持"以用户需求为中心"的创新体系驱动企业持续健康发展。早在 20 世纪 80 年代海尔便以"砸冰箱"事件为开端,在企业推行全面质量管理。1989 年,海尔探索形成了独具特色的"日事日毕、日清日高"管理法,提高了海尔

海尔"人单合一"模式

创客员工 ← 人　单 → 用户价值

雇佣者 执行者　　　一次性交易的顾客
创业者 合伙人　　　全流程参与的用户

合一

员工在为用户创造价值的同时实现自身价值

的基础管理水平;在此基础上,1998 年又提出了市场链管理模式,显著提高了企业和员工的市场意识;2005 年,创造性提出了"人单合一"质量管理模式,这是互联网时代的一次管理模式革命。在海尔的"人单合一"质量管理模式中,"人",指员工。进一步延伸,首先,"人"是开放的,不局限于企业内部,任何人都可以凭借有竞争力的预案竞争上岗;其次,员工不再是被动执行者,而是拥有"三权"(现场决策权、用人权和分配权)的创业者和动态合伙人。"单",进一步延伸,首先,"单"是抢来的,而不是上级分配的;其次,"单"是引领的,并动态优化的,不是狭义的商品订单,更不是封闭固化的;"合一",指员工的价值实现与所创造的用户价值的合一。每个员工都应直接面对用户,为用户创造价值,并在为用户创造价值的过程中实现自己的价值分享。"人单合一"是多方共赢的理念,体现了人的价值最大化,给所有人

都创造机会,最终实现整个生态系统的共赢。通过"人单合一",在战略上,海尔从封闭的企业变成了开放的生态平台,颠覆了传统规模与范围的理论,以用户不断迭代的需求,构建生生不息的生态服务系统,导向生态品牌共创共赢。图为2020年,海尔创牌中心正式更名为生态品牌中心。2012年,时任海尔总裁张瑞敏应邀赴欧洲顶级商学院瑞士IMD、西班牙

IESE商学院演讲,交流海尔人单合一双赢模式。"海尔人单合一跨文化融合"案例被收入IESE商学院案例库;IMD授予张瑞敏"IMD管理思想领袖奖"。2013年,海尔集团凭借"人单合一双赢"为核心的质量管理模式荣获我国质量管理领域的最高荣誉——首届中国质量奖。(资料来源:[1]《中国质量管理最佳实践集萃》编委会.中国质量管理最佳实践集萃[M].北京:中国标准出版社,2023.[2]海尔官网.)

2. 预防为主、防治结合的思想

质量是在产品设计、生产过程中逐渐形成的,是过程的产物。那种认为事后把关、严格质量检查和对出厂产品实行"三包"就是质量保证的看法是错误的。这些方法固然重要,但对保证出合格产品不能起重要作用。"好的产品是生产出来的,不是检查出来的",概括地说明了全面质量管理的中心思想。单纯的事后把关,只能发现和剔除不合格品,而不合格品即使被发现,其损失已经造成。全面质量管理强调把整个质量形成过程自始至终地控制起来,要求把管理工作的重点,从"事后把关"转移到"事先预防"上来,从"管结果"变为"管因素",实行"预防为主"的方针,将不合格品消灭在产品形成过程之中。

应该指出的是,全面质量管理强调预防为主、防治结合的思想,不仅不排除质量检验,而且要求质量检验更加完善、更加科学。质量管理永远不能排除质量检查,把检查出来的问题反馈到设计和生产过程中的工作也不能减少。

思政聚焦——质量故事:【从"扁鹊论医"看质量管理】春秋战国时期的扁鹊,被世人尊称为"医祖"。据史料记载有这么个扁鹊论医术的故事。魏文王问名医扁鹊:"你们家兄弟三人,都精于医术,到底哪一位医术最好呢?"扁鹊答说:"长兄最好,中兄次之,我最差。"文王吃惊地问:"你的名气最大,为何反长兄医术最高呢?"扁鹊惭愧地说:"我扁鹊治病,是治病于病情严重之时。一般人都看到我在经脉上穿针管来放血、在皮

肤上敷药等大手术,所以以为我的医术高明,名气因此响遍全国。我中兄治病,是治病于病情初起之时。一般人以为他只能治轻微的小病,所以他的名气只及于本乡里。而我长兄治

病,是治病于病情发作之前。由于一般人不知道他事先能铲除病因,所以觉得他水平一般,但在医学专家看来他水平最高。"

启示:事后控制不如事中控制,事中控制不如事前控制,这是质量管理的要旨。等到错误的决策造成了重大的损失才寻求弥补,有时是亡羊补牢,为时已晚。质量管理如同医生看病,治标不能忘固本。许多企业明知"质量是企业的生命",而现实中却陷入"头疼医头,脚疼医脚"的质量管理误区。造成"重结果轻过程"现象的原因是:结果控制者因为改正了管理错误,得到员工和领导的认可;而默默无闻的过程控制者不容易引起员工和领导的重视。最终导致管理者对表面文章乐此不疲,而对预防式的事前控制和事中控制敬而远之。单纯事后控制存在严重的危害。首先,因为缺乏过程控制,生产下游环节无法及时向上游环节反馈整改意见,造成大量资源浪费;其次,因为上游环节间缺乏详细的标准,造成各部门间互相扯皮,影响公司凝聚力,大大降低了生产效率;再次,员工的质量意识会下降,警惕性下降会造成质量事故频发;最后,严重的质量事故会影响单位信誉,甚至造成失去订单或者带来巨额索赔,给单位造成严重的经济损失。(资料来源:梁工谦,赵永强,刘德智.质量管理学[M].2 版.北京:中国人民大学出版社,2014.)

3. 人人与质量有关的思想

产品质量是由企业每一个人的工作质量决定的。质量管理绝不是企业中某些部门的事,也不是某些领导个人的事,而是整个企业的综合活动。全面质量管理要求每一个职工的工作都要有根据、有秩序、有效率和达到工作质量标准。在企业中,要求对产品有影响的各个部门都有机地协调、统一起来,形成一个不可分割的整体,通过一定的组织形式,使全体人员都置身于这项活动中。提出"质量管理,人人有责"的口号,可以使企业从领导到每一个人,通过不同方式参加质量管理活动,为提高质量做出贡献。

思政聚焦——质量案例:【"人人创客""人人小微"——海尔充分发挥员工的积极性】海尔始终坚持"人单合一,人人质量"的理念,从用户体验出发,严格把控质量大关,创家电生态第一口碑。海尔"人单合一"质量管理模式打造面向市场的生态系统,以创造用户价值为核心。"人单合一"模式给一线员工最大的自主权和决策权,让员工在第一时间对用户需求做出反应,让员工成为自主创新的主体,由此形成企业与员工之间关系的一个新格局:原来员工听企业的,现在变成员工听用户的,企业听员工的,共同为用户创新。员工从命令执行者变为创业者,企业为员工提供一个"人人参与质量改进"和实现自我价值的平台,员工与用户、企业融为一体。在开放创新生态圈体系下,海尔推动全员转型为创客,并开放地整合全球创客及相关创客资源,利用平台的资源实现"人人创客""人人小微"。海尔这个大平台则不断为自主经营体提供各种

资源，激发了员工创新的积极性。图为海尔德国研发中心员工。（资料来源：[1]《中国质量管理最佳实践集萃》编委会.中国质量管理最佳实践集萃[M].北京：中国标准出版社，2023.[2]海尔官网.）

思政聚焦——质量案例：【华为全面质量管理——全员、全过程、全价值链的质量管理】华为技术有限公司（以下简称"华为"）创立于1987年，是全球领先的ICT（信息与通信）基础设施和智能终端提供商。截至2021年底，在职员工总数19.5万人，其中科研人员占比54.8%。华为业务遍及170个国家和地区，为全球30多亿人口提供服务。华为致力于把数字世界带入每个人、每个家庭、每个组织，构建万物互联的智能世界。坚定落实以质取胜，坚持"华为是ICT行业高质量的代名词"不动摇，进一步深化基于ISO 9000的全面质量管理，对准客户需求，以战略为牵引，实施全员、全过程、全价值链的质量管理，持续为客户创造价值。

把质量要求和质量管理延伸到产业链各环节，加大投入，通过共同的质量提升来构筑面向客户的高质量。①提升全员质量意识和能力，营造高质量文化氛围：坚持一把手质量担责，加强质量目标管理与激励，并通过公司质量大会、华为质量奖、质量审核、质量赋能等活动，将质量文化融入每个人的内心。充分利用海纳、TRIZ、FMEA等先进质量工程方法，推动产品与服务的持续改进，加强知识管理和项目复盘，以专业的方法支撑公司实现以质取胜。②将质量要求构筑在流程中，实现全过程的质量管理：通过运营流程、使能流程和支撑流程三层结构的完整流程体系建设，确保质量、合规、可信、内控、网络安全和隐私保护、信息安全、业务连续性、EHS、CSD等要求，融入研发、供应、交付服务、市场等各领域业务中，实现全流程贯通，构建符合公司多业务发展需要的质量体系，发挥质量数据平台价值，用高质量的产品和服务持续赢得客户选择和信赖。③聚焦价值与体验，推动质量管理的全价值链延伸：面向客户与伙伴通过多种渠道获取声音和反馈，公司管理层深入研讨分析关键问题并落实TOP改进，提升客户满意和伙伴合作共赢关系；面向产业链持续传递质量要求，开展质量管理前移，帮助供应商和分包方提升质量能力，促进产业链进步和实现协同发展。图为华为服务门店和专业的维修服务。（资料来源：[1]《中国质量管理最佳实践集萃》编委会.中国质量管理最佳实践集萃[M].北京：中国标准出版社，2023.[2]华为官网.）

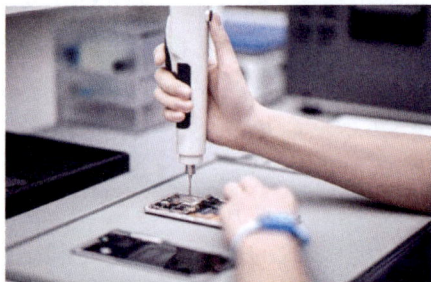

2.3.2　航空维修全面质量管理的基本内容

航空维修全面质量管理(Total Quality Management of Aviation Maintenance)是应用全面质量管理的理论、方法与手段对航空维修质量实施的管理过程与管理体系。按照美国著名质量管理专家费根堡姆的定义,全面质量管理是一种新型的质量管理模式,它不是一种简单的管理方法,而是一种学说,是一整套管理思想、管理理念、技术手段和科学方法的综合体系,而不只是传统的检测技术或统计分析技术。

航空维修全面质量管理是根据航空器、系统和部件故障的性质、后果和过程的变化规律以及维修质量的产生、形成和实现的运动规律,以保证飞机最大限度地处于完好状态、作战训练任务的圆满完成和飞行安全为目标,以最经济的手段,运用系统的思想和方法,把航空维修的各阶段、各环节的质量职能组织起来,形成一个既有明确的任务、职责和权限,又能互相协调、互相促进的全过程、全要素和全员参与的质量管理。

1. 质量计划

质量计划(Quality Plan)是实施质量控制的一个重要手段,是全面质量管理的重要内容。列宁曾指出:"任何计划都是尺度、准则、灯塔、路标。"计划是管理过程的中心环节,因此,计划在管理活动中具有特殊重要的地位和作用。质量计划为质量控制提供预选目标和方案,并且为质量控制提供决策依据和行动规则。质量计划工作开展得好坏,直接影响到质量控制的效果。质量计划主要包括飞机、发动机质量计划(如飞机发动机寿命梯次控制、有寿件寿命控制),后勤支援计划(如发动机和航材请领计划、飞行训练中的后勤支援计划以及紧急战斗准备和转战的后勤支援计划)等。

2. 质量监控

质量监控(Quality Monitoring)是对航空装备质量及维修工作质量的变化情况,特别是对质量特性值下降情况所进行的质量监视工作。质量监控的目的,是在发现质量开始下降时,及时分析引起质量下降的原因,采取措施把引起质量下降的因素控制在适当的范围内,从而使飞机使用质量与维修工作质量得到控制。

(1) 飞机质量状况监控。为了做好质量监视工作,不漏掉任何一个应监视的项目,飞机质量状况检查工作要按规定的检查程序或检查路线进行。包括飞机完好状况监控、飞机特殊使用限制监控、机载特殊设备监控、油封保管飞机监控等。

(2) 飞机维修工作时限监控。维修工作时限,是指进行预定性维修工作的时限,包括定期检修工作时限、有寿机件更换时限、落实技术通报时限等。飞机达到预定维修工作时限的时期,是一个渐变的工作时间或日历时间的累积过程,而且机件的工作时间与日历时间通常不相匹配,因此要进行监控。

（3）维修保障能力监控。在航空维修系统内部,维修保障能力主要指维修人员构成,维修所需地面设备、车辆等。这些条件影响并制约着维修工作质量,因而必须进行监控。维修人员质量监控,主要包括维修人员实力监控和维修人员技术状况监控。车辆的监控,包括机务指挥车以及其他配属机务部队的特种车辆等。仪器设备的监控,包括部队所使用的检验测量仪器设备、监控与诊断仪器设备、地面维修保障设备以及修理工艺装备等。

3. 质量检验

质量检验(Quality Inspection)是应用质量标准和质量检查手段对已形成的质量进行判定的过程。航空维修质量检验,是指按照有关条令、条例、规程,以及有关技术文件对维修工作规定的具体要求,利用一定的方法和手段,对维修工作实施情况和完成质量进行检测,并将检测结果与该项维修工作的有关标准或要求进行比较,判断该项维修工作质量是否已满足规定的要求,从而把住维修工作质量关。质量检验具有把关、预防和反馈三个职能。

4. 质量教育

质量教育(Quality Education)工作是推行全面质量管理的中心环节,教育必须先行,质量教育必须贯穿于质量管理的全过程和各个环节中。为使广大维修人员接受、掌握和运用全面质量管理的理论、思想和方法,就必须先在广大维修人员中广泛开展质量教育工作。质量教育工作内容主要包括质量意识的教育、质量管理知识的教育、技术业务知识的教育和质量法规教育等。

2.3.3 航空维修全面质量管理的主要特点

根据全面质量管理的理论、方法和手段,航空维修全面质量管理的特点可以概括为"三全一综合"。"三全"是指全方位、全过程、全员参与,"一综合"是指综合性,主要指维修质量管理采用的方法是全面的、多样的。

1. 全方位的质量管理

广义的质量除了装备质量之外还包括工作质量,航空维修全面质量管理所指的质量是广义的质量,即不仅是指装备的维修质量,而且还包括赖以形成装备维修质量的工作质量。

全方位质量管理,首先是对质量特性实行全面管理。在评价产品质量时,要衡量其全面质量,除了性能特性外,还包括可靠性、维修性、安全性、经济性等。对航空维修工作而言,除了事故、飞行事故征候、维修差错、故障、完好率等机械责任原因外,还有工时利用、航材消耗、再次出动准备时间、任务延误、修复率等质量要求。其次是对影响产品质量的要素实行全面管理。影响航空维修工作质量的管理要素,除了机务系统内特有的要素外,还有车辆计划、航材计划、场所管理、弹药计划、送修计划、发动机补充等延伸要素。最后是对组织的管理。不同的层次应有不同的质量管理职责和重点。只有分清职责界限,实行全方位管理,才能避免推诿和阻塞。一般来讲,上层管理应侧重于质量决策,中层管理则是实行领导层的决策,进行具体的质量管理,而基层管理则要求严格按标准、规章制度办事,完成具体任务。

2. 全过程的质量管理

任何产品或服务的质量,都有一个产生、形成和实现的过程。要保证产品或服务质量,不仅要搞好生产或作业过程的质量管理,还要搞好设计和使用过程的质量管理。全过程管理体现了以预防为主的管理思想,把管理工作重点从事后把关转移到事前预防上来,变"管结果"为"管因素",把不合格品消灭在其形成过程中,做到防患于未然。

装备维修质量与装备质量具有直接关系,装备质量是装备寿命周期过程各种管理和技术活动的综合结果,是一个完整过程所形成的。所以,维修质量和质量一样是设计出来的、生产出来的,而不是靠事后检验得来的。根据这一规律和认识,航空维修全面质量管理要求在维修质量形成的全过程,对设计、生产制造一直到使用和维修保障等各环节来进行有效管理,做到防检结合,以防为主。

思政聚焦——古为今用:【《齐民要术》中的全程质量管理】在中国古代的农业生产和手工制作过程中,人们认识到产品质量和工作质量都有一个逐步产生和形成的过程,并在整个生产过程中形成规律。例如,北魏贾思勰编撰的中国古代农业科学巨著《齐民要术》中,就提出了关于从开荒、选种、耕耘、收割到收获一整套全程质量管理的思想。由此可见,全程质量管理思想已在中国古代初步形成并在实践中得到广泛应用。(资料来源:尤建新,邵鲁宁,李展儒.质量管理学[M].4 版.北京:科学出版社,2021.)

思政聚焦——质量案例:【海尔质量全流程管理】海尔公司凭靠海尔质量平台,整合内外部资源对产品质量实施全方位监控和持续改进,实现质量全流程管理。2022 年,产品当年不良率同比下降 25%。①研发阶段:充分进行用户调研,建立用户使用场景数据库,验证设计方案及产品在各种用户场景下的功能表现,经过多次迭代优化,确保批量生产产品的质量和安全性,提升用户体验满意度。②生产阶段:执行严格的体系标准和质量控制措施,对每台产品进行严格的检验,并通过人员培训、配备自动化检测设备及数字化检测系统等方式,提升产品的检出力。为保障产品的高品质,公司开展多维度的货品检验工作,确保产品满足用户最佳体验。③物流阶段:依托海尔智家物流数字化平台,通过上线产品全流程状态可追溯系统,借助物联网、智能科技等技术实现运输和仓储状态可视,评估和管控物流损耗情况,加强物流质量管控。④销售阶段:禁止夸大宣传和误导用户,定期聘请第三方专业机构调研用户体验效果。图为全球引领的世界级工业互联网平台——卡奥斯 COSMOPlat 工业互联网平台。(资料来源:海尔官网.)

3. 全员参与的质量管理

全面质量管理要求参与生产过程的各个环节和各个部门的工作人员都应围绕质量这个中心去完成质量目标所赋予的职能和任务。因此,全面质量管理就成为全员参与的质量管理。全员参与质量管理对航空维修工作有特殊重要性。

维修质量贯穿装备寿命周期全过程,是各种因素相互作用的结果,也是装备寿命周期过程中每一成员工作质量的综合结果。因此,航空维修全面质量管理需要群众性的参与,从管理人员到操作人员,从直接设计、生产人员到使用、维修保障人员,都应有一定的维修质量管理职能;同时,由于航空维修工作分散性强,项目任务相对独立,环境条件时常变化,更需要航空维修保障系统所有部门的共同努力,建立以质量管理为中心环节的保障体系,将各部门的工作有机组织起来,使人人必须保证维修质量,人人都在为增强维修质量管理恪尽职守,才能提高整个航空维修质量管理水平。

4. 综合性的质量管理

航空维修全面质量管理的综合性特点是指维修质量管理采用的方法是全面的、多样的,是一个由多种管理技术、方法和手段所组成的综合性的管理体系。航空维修全面质量管理有一套完整的质量保证体系,包括质量管理职能、责任和信息反馈控制制度、质量标准和管理程序等。

目前,质量管理中广泛使用的各种统计方法是其重要的组成部分。除此之外,还有很多非统计方法。常用的质量管理方法有所谓的老七种工具:因果图、排列图、直方图、控制图、散点图、分层图、调查表;还有新七种工具:关联图法、亲和图法、系统图法、矩阵图法、矩阵数据分析法、过程决策程序图法、箭条图法。除了以上方法,还有质量功能展开(Quality Functional Deployment,QFD)、田口方法、失效模式与影响分析(Failure Mode and Effect Analysis,FMEA)、头脑风暴法、六西格玛管理法、水平对比法(Benchmarking)、业务流程再造(Business Process Reengineering,BPR)等。

2.3.4　航空维修全面质量管理的基本方法

1. PDCA 循环

要搞好质量管理,除了要有一个正确的指导思想外,还必须有一定的工作程序和管理方法。在质量管理中,常用的工作程序就是 PDCA 循环,这是全面质量管理的基本工作方法,也是 ISO 9001《质量管理体系　要求》标准重点推荐的过程方法。PDCA 循环是由美国质量管理专家戴明于 20 世纪 60 年代初创立的,故也称戴明环。它反映了质量改进和完成各项工作必须经过的四个阶段:①计划(Plan)——根据上级提出的任务、目标、原则等制定活动计划;②执行(Do)——按照第一阶段制定的计划,实地去干;③检查(Check)——检查哪些做对了,哪些做错了,把握效果提出问题;④处理(Act)——肯定成功经验,否定错误的设想,即吸取教训,形成新的标准,暂时解决不了的问题和没有发现的问题转入下一个循环处理。这四个阶段不断循环下去,周而复始,使质量不断改进。图 2-1 为 PDCA 循环示意图。

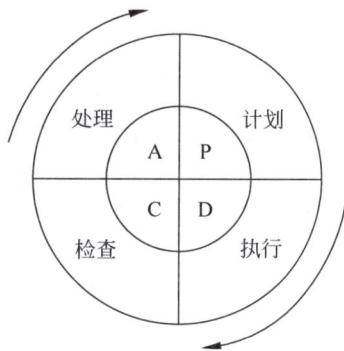

图 2-1　PDCA 循环四个阶段

知识链接:【戴明奖的产生】在 20 世纪初,日本企业的产品质量并不好,在人们心目中简直就是假冒伪劣产品的代名词,当时日本人崇尚中国的"上海货"。但是,到了 20 世纪 80 年代,人们争相购买日本企业的产品,日本货成了优质产品的象征。日本企业,从劣质产品到优质产品,前后间隔仅几十年,产品质量发生如此大的变化,人们在探讨:日本企业质量管理成功的奥秘究竟是什么? 日本企业质量管理的成功,得益于美国著名质量管理专家爱德华·戴明。戴明环强调自主管理、主动管理,而美国人恰恰缺乏主动性,因此戴明的质量管理思想开始在美国企业实施时遭到了冷遇。但是,日本人深受东方文化的影响,富有主动性,自己与自己比较,就能发现问题,因此戴明的质量管理思想非常适合日本企业,日本企业运用 PDCA 循环取得了产品质量的飞跃进步。质量管理是企业管理的重要组成部分,企业的生产规模越大,劳动分工和协作越精细、复杂,质量管理工作也就越重要。1951 年,日本设立戴明国家质量奖。该奖主要面向日本国内的制造企业,评奖标准非常严格,获奖企业每年最多 1～2 家,日本国内称戴明奖为"企业诺贝尔奖"。

2. PDCA 循环的特点

如图 2-2 所示,PDCA 循环有三个明显的特点。

(1) 大环带小环。如果把整个质量管理的工作作为一个大的 PDCA 循环,那么各个部门、小组还有各自小的 PDCA 循环,就像一个行星轮系一样,大环带动小环,一级带一级,有机地构成一个运转的体系。

(2) 按顺时针方向不停地运转。围绕质量管理的方针、目标这个轴心向前转动,并且不断循环,周而复始。

(3) 阶梯式上升。PDCA 循环不是在同一水平上循环,每循环一次,就解决一部分问

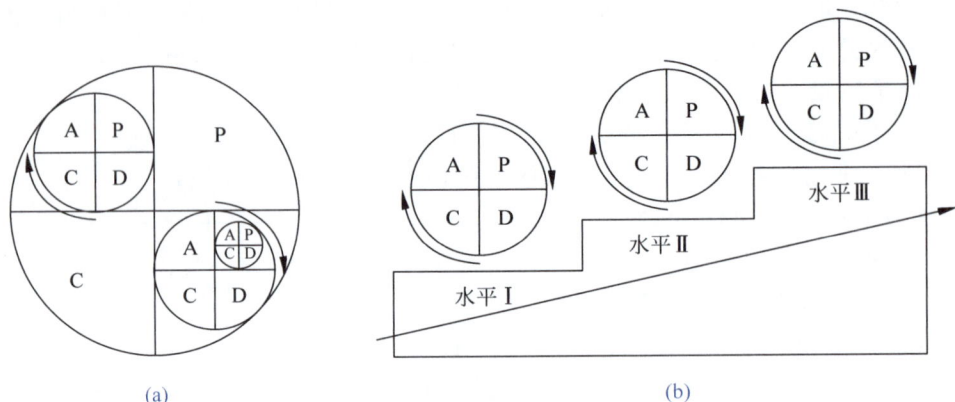

(a)   (b)

图 2-2　PDCA 循环的特点

题,取得一部分成果,工作就前进一步,水平就提高一步。到了下一次循环,又有了新的目标和内容,更上一层楼。

3. PDCA 循环的步骤

为了解决质量改进问题,通常把 PDCA 循环的四个阶段进一步细化为 8 个步骤,如图 2-3 所示。

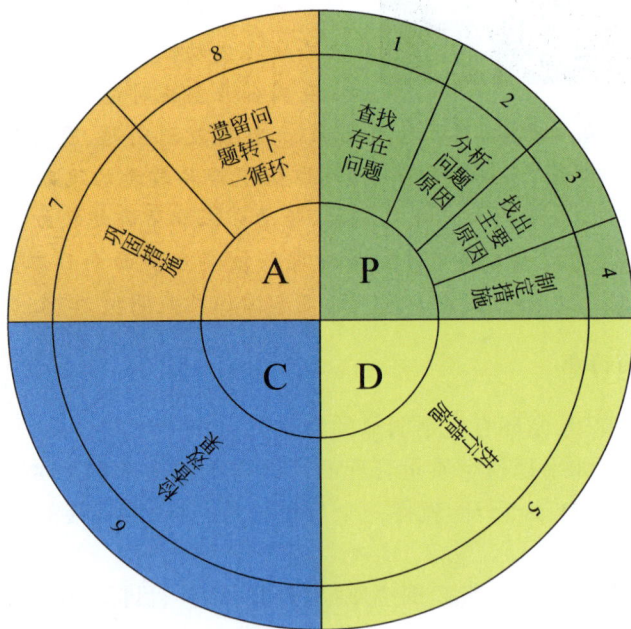

图 2-3　PDCA 循环的八个步骤

（1）计划阶段——P 阶段

这一阶段的总体任务是确定质量目标，制定质量计划，拟定实施措施。具体分为四个步骤。

第 1 步，对质量现状进行分析，找出存在的质量问题。

第 2 步，分析造成产品质量问题的各种原因和影响因素。

第 3 步，从各种原因中找出影响质量的主要原因。

第 4 步，针对影响质量问题的主要原因制定对策，拟定相应的管理和技术组织措施，提出执行计划。

（2）执行阶段——D 阶段

第 5 步，按照预定的质量计划、目标和措施及其分工去实际执行。

（3）检查阶段——C 阶段

第 6 步，根据计划的要求，对实际执行情况进行检查，寻找和发现计划执行过程中的问题。

（4）处理阶段——A 阶段

第 7 步，根据检查的结果，对存在的问题进行剖析，确定原因，采取措施。总结经验教训，巩固成绩，防止问题再次发生。

第 8 步，提出本次循环尚未解决的问题，并将其转到下一循环中去，使其得以进一步解决。

在以上所列 8 个步骤中，需要利用大量数据和资料，才能做出科学的判断，对症下药。要利用一些管理工具来收集和整理数据。表 2-1 列出了 4 个阶段、8 个步骤与质量管理工具的关系。

表 2-1　PDCA 循环 4 个阶段、8 个步骤与质量管理工具的关系

阶段	步骤		方法
P	1	分析现状，找出存在的问题（应查明首先解决哪一个问题最好）	排列图（头几项为问题所在） 直方图（将其分布形态与标准形态比较，可发现问题） 控制图（观察有无超出界限的点及界限内有无排列缺陷）
	2	分析产生问题的原因（召开有关人员的分析会）	因果图（画因果图要全面而不要遗漏原因）
	3	找出主要原因（根据上一步分析，结合调查研究、数据整理）	排列图（前几项对问题影响较大） 散点图（可观察分析状态、分析相关性）
	4	制定计划措施（针对主要原因，定好措施，明确计划目标）	应用"5W1H"来核对主要原因：Why（必要性）—What（是什么）—Where（什么地方）—When（什么时候）—Who（谁来完成）—How（用什么方法）

续表

阶段	步　骤		方　法
D	5	执行计划措施	按计划执行 严格落实措施
C	6	检查效果(了解计划措施实现后的效果)	排列图(观察项目排列有无变化) 直方图(观察分布形态,与标准形态比较) 控制图(观察点的排列有无缺陷)
A	7	总结经验,巩固成果(标准化、制度化)	操作规程(标准) 检查规程(标准) 各项规章制度的制定及修订
	8	找出尚未解决的问题	反映到下一轮循环中去(从步骤 1 开始)

4. 航空维修全面质量管理的 PDCA 循环

作为管理工作一般工具的 PDCA 循环,对航空维修管理的各个方面都具有适用性。维修一线管理工作主要包括:制定机务保障计划,组织实施作战、训练的机务保障,质量检查、质量控制、安全管理、业务技术训练,维修设备、技术文件资料的管理和维修信息的收集、积累和处理等。这些内容完全同 PDCA 循环的计划、执行、检查、处理程序相一致。

(1)计划阶段(P 阶段)。计划是管理工作的首要环节。组织实施机务保障和维修工作必须首先制定计划。制定计划的基本要求:①认真学习、领会上级的指示、规定和要求,明确任务,确定目标。②全面分析航空技术装备状况、保障能力、装备使用条件和作业环境特点,以及油料、航材、弹药等有关供应保障情况,确定人力、物力最有效的运用方法。③充分估计在执行任务中可能出现的各种困难和问题,预先制定解决问题的方法和备份方案。计划阶段要做到任务明确,责任落实,步骤清楚,重点突出,方法科学,措施有力。

(2)执行阶段(D 阶段)。执行是管理工作的重要一环,任何工作都必须将计划付诸实施,才能达到目的,否则就是一纸空文。航空机务工作,要求在执行时有良好的工作秩序,科学的工作方法,严格的纪律,坚决按条令、条例、规程、通报要求办,并随时检查,发现问题立即纠正。

(3)检查阶段(C 阶段)。检查是管理工作必要的一环,是在操作者做好第一手工作的基础上进行的。为了保证作战训练任务的圆满完成和飞行安全,必须进行严格的质量检验,按照质量检验要点规定的内容、时机、方法,使用规定的工具、量具或仪器,实际进行检验。认真实行自检、互检和领导检查的三要求。特别在干部检查飞机后,应将发现的问题和评语写在工作日记上并签字。

(4)处理阶段(A 阶段)。处理是管理工作的关键一环。为了做好处理工作,首先要收集情况,包括组织管理、现场秩序、质量安全,执行条例、规程、通报情况,以及履行岗位职责,发现问题,排除故障和飞机状况等。其次做好讲评,包括完成任务、管理工作和机务人员在各方面的表现,表扬好人好事,总结发现的问题、经验教训,制定今后措施等。最后对重要问题按要求做好有关登记工作;对具有典型意义的经验、教训还需向上级提出报告,以便进一步研究观察,直到修改条例、规程;对一些暂时得不出结论的问题,除需记录在案外,还应转入下一循环中去继续考察研究。在这一阶段特别要提一下的是,应该按规定做好记录和报告,不要隐瞒问题和故障,因为这些东西是我们进一步认识和改进机务工作的基本依据。

全面质量管理要求对维修工作不断进行质量改进,因此,PDCA 作为全面质量管理的最常用的工作方法,会被不断地应用。每一次应用都是对前一次的超越,每一次应用都会使产品的质量跃上新的台阶。

思政聚焦——质量强国:【航天科技集团“双归零”质量管理模式】中国航天科技集团有限公司(以下简称“航天科技集团”)成立于 1999 年,是我国战略高技术领域拥有自主知识产权和著名品牌、创新能力突出、核心竞争力强的国有特大型高科技企业集团,国家首批创新型企业,世界 500 强企业之一。在质量管理方面,航天科技集团一直是中国质量管理的探索者、创新者和实践者。从学习、消化、吸收 ISO 9000 质量管理体系、“零缺陷”等国际先进质量管理理念,到不断总结、完善、创新而形成的具有中国特色的“双归零”质量管理模式,无论是为探索、发展符合中国国情的质量管理模式,还是为世界质量管理理论的发展贡献中国智慧,航天科技集团都做出了重大的理论和实践贡献。

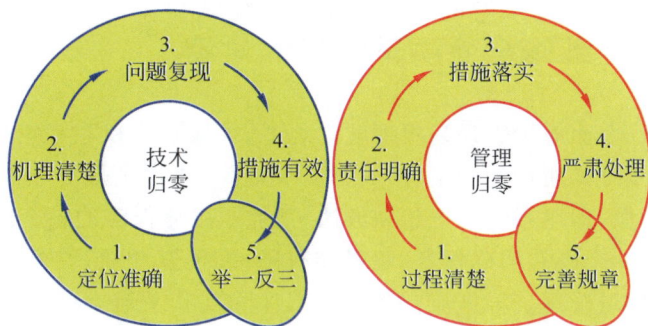

“双归零”质量管理模式是对质量问题做到技术和管理双维度彻底“归零”和持续改进的管理模式。基于质量问题性质分类,航天科技集团按相关标准对技术原因和管理原因进行深刻分析、改进和举一反三,实现技术和管理能力的提升;制定质量问题归零标准和实施细则,将“双归零”上升为科学、规范的方法;确立“双归零”责任体系、方法体系和管理流程体系,形成了特有的航天“双归零”质量管理模式。“双归零”的方法是按照戴明、朱兰、克劳士比和费根堡姆共同的“质量改进”理论主题,遵循 PDCA 闭环管理原则,从出现的质量问题入手,通过技术上的分析、管理上的改进,达到系统预防的目的,从而提高航天产品质量水

平,而今,"双归零"已融入航天企业基因,成为航天企业文化的一部分。2013年,航天科技集团凭借基于质量问题"双归零"系统管理方法荣获我国质量管理领域的最高荣誉——首届中国质量奖。2016年4月24日,在首个"中国航天日"到来之际,习近平总书记指出:探索浩瀚宇宙,发展航天事业,建设航天强国,是我们不懈追求的航天梦。经过几代航天人的接续奋斗,我国航天事业创造了以"两弹一星"、载人航天、月球探测为代表的辉煌成就,走出了一条自力更生、自主创新的发展道路,积淀了深厚博大的航天精神。(资料来源:[1]《中国质量管理最佳实践集萃》编委会.中国质量管理最佳实践集萃[M].北京:中国标准出版社,2023.[2]中国航天网.)

2.3.5　航空维修全面质量管理体系的构建

借鉴国外构建质量管理体系的成功经验,结合 ISO 9000 质量标准体系,构建航空维修质量管理体系一般包括航空维修质量管理体系构建的组织策划、航空维修质量管理体系构建的总体设计、航空维修质量管理体系的建立、航空维修质量管理体系的文件编制以及航空维修质量管理体系的实施与运行 5 个阶段,如图 2-4 所示。

2.3.6　加强航空维修全面质量管理的对策

航空维修保障的全面质量管理是根据航空装备、维修系统和零部件故障的性质、后果和过程的变化规律以及维修质量的产生、形成和实现规律,以保证航空装备作战、训练安全为目标,以最经济的手段,运用系统的思想和方法,把航空维修保障的各个阶段、各环节的质量职能组织起来,形成一个既有明确任务、职责和权限,又能互相协调、互相促进的全过程、全要素和全员参与的质量管理。根据航空装备技术保障现状及航空装备管理发展趋势,我们认为航空维修全面质量管理主要应加强以下几个方面的建设。

1. 建立和完善航空维修质量体系

维修质量有一个产生、形成和实现的过程,重视和控制维修过程中的质量,建立和完善航空维修质量体系是保证维修质量符合规定要求的重要手段。质量体系应贯穿于维修质量产生、形成和实现的全过程。完善的质量体系是在考虑完成飞行训练任务、维修成本和风险的基础上使质量最佳化,并对所有影响维修质量的因素进行有效控制。

航空维修保障有鲜明的行业特点和规律。首先,维修对象是航空器及其系统和部件,它

维修质量全面质量管理体系的构建与运行过程

维修质量TQM体系构建的组织策划阶段
- 学习TQM理念，统一思想
- 航空维修管理指挥层决策
- 建立工作机制进行业务骨干培训
- 制定工作计划和程序

维修质量TQM体系构建的总体设计阶段
- 制定质量方针和质量目标
- 质量体系总体设计系统分析
- 依据需求环境特点选择质量体系
- 对现有质量体系调查评价
- 确定质量体系架构选择要素

维修质量TQM体系建立阶段
- 建立质量管理领导组织
- 规定质量职责和权限
- 配备质量管理体系所需资源

维修质量TQM体系文件编制阶段
- 编制质量管理体系文件
- 质量文件的审定、批准和颁发

维修质量TQM体系实施与运行阶段
- 质量管理体系实施的教育培训
- 质量管理体系的实施和运行
- 质量管理体系的审核和评审
- 质量管理体系实施中的检查考核

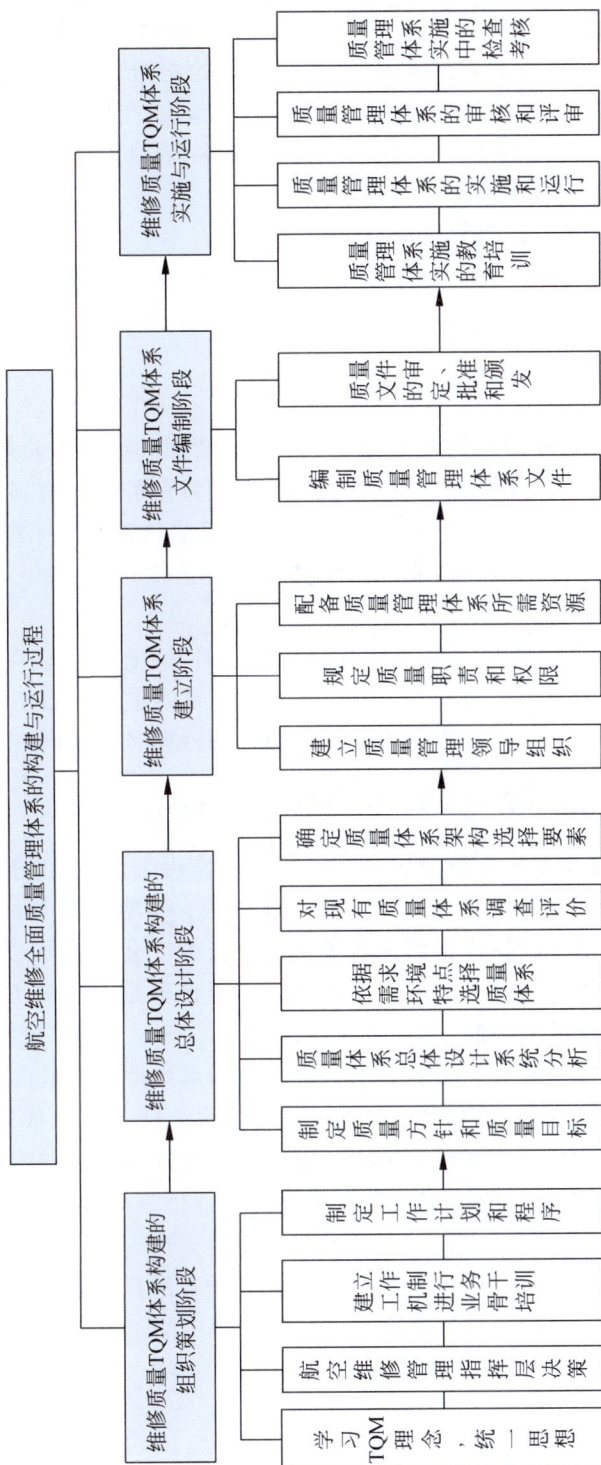

图 2-4 航空维修质量管理体系的构建

不同于其他民用产品,它有高安全性、高可靠性和高保障性的要求,有系统庞大、技术复杂的特点。其次,从事的是航空装备的维修,而不是产品的制造,它一般不会使航空装备在物理形态上发生重大变化,只是保持或恢复航空装备的性能。产品制造通常是批量作业,而维修则大多是单件的操作;制造可以允许有一定的次品率,而维修必须百分之百的合格。因此,航空维修质量体系必须具有行业的特点。

航空维修质量体系应以保持和恢复航空装备固有安全性和可靠性的控制过程为基本线索,以影响维修质量的产生、形成和实现的维修活动为基本内容,结合维修专业分工和维修业务工作的划分,构成完整有机的维修质量体系。

2. 开展并强化航空维修管理,明确维修的质量特性

从整个航空维修保障活动的性质分可分为维修管理和维修作业两大部分。维修管理包括维修决策、计划、组织领导及控制等,维修作业是指维修的运行实施,而质量管理则是维修管理与维修作业之间的桥梁。三者之间的关系是:维修管理决定了维修的质量要求和质量水平,而维修作业的最终质量是由物化的维修操作直接转化而来的。维修管理和维修作业方面的质量均由质量管理来保证。

航空维修管理一直是航空装备技术保障的薄弱环节,在航空装备技术保障法规体系建立以前,在很长时期内缺乏有效的指导和管理依据。随着航空装备更新换代步伐的加快,维修模式改革的不断深入,符合性质量控制需要向适用性质量控制转变。

3. 重视和提高可靠性管理水平,不断优化维修方案

可靠性管理在航空维修管理中起着特别重要的作用。过去,由于对可靠性管理的地位和作用认识不足,因此可靠性管理的目标也是模糊的。可靠性管理的基本目标是:对航空器、发动机及机载设备的故障或损坏前的各种有意义的变化特征加以认识、评估、处理和监控,以确定各类维修管理的要求。可靠性管理的主要任务是对维修方案进行科学有效的管理,即对维修设计实施质量控制。

概括地说,可靠性管理就是要对航空装备的使用可靠性进行最优化控制,而控制航空装备使用可靠性的根本手段是维修方案。因此,可靠性管理主要完成以下两个方面的工作:第一,用"以可靠性为中心"的维修理论来制定适用并有效的维修方案;第二,通过连续不断地收集航空装备使用全过程的可靠性数据来分析和评估现行维修方案的有效性,提出纠正措施,制定和完善维修方案。

航空维修质量管理体系与 ISO 9000 国际标准推荐的模式最大的不同就在于可靠性管理与必检项目的控制,而且可靠性管理应在质量管理中处于核心地位,从某种意义上讲航空维修质量管理是以可靠性为中心的质量管理。

4. 以科学的方法改进航空维修保障工序能力的控制

必检项目是指在航空维修生产活动过程中某些重要的维修工作,若没有得到及时有效的实施,或使用了不适当的零件和材料,便会造成失效、机械故障以及危及飞行安全,它是航空维修特有的一个质量管理概念。最早提出概念的是美国 FAR121-L,它规定航空器营运人在其工程与维修手册中必须包含对航空器进行维修、预防维修和改装时必须予以遵循的大纲。该大纲包括 9 个方面,关于必检项目有 5 条,其内容占大纲的一半以上。可见必检项目的检验在维修质量管理中的地位。必检项目除了对所完成工作的检查外,还应包括对维修工序控制的职能,工序控制是目前航空维修质量管理的薄弱环节,正是由于维修一线工序控制能力弱而不得不强化质量检验的把关职能。与产品制造业的工序控制不同,航空维修作业具有单件、手工操作特点,难以应用制造业中非常成功的统计质量控制技术来控制工作质量。航空维修工序质量中最突出的问题是人为因素造成的维修差错,运用现代的人为因素科学、人机工程学理论有望在维修的工序质量控制方面取得重大突破,使影响维修作业工序质量的"人、机、料、法、环、测"六大因素处于受控状态。

5. 重视和加强质量信息及数据的收集和分析

全面质量管理强调一切用数据说话,就是要求在质量管理工作中有科学的作风,深入维修保障一线掌握客观、准确的情况。在研究和处理维修质量问题时不能满足于一知半解和表面现象,要对问题有定量的分析,做到心中有数,掌握维修质量的变化规律。全面、及时、完整、有效地收集航空装备使用过程中的故障数据,这些数据是质量管理中最重要的数据,但是质量信息的范围还应包括全部的维修记录。维修中的人为因素数据和信息也对防止维修差错具有特别重要的作用。

在维修质量管理中广泛采用各种统计工具,例如直方图、因果图、排列图、散点图、控制图等传统工具,现在还有新的质量管理工具,如关联图法、亲和图法、系统图法、矩阵图法、矩阵数据分析法等,应用这些方法可以对维修过程中许多复杂问题做出正确的分析。然而,在航空维修实践过程中各种统计工具很少得到应用,这也是维修质量管理重大的缺陷。研究和应用各种统计理论和方法在航空维修质量管理中的适用性,开拓应用领域对提高质量管理水平具有重要意义。

思考与讨论题

1. 什么是航空维修质量?
2. 什么是维修过程质量和维修工作质量? 二者有何联系?
3. 什么是维修质量管理和航空维修质量管理?

4．简述提高航空维修质量有何意义。

5．简述航空维修质量波动性的来源及性质。

6．简述全面质量管理的基本思想。

7．如何理解"用户第一的思想"?

8．如何理解"预防为主、防治结合的思想"?

9．如何理解"人人与质量有关的思想"?

10．航空维修全面质量管理的基本内容有哪些?

11．如何理解航空维修全面质量管理"三全一综合"的特点?

12．简述 PDCA 循环的 4 个阶段和 8 个步骤。

13．简述 PDCA 循环的主要特点有哪些。

14．为什么说 PDCA 循环不仅仅是一种质量管理方法，它对一些活动也适用? 试各举一个日常生活和航空维修保障中的例子说明其应用。

15．用图示方法表示航天科技集团"双归零"质量管理模式的核心思想。

16．如何加强航空维修全面质量管理?

17．引起维修质量波动性的原因通常概括为"5M1E"，收集因各个因素造成的维修差错或质量安全事故，并讨论经验教训。

18．查阅文献资料，收集开展全面质量管理的典型案例，并讨论其经验做法。

凡马车坚，甲兵利，轻乃重。

——《司马法·严位》

司马穰苴[①]

第3章　航空装备通用质量特性

知识目标

✧ 熟悉航空装备可靠性及其要求。

✧ 熟悉航空装备维修性及其要求。

✧ 熟悉航空装备保障性及其要求。

✧ 熟悉航空装备测试性及其要求。

✧ 熟悉航空装备安全性及其要求。

✧ 熟悉航空装备环境适应性及其要求。

能力目标

✧ 初步掌握运用"六性"理论分析装备质量问题的能力。

✧ 初步掌握开展装备通用质量特性工作的能力。

---

① 司马穰苴　春秋时齐国大夫。田氏，名穰苴。齐景公时官司马，深通兵法，击退晋、燕，收复齐国失地。《司马法》亦称《司马穰苴兵法》《军礼司马法》。中国古代兵书。"武经七书"之一。司马迁在《史记·司马穰苴列传》中称赞《司马法》"闳廓深远，虽三代征伐，未能竟其义，如其文也。"

思政育人目标

⊕ 培树"质量第一"和"质量强国"的价值认同和政治认同。

⊕ 树立正确的"六性"观，增强报国强军的家国情怀和使命担当。

⊕ 学会用科学思维和系统工程方法分析解决装备"六性"问题。

通用质量特性是可靠性、维修性、测试性、保障性、安全性和环境适应性的统称（简称"六性"），"六性"工程是专门研究产品的可靠性、维修性、测试性、保障性、安全性和环境适应性的一门专业学科，主要目的是与产品的故障作斗争，最大限度地提高产品的可靠性和环境适应性，改进产品的维修性、测试性和保障性，从而提高产品的可用性，保证产品的安全性。"六性"工程技术可以提高武器装备的战备完好性和任务成功率，减少维修人力和保障费用，降低装备的全寿命周期费用。本章主要介绍可靠性、维修性、测试性、保障性、安全性和环境适应性的基本概念和相关要求。

视频讲解

通用质量特性

视频讲解

可靠性

3.1 航空装备可靠性

可靠性是 6 种通用质量特性的基础和关键，提高可靠性可以降低对测试性、维修性的需求，也有利于促进保障性、安全性的提高。提高航空装备的可靠性，对于提高航空装备效能，减少寿命周期费用具有重要作用。可靠性理论重点关注产品的故障及其统计分析，并以产品的寿命特征为研究对象，它与基础科学、系统工程、环境工程、价值工程、工程心理学、质量控制技术、维修技术、生产管理与使用管理技术以及计算机技术等密切相关。

3.1.1 可靠性概述

1. 可靠性的定义

可靠性是指装备经久耐用、不易发生故障的能力特性。1991 年，美国国防部指令 DoDI 5000.2《国防采办管理政策和程序》定义可靠性为"系统及其组成部分在无故障、无退化或不要求保障系统的情况下执行其功能的能力"。GJB 451A—2005《可靠性维修性保障性术语》定义可靠性（Reliability）为"产品在规定的条件下和规定的时间内，完成规定功能的能力"。对于军用飞机来讲，"产品"可以是飞机整机，也可以是构成飞机的系统、分系统、设备等；"规定的条件"主要是指使用条件、维修条件、环境条件等；"规定的时间"主要是指有效使用期限，如飞行时间、起落次数、日历时限等；"规定功能"是指质量特性应具备的全部技术标准；"能力"实际上指各种可靠性特征量，如平均故障间隔飞行小时等。

2. 可靠性的分类

从不同的角度,可靠性主要分类如下。

(1) 固有可靠性和使用可靠性。从应用的角度,可靠性可分为固有可靠性和使用可靠性。固有可靠性是设计和制造赋予产品、并在理想的使用和保障条件下所具有的可靠性,用以描述设计、制造的可靠性水平。使用可靠性是产品在实际环境中使用时所呈现的可靠性,它反映设计、制造、使用、维修、环境等因素的综合影响,用以描述在使用与维修环境中的可靠性水平。

(2) 基本可靠性和任务可靠性。从设计的角度,可靠性可分为基本可靠性和任务可靠性。基本可靠性是在规定的条件下和规定的时间内,产品无故障工作的能力;基本可靠性考虑所有需要维修的故障,反映产品对维修资源的要求。任务可靠性是产品在规定的任务剖面内完成规定功能的能力,任务可靠性仅考虑影响规定任务完成的故障(即严重故障,原称致命性故障)。

(3) 硬件可靠性和软件可靠性。前面所述的可靠性定义均指硬件可靠性。随着信息技术快速发展及其在装备中的广泛应用,由于软件不可靠造成的故障损失越来越大,软件可靠性逐渐引起人们高度重视。软件是指计算机程序、过程、规则,以及与这些程序、过程、规则有关的文档和从属于计算机系统运行的"数据"。软件可靠性是指在规定的条件下和规定的时间内,软件不引起系统故障的能力。软件可靠性不仅与软件存在的差错(缺陷)有关,而且与系统输入和系统使用有关。

3. 可靠性工程

可靠性工程是指为了确定和达到产品的可靠性要求而进行的一系列技术与管理活动。

可靠性工程的内容很多,其基本任务概括起来就是两个方面:确定产品可靠性和获得产品的可靠性。在时间上,这两个基本任务是交织在一起的。确定产品可靠性就是通过各种途径,如可靠性预计、试验、系统可靠性分析等来确定产品的失效(故障)机理、失效模式及各种可靠性特征量的全部数值或范围等。获得产品的可靠性是通过产品寿命周期中的一系列技术与管理措施来得到并提高产品可靠性,从而实现产品可靠性的最优化。

可靠性工程研究的是产品故障发生、发展及其预防的规律,通过设计、分析、试验等手段,防止和控制故障的发生与发展,提高产品的固有可靠性水平,达到"优生"的目的。可靠性工程是装备全系统全寿命管理工作的一个重要组成部分,它包括可靠性要求确定、可靠性设计与分析、可靠性试验与评价、可靠性管理等工作,涉及装备寿命周期各阶段,适用于装备全系统、分系统、设备、组部件与元器件等各个产品层次,以及机械、机电、电子、结构和软件等不同类型的产品。

4. 可靠性对航空装备作战使用的影响

现代战争中,航空装备始终是一个不可或缺的因素,航空装备性能可靠与否将直接影响到战争的进程。因此,提高航空装备的可靠性对战争的胜利有着非常重要的意义。

(1)可靠性是航空装备正常发挥其作战性能的基础。在战场上,航空装备只有处于完好状态,才能正常发挥其应有的作战性能、完成规定的作战任务。航空装备比较复杂和精密,要保证航空装备时刻处于良好的状态,必须提高装备本身的可靠性。

(2)可靠性高的航空装备可以减少维修资源消耗。可靠性高的航空装备,在作战使用过程中不易发生故障,因而可以减少人力、物力、财力等维修资源的消耗。反之,可靠性差的航空装备,在作战使用过程中经常发生故障,不仅影响战斗任务的执行,而且还需要大量的维修资源,造成人力、物力、财力的极大消耗。

知识链接:【航空装备的可靠性】在 1986 年美国空袭利比亚的战争中,24 架 F-111 战斗轰炸机从英国基地起飞,其中 6 架飞机因电器连接故障等原因而空中返航,到达目标后,又有 5 架因火控系统故障而未能投弹轰炸,近一半的飞机因故障而未能完成规定任务。由此可见,可靠性是高性能武器装备正常发挥其性能的基础。

3.1.2　航空装备可靠性要求

可靠性要求是产品使用方从可靠性的角度向承制方(或生产方)提出的研制目标,是进行可靠性设计、分析、制造、试验和验收的依据。只有在透彻地了解这些要求后,才能将可靠性正确地设计、生产到产品中,才能按要求有计划地实施有关的组织、监督和控制及验证工作。

可靠性要求可分为两类。第一类是定性要求,即为了获得可靠的产品,对产品设计、工艺、软件等方面提出的非量化要求。用定性方法进行设计与分析,用检查或分析的方法进行评价。第二类是定量要求,即规定产品的可靠性参数、指标和相应的验证方法。用定量方法进行设计分析,用增长或验证方法进行可靠性验证,从而保证产品的可靠性。

1. 可靠性定性要求

主要的可靠性定性要求如表 3-1 所列。

表 3-1　主要的可靠性定性要求

序号	要求项目名称	目　　的
1	制定和贯彻可靠性设计准则	将可靠性要求及使用中的约束条件转化为设计边界条件,给设计人员规定了专门的技术要求和设计准则,以提高产品可靠性
2	简化设计	减少产品的复杂性,提高其基本可靠性

续表

序号	要求项目名称	目　的
3	余度设计	用多于一种的途径来完成规定的功能,以提高产品的任务可靠性和安全性
4	降额设计	降低元器件、部附件的故障率,提高产品的基本可靠性、任务可靠性和安全性
5	元器件零部件的选择与控制	对电子元器件、机械零部件进行正确的选择与控制,提高产品可靠性,降低保障费用
6	确定关键件和重要件	把有限的资源用于提高关键产品的可靠性
7	环境防护设计	选择能抵消环境作用或影响的设计方案和材料,或提出一些能改变环境的方案,或把环境应力控制在可接受的极限范围内
8	热设计	通过元器件选择、电路设计、结构设计、布局来减少温度对产品可靠性的影响,使产品能在较宽的温度范围内可靠地工作
9	包装、装卸、运输、储存等设计	通过对产品在包装、装卸、运输、储存期间性能变化情况的分析,确定应采取的保护措施,从而提高其可靠性

2. 可靠性定量要求

可靠性定量要求一般包括:

(1) 可靠性指标。

(2) 与可靠性指标相对应的任务剖面、寿命剖面的描述。

(3) 故障判据。

(4) 可靠性验证的判定风险或统计置信水平。

典型的可靠性参数如表 3-2 所列。

表 3-2　典型的可靠性参数

参数类别	参数名称	类　型		定　义
		使用参数	合同参数	
基本可靠性	平均故障间隔时间（MTBF）		√	在规定的条件下和规定的时间内,产品的寿命单位总数与故障总次数之比
	故障率 $\lambda(t)$		√	在规定的条件下和规定的时间内,产品的故障总数与寿命单位总数之比,有时亦称失效率,当产品寿命服从指数分布时 λ 等于常数
	无维修工作时间（MFOP）	√		产品能完成所有规定的功能而无需任何维修活动的一段工作时间,在此期间也不会因系统故障或性能降级导致对用户的使用限制

续表

参数类别	参数名称	类型		定义
		使用参数	合同参数	
任务可靠性	任务可靠度 $R_{\mathrm{m}}(t_{\mathrm{m}})$	√		产品在规定的任务剖面内完成规定功能的概率
	平均严重故障间隔时间（MTBCF）		√	在规定的一系列任务剖面中，产品任务总时间与严重故障总数之比
耐久性	首次大修期（TTFO）		√	在规定的条件下，产品从开始使用到首次大修的寿命单位数（工作时间和（或）日历持续时间）
	储存寿命（STL）	√		产品在规定的储存条件下能满足规定要求的储存期限

3.1.3　航空装备可靠性管理

　　航空装备的可靠性是设计出来的、制造出来的、管理出来的。因此，可靠性管理必须从航空装备的设计和开发阶段抓起。可靠性是在设计中赋予，在生产制造中加以保证，在使用中发挥，这些活动的开展都离不开可靠性管理。

　　航空装备的可靠性工作涉及航空装备寿命周期的各个不同阶段，每个阶段都有很多的可靠性工作要做，所以应该开展可靠性管理。可靠性管理就是从系统工程的观点出发，对航空装备设计、论证、生产、使用各个阶段应开展的各项可靠性活动进行策划、组织、监督和控制，以尽可能少的资源投入实现航空装备的可靠性要求。其核心是明确各相关部门与岗位的职责，确定工作项目及其完成时间、完成形式和责任单位，协调保障可靠性工作所需的人力、经费、场地、设施设备、物资、材料等资源，对工作的进度和质量进行指挥、调度、监督与控制，及时协调处理工作中遇到的问题，确保实现目标。

视频讲解

维修性

3.2　航空装备维修性

　　维修是对装备或设备进行维护和修理的简称。这里的维护是指为保持装备或设备完好工作状态所开展的工作，包括清洗、润滑、检查、调校、能源补充等；修理是指为恢复装备或设备完好工作状态所开展的工作，包括检查、故障诊断、故障隔离、故障排除、系统恢复与测试等。由此可见，维修是为了保持和恢复装备或设备完好工作状态而进行的活动。

维修性是产品的重要质量属性,即使产品维修简便、高效、迅速的设计特性。随着科学技术与军事技术的发展,维修性和可靠性已经被置于与作战性能、费用、研制周期等同等重要的地位,受到世界各国军方和国防工业部门的高度重视。欧美各国经历了几十年的发展,积累了丰富的工程实践经验。美军先后出版了《维修性设计指导》《维修性设计技术》等手册供设计人员借鉴、参考。20 世纪 80 年代后,在工程设计中,利用先进的计算机技术,在维修性的工程化、计算机辅助化、可视化及综合化方面得到了新的发展。与此相比,我国的维修性工程起步较晚,无论从发展需求或与国外水平相比,均有明显差距。

随着装备通用质量特性工作的深入开展,人们认识到从装备战备完好性和寿命周期费用的观点出发,仅提高可靠性不是一种最有效的方法,必须综合考虑可靠性及维修性才能获得最佳的结果。

3.2.1　维修性概述

1. 维修性基本概念

维修性是指装备维修简便、迅速和经济的能力特性,主要取决于产品故障易于发现和排除的程度。GJB 451A—2005《可靠性维修性保障性术语》定义维修性(Maintainability)为"产品在规定的条件下和规定的时间内,按规定的程序和方法进行维修时保持或恢复其规定状态的能力"。保持或恢复产品的规定状态是维修的目的,维修性是在规定的约束条件(维修条件、时间、程序与方法)下能够完成维修的可能性。规定的条件主要是指维修的机构和场地(如使用现场、专门的修理车间等),以及相应的人员、设备、设施、备件、技术资料等资源;规定的程序与方法是指按技术文件规定采用的维修工作类型、步骤、方法等。显然,能否完成维修还与维修时间有关。因此,维修性应在上述种种约束条件下来定义。对于航空装备而言,维修性是它的一种固有的、由维修性设计赋予的使其维修简便、迅速和经济的内在属性,是一种由设计决定的质量特性。

维修性包括维护保养特性和修理特性。维护保养是使产品保持在规定状态,而修理则是产品发生故障后使其恢复到规定状态。维修性关注的焦点是尽量减少维修人力、时间和费用。维修性也可以说是在规定的约束条件(维修条件、时间、程序和方法)下能够完成维修的可能性。这里,规定条件主要是指维修的场所(如是现场维修还是专门的维修中心)及相应的人员、设备、设施、工具、备件、技术资料等资源。规定的程序和方法是指按技术条件规定采用的维修工作类型、步骤、方法等。显然,能否完成维修与规定的维修时间有关。规定的维修时间越长,完成维修任务的可能性就越大。总之,维修的目的是使产品保持或恢复到产品规定的状态。需要特别指出的是,维修性主要表示维修的难易程度,它不仅取决于产品本身,而且还取决于与维修有关的其他因素,如维修人员技能、维修设备设施、维修方式方法以及组织管理水平等。这些因素虽然不是产品本身的问题,但却是维修性设计必须考虑的因素。

知识链接:【维修性问题的起源】 在第二次世界大战期间,美国军用飞机上电子设备的主要问题是:故障率高,难以维修。1949 年,每只电子管需要 9 个备件。在朝鲜战争中,2/3 的电子设备需要事后维修,而维修费钱又费时。因此,作为可靠性的补充,维修性问题引起了美国军方的重视,认为在研究可靠性的同时也要研究维修性。维修性工程初期是作为可靠性工程的一部分发展起来的。维修性问题的研究比可靠性晚 7～10 年,直至 20 世纪 50 年代中期才逐渐引起人们的重视。这是因为人们一开始以为通过可靠性的研究及其应用,能够解决产品复杂化所带来的故障多、维修工作量大和出勤率低等一系列问题。实践证明,提高可靠性很难达到完全不出故障、不需要维修的程度。也就是说,产品总是需要维修的。不论是精良的武器装备还是民用产品,维修问题处理不好,不仅可能导致经济损失,而且可能因为不能及时修复导致整个产品使用效能的降低,甚至付出生命的代价。随着航空装备的复杂化而使维修保障费用不断上升,可用性不高,航空装备的维修性更是凸显其重要性。

2. 维修性工程

为使装备具有良好的维修性,需要从论证开始,就进行产品的维修性管理分析、设计、试验、评定等各种工程活动。这些工程活动就构成了维修性工程。所以,维修性工程是指为了确定达到产品的维修性要求所进行的一系列技术和管理活动。技术活动主要指维修性的设计、研制、生产和试验等工作,除上述活动外,还要进行维修性的监督与控制等管理工作。

实际上,维修性工程还应包括维修性要求的准确确定,以及使用阶段维修性数据的收集、处理与反馈等内容。但维修性工程的重点在于产品的研制(或改进、改型)过程,在于产品的设计、分析与验证。

维修性工程是在设计阶段如何把系统设计得便于维修的全部活动的总体,它是设计单位主要由设计师参加的设计活动的总体,包括维修性分析、分配、预测、评审、试验、鉴定等活动,其任务是赋予产品维修性。

3. 维修性对航空装备作战使用的影响

航空维修就是通过对航空装备进行有效的监督、控制和管理,经常保持、迅速恢复和持续改善航空装备的可靠性,使最大数量的飞机处于良好和战斗准备状态,发挥其最大效能,保证作战、训练和其他各项任务的完成。

大量的国内外武器装备发展与应用的实践证明,开展维修性工作,改善航空装备维修性,对提高航空装备战斗力、降低航空装备寿命周期费用有着极其重要的作用。

(1) 维修性是可靠性的重要补充。装备不可能 100% 可靠,而且许多装备随着使用、储存时间的延长,总会出故障,此时,如果通过维修,及时而经济地恢复装备的性能,就可以恢复装备的战斗力,而能否及时而经济地修复,则取决于装备的维修性。可见,维修性是装备可靠性的必要补充。

实际上,可靠性和维修性都是为了使装备随时可用,可靠性是从延长其正常工作时间来提高可用性(Availability,产品在任一时刻需要和开始执行任务时,处于可工作或可使用状态的程度),而维修性则从缩短停用时间来提高可用性。

(2)维修性对航空装备作战使用具有特殊重要性。与一般装备相比,航空装备系统结构复杂,使用要求特殊,空中一旦发生故障,后果将十分严重。特别是在信息化条件下的局部战争中,各种远程、精确打击武器弹药的大量使用,使航空装备将遭受空中和地面各种火力的袭击,造成各种损伤。对损伤航空装备能否及时有效地维修,将关系到航空装备的出动强度和持续作战能力,直接影响到战争的进程乃至结局。

思政聚焦——他山之石:【战斗力倍增的秘密】第三次中东战争,以色列空军就它的总量来讲远远不及埃及空军,也不及阿拉伯空军,可是它居然能够打胜,它靠的是什么?它靠的其实很重要的一点就是非常严密有效的航空维修保障,因为它的飞机的出动率几乎达到了百分之百,这就意味着即使它的空军数量上少于阿拉伯空军,但是它能百分之百地出动,而且能循环地出动,第一波次飞机完成任务后迅速回去、检查、加油、充气、……所有准备都做好后,立刻再次出动,就是通过这种滚动式反复的循环的出动,最后让埃及领导人纳赛尔惊呼,以色列的空军居然比原来多了三倍!

(3)改善维修性是提高航空装备效能的重要途径。装备效能是可用性、任务成功性(Dependability,装备在任务开始时处于可用状态的情况下,在规定的任务剖面中的任一或随机时刻,能够使用且能完成规定功能的能力。它取决于任务可靠性和任务维修性,原称可信性)和固有能力(Capability,装备在执行任务期间所给定的条件下,达到任务目的的能力。如杀伤力、最大速度、精度、射程等)的综合反映,维修性不仅影响可用性,而且影响使用中的任务成功性。所以,改善航空装备维修性,是提高航空装备效能的重要途径。

思政聚焦——他山之石:【战争中的高光表现】1991年的海湾战争中,美军飞机保持了较高的战备完好性,在整个战争期间,美军共实施了11.4万架次的空袭轰炸任务,平均每天出动飞机2600余架次,每架飞机每天飞行多达十几个小时。可以说,美军飞机的高完好率,正是其多年可靠性与维修性卓越工作的结果和体现。

（4）改善维修性是降低航空装备寿命周期费用的重要途径。国内外航空装备发展实践证明，随着装备性能的改善，结构的复杂化和高新技术含量的增加，航空装备使用和保障费用急剧增加，形成了所谓的"冰山效应"。据统计，美军近40年来的装备维修费约占其国防费用的14.2%，使用和保障费用约占寿命周期费用的2/3。因此，通过合理的设计来改善维修性，抑制航空装备使用和保障费用的急剧增长是一项非常迫切的任务。

3.2.2　航空装备维修性要求

维修性要求反映了使用方对产品应达到的维修性水平的期望目标。维修性要求通常包括定性要求和定量要求两个方面，二者相辅相成，全面描述了进行维修性设计所要达到的具体目标。

1. 维修性定性要求

GJB 368B—2009《装备维修性工作通用要求》定义维修性定性要求为"为使产品维修快速、简便、经济，而对产品设计、工艺、软件及其他方面提出的要求，一般包括可达性、互换性与标准化、防差错及识别标志、维修安全、检测诊断、维修人素工程、零部件可修复性、减少维修内容、降低维修技能要求等方面"。

维修性定性要求一般体现在如下一些主要方面。

（1）可达性。应易于接近需进行维修的产品或部位，并具有进行检查、修理或更换等操作所需的活动空间。可达性良好是达到高水平维修性的首要条件。

（2）标准化、互换性和通用性。这是使产品维修工作简便、降低对维修人员的技能要求和缩短维修工时等的重要技术途径。

（3）防差错措施和识别标志。应从设计上采取措施，防止在维修过程中出现装错、装反或装漏等差错，在产品的适当部位加上明显的识别标志也是一种必不可少的防差错措施。

（4）维修安全。进行设计时，应考虑到在装备的储存、运输、维护和修理的过程中，进行各种作业时有可能出现对人员造成伤害和对装备造成损坏的因素，要采取措施予以避免。

（5）检测诊断。产品应具有良好的测试性，使维修人员能对产品故障进行准确、快速和简便的检测和诊断，从而可以大幅缩短维修时间。

（6）维修人素工程。应通过设计保证维修人员能以良好的工作姿态、合适的工具和适度的工作负荷进行维修工作，从而有利于提高其工作质量和工作效率。

（7）零部件可修复性。对于可修件，在设计上应通过可调整、可局部更换零件或设置专门的修复基准等措施使零部件发生故障后易于进行修理。

（8）减少维修内容和降低维修技能要求。应通过自动检测、改善润滑、合理密封、防锈、减轻磨损等设计措施尽量减少维修工作量，并通过采用健壮设计和易于进行修复的设计来降低对维修技能的要求和对修理工艺的要求。

2. 维修性定量要求

定量的维修性要求是与设计人员可控的设计特性相关联的,是通过对用户需求与约束条件的分析,选择适当的维修性参数,并确定对应的指标而提出来的。作为度量产品维修性水平的尺度,所选定的参数必须能够反映产品的战备完好性、任务成功性、保障费用和维修人力等方面的目标或约束条件,应能体现对保养、预防性维修、修复性维修和在特定环境中抢修等内容的相关考虑。维修性定量要求应按不同的产品层次(系统、分系统、设备、组件等)和不同的维修级别分别地予以规定(对于军事装备,当未指明对应的维修级别时,一般认为是针对基层级维修提出的定量要求)。

针对具体产品的使用特点,可以用各种不同的维修性参数表述定量的维修性要求。大多数的维修性参数都是与维修时间、维修工时、维修费用等相关的参数。

航空装备常用的维修性定量指标有以下几个方面。

(1) 与维修时间有关的参数。平均修复时间(MTTR)、平均预防性维修时间(MPMT)、平均系统修复时间(MTTRS)、平均维护时间(MTTS)、最大修复时间、更换发动机时间(ERT)。

(2) 与维修工时有关的参数。维修工时率(MR)、每飞行小时直接维修工时(DMMH/FH)。

(3) 与维修费用有关的参数。每飞行小时直接维修费用、每飞行小时维修器材费用。

3.2.3　航空装备维修性管理

维修性管理是从系统工程的观点出发,通过制定和实施科学的维修性工作计划,对产品寿命周期中各项维修性活动进行规划、组织、协调与监督,以全面贯彻维修性工作的基本原则,实现使产品保持或恢复到产品规定状态的维修性目标。

维修性管理的目标是通过有效地实施过程控制,确保研制、生产或改型的产品达到规定的维修性要求,以满足用户对产品的可用性、任务成功性的要求,减少对维修人力及其他维修保障资源的要求,降低寿命周期费用,并为产品全寿命管理和维修性持续改进提供必要的信息。

为了更好地推进维修性管理。必须遵循和执行下列基本原则。

一是应当从论证阶段开始对维修性要求充分论证,并与相关特性及资源相协调,保证维修性要求合理、科学并可实现。

二是维修性工作必须纳入产品的研制工作,进行系统综合和同步设计。

三是开展维修性工作需要有相应的组织机构及明确的职责,确定组织机构及其职责是落实各项维修性工作、实施有效维修性管理的重要环节。

四是维修性管理必须贯彻有关法规,执行有关标准,并结合产品特点进行剪裁和细化,形成维修性管理文件体系。

五是维修性管理必须遵循预防为主、早期投入、关注过程的方针,应把预防、发现和纠正产品设计、制造等方面的维修性缺陷作为管理的重点。

六是维修性管理必须依赖完整、准确的维修性信息,因此必须重视和加强维修性信息工作,建立维修性数据收集、分析和纠正措施系统,充分有效地收集、记录、分析、处理和反馈维修性信息。

七是维修性管理所需的经费,应当根据产品的类别、性质和所处寿命周期阶段,予以有效的保证。应制定和实施奖惩政策,明确规定奖惩条款,实施优质优价、劣质受罚的激励政策。

视频讲解

保障性

3.3　航空装备保障性

"兵马未动,粮草先行"说明了保障问题自古以来就是决定战争胜负的重要影响因素之一。随着近年来高新装备的大量列装,装备的保障问题日益突出,从生产保障部门及使用部队反馈的信息分析,装备在综合保障方面存在战备完好率低、使用操作不方便以及备件的品种和数量配置不合理等问题,上述问题将严重影响装备的实战能力。因此,如何搞好装备全寿命周期综合保障工作已经引起各有关方的高度重视。

在吸收和借鉴国外经验的基础上,我国从 20 世纪 90 年代开始推进装备的综合保障工作,陆续制定并颁布了 GJB 1371—1992《装备保障性分析》、GJB 3872—1999《装备综合保障通用要求》等相关标准,为装备综合保障性能的实现提供了依据。但由于起步较晚,相对于美国等发达国家,在意识、机制和技术等方面存在亟待解决的问题,特别是在装备研制阶段还缺乏全面、系统地实施综合保障工作的实践,对于装备来讲,目前较为普遍的做法仍是在定型交付,甚至在使用部队提出反馈意见后,才开始考虑其保障问题,这种做法严重影响到装备战斗力的发挥。

为确保装备在部署后能得到良好的保障,尽快形成战斗力,充分发挥其使用效能,必须将综合保障工作贯穿于装备的整个寿命周期,在研制阶段确定保障性要求、进行保障性设计、规划并研制保障资源,在使用阶段建立经济有效的保障系统、提供装备所需的保障。

3.3.1　保障性概述

1. 保障性基本概念

保障性是装备系统的固有属性。GJB 451A—2005《可靠性维修性保障性术语》定义保障性(Supportability)为"装备的设计特性和计划的保障资源满足平时战备完好性和战时利用率要求的能力。"此定义中包括以下概念。

（1）装备的设计特性。是指与保障有关的装备设计特性，可以将这些设计特性分为两类：一类是与装备故障相关的维修保障特性，主要受可靠性、维修性、测试性等影响；另一类是与装备使用（功能）相关的使用保障特性，用于度量维持装备正常使用功能的保障特性，主要有使用保障的及时性、装备的可运输性等。无论是维修保障特性还是使用保障特性都是由设计赋予的，因此必须在装备设计时予以考虑。

（2）计划的保障资源。是指为保证装备实现平时战备完好性和战时使用要求所规划的人力、物资和信息资源。保障资源的满足程度有两方面的含义：一是指数量与品种上的满足；二是保障资源要与装备相互匹配。二者都需要通过保障性分析和保障资源的设计与研制来实现。

（3）战备完好性。是指装备在平时战备和战时使用条件下，能随时开始执行预定任务的能力。

（4）战时利用率。是指装备在规定的日历期间内所使用的平均寿命单位数或执行的平均任务次数，如坦克的年度使用小时数、飞机的出动架次率等。

（5）装备系统。是指装备及其保障系统，由主装备与保障系统构成，包括使用与维修人员在内所构成的能执行规定任务的一个完整的有机组合体。其中，直接执行任务的装备硬件与软件部分称为主装备，保障主装备的部分称为保障系统。保障系统是在装备寿命周期内用于使用和维修装备的所有保障资源及其管理的有机组合，其各类保障资源是在规划保障的过程中，根据装备战备完好性目标研制和选用的。

2. 保障性的特点

保障性是装备系统的重要质量特性，是装备性能的重要组成部分，它具有如下特点。

（1）保障性具有广义性和综合性。保障性包含了所有与"保障"有关的因素，既涉及诸多与"保障"有关的设计特性，如可靠性、维修性、运输性等，又涉及各保障资源及其管理，它最终反映了各种因素的综合能力。由于其广义性和综合性，需用一系列不同层次、不同侧面、不同用途的参数或要求来描述。

（2）保障性是装备系统的属性。装备系统的保障性要求（战备完好性要求）是武器装备采办的主要目标之一。保障性是直接反映使用要求的高层次特性，其他与保障有关的要求由此导出，如从战备完好性要求导出装备的可靠性维修性等要求。

（3）保障性具有明显的军事特征。保障性是出于军事需求，为表达武器装备满足战备和战时完好性要求而建立的特性，其定义本身就含有明显的军事目的。度量装备系统保障性的参数，如出动架次率、能执行任务率、再次出动准备时间等都有明确的军事含义。

（4）保障性是降低寿命周期费用的关键特性。战备完好性与可承受的费用是需求与可能的关系，而保障性就是这种需求与可能最佳平衡的结果。保障性包含了设计特性和计划资源两个方面，在确定和实现保障性要求的过程中，就是以满足战备完好性要求为目标、以费用为约束,在设计和资源之间求得最佳的协调匹配,从而为降低寿命周期费用提供了最好的机会。

（5）保障性强调装备自身的保障设计特性和外部的保障条件。一方面,装备的设计容易保障和便于保障（好保障）,如:苏-30飞机的航空弹射座椅,就是一个免维护的产品。只要正确地使用,就能达到它的设计性能。这是真正的"好保障"。另一方面,要为装备的保障提供必要的资源和条件（保障好）,且应在两者之间协调匹配,综合权衡,如飞机上有些插头、舱口盖设计成快卸的和免打保险的,这也是便于保障的良好设计。

知识链接:【"亡羊补牢"的 F-117】美国空军的 F-117 隐身战斗机,由于在研制中重视隐身性能而轻视保障性,致使在 1982 年服役时,每飞行小时的维修工时高达 150～200 工时,平均一架战斗机每 4 天出动一次,几乎每 10 次飞行中有 9 次在飞行后要对低探测性系统进行维修,战斗机能执行任务率不到 50%,毫无战斗力。1991 年,经过 8 年的保障性改进后的 F-117A,每飞行小时的维修工时下降到 45 工时,在"沙漠风暴"行动中,能执行任务率达到 75.5%,为美军袭击伊拉克投下了第一批炸弹,成为美军主要的空中杀手。海湾战争后,美国空军对 F-117A 进行进一步的保障性改进,在伊拉克战争中,战斗机能执行任务率达到 89.3%,比海湾战争提高了近 14 个百分点,为美军赢得两次海湾战争的胜利提供了重要保证。

3. 保障性工程

装备的保障性工程是指为了实现装备系统的保障性目标而进行的一整套论证、分析、设计、生产、试验与评价、部署以及使用与保障等工作。保障性工程作为新兴学科,目前尚在建立和逐步完善的过程中,需要将相关各领域的工程与管理技术综合起来,协调各个方面的关系,正确处理各种类型的矛盾,形成较为完整的体系,以支持保障性工作的开展;必须广泛吸取以往各类相关的研究成果,在反复研究和实践的基础上,总结经验教训,逐步积累才有可能形成一套较为系统、完整、有效的做法。

保障性工程是装备系统工程的组成部分,需在装备系统工程框架内实施。保障性工程是在装备的研制、生产与使用中处理与保障性有关的工程技术工作,它通过可靠性设计、维修性设计和测试性设计来保证装备具有规定的保障性设计特性,并通过保障性分析使装备的设计特性与所要求的保障资源最佳配合。因此,保障性工程与可靠性工程、维修性工程、测试性工程有着密切的联系。

保障性工程的主要工作包括:提出系统保障性要求;转化为设计参数指标;纳入装备系统设计;保障系统与装备的同步设计;保障系统与装备的同步生产;试验、评价与改进。

保障性工程具有以下特点。

（1）研究对象是装备系统（含主装备、保障系统）。

（2）贯穿于装备系统的全寿命过程。

（3）是系统工程的一个分支，是一项综合性工程，以实现主装备与保障系统的最佳匹配与协调，满足战备和战时使用要求。

3.3.2　航空装备保障性要求

保障性是装备设计特性和计划的保障资源满足平时战备和战时使用要求的能力。从保障性的定义可以看出，它一方面取决于装备本身的保障性设计的水平，另一方面取决于保障系统的能力。因此，保障性包括一系列不同层次、不同方面的与装备保障有关的特性。这样就决定了保障性要求不可能只用一个参数和指标来表述，而必须用一组定量的指标和一组定性的要求来表述。提高系统战备完好性或可用性是保障性工作的出发点和落脚点。

1. 保障性定性要求

GJB 3872—1999《装备综合保障通用要求》指出，"保障性定性要求一般包括针对装备系统、装备保障性设计、保障系统及其资源等几方面的非量化要求"。其中，装备系统的定性要求是指标准化等的原则性要求，大致可分为以下三类。

（1）装备保障性设计有关的定性要求。装备保障性设计有关的定性要求主要是可靠性、维修性、测试性等的定性要求和需要纳入设计的有关保障考虑。如采用成熟和简化的设计要求，有关降额设计和热设计的定性要求、可达性要求、便于拆卸安装的设计要求、便于操作人员使用的设计要求、便于充填加挂的设计要求，以及装备自身保障要求，如有辅助动力、自制氧、自制高压空气的要求等。这些设计要求可以通过承制方制定设计准则或核对表，纳入装备的设计。

（2）保障系统及其资源的定性要求。初始保障方案是保障系统定性要求的重要组成部分，是确定保障资源、建立保障系统的基础。主要包括维修级别及任务、维修原则、维修类别、资源约束、储存方式与环境条件、运输方式、能源补充等。对于保障资源的定性要求，应从减轻保障负担、缩小保障规模等方面提出要求，具体包括优先选用现役保障设备和设施中可利用的资源、减少保障资源品种与数量、简化保障资源设计、保障资源标准化等方面的约束条件等。

（3）特殊保障要求。主要指装备执行特殊任务或在特殊环境下执行任务时对装备保障的特殊要求。

以上三类定性要求都要根据具体装备的特点尽可能给予详细规定，形成装备保障性的定性要求。

2. 保障性定量要求

保障性定量要求应是可度量、可验证的，是用保障性参数及其量值来规定的，对于合同要求还应在研制中是可控制的，它的量值用保障性参数及其量值即保障性指标来规定。不同的装备、不同的用途、不同的使用特点将选用不同的参数。由于保障性是装备系统的综合特性，很难用单一参数来评价整个装备的保障性水平，通常需要用多个或一组参数来表示。GJB 3872—1999《装备综合保障通用要求》将保障性定量要求分为三类：战备完好性要求、保障性设计特性要求、对保障资源的要求，因此保障性参数可相应地分为以下三类。

（1）保障性综合参数。保障性综合参数用战备完好性目标值（Readiness Objective）来衡量，如使用可用度 A_O、出动架次率 R_{SG}、再次出动准备时间 T_{TA} 等。战备完好性目标值是对装备在预计的平时战备及战时使用率的情况下，完成并保持一系列规定任务的能力进行评估的指标。它与下列因素有密切的关系：可靠性与维修性设计、保障系统的特性、保障资源的数量与配备。

（2）保障性设计参数。这是指与保障有关的设计参数，它也可以供确定保障资源时参考，如平均故障间隔时间（MTBF）、平均修复时间（MTTR）、故障隔离率（FIR）等。保障性设计指标有时可以直接从保障性综合指标分配得到，有时则要和综合指标权衡协调。

（3）保障系统及资源参数。保障资源参数的内容比较多，由装备实际保障要求而定。保障资源参数通常包括人员数量与技术水平、测试设备和工具要求、备件种类与数量、订货和装运时间、补给时间和补给率、设施利用率等。

保障系统及其资源的保障性要求一般都是从使用角度来规定的，如备件满足率对战备完好性有直接的影响，备件利用率取决于供应策略，这些要求都直接影响规划保障资源的结果，影响保障系统的设计。有研究表明由于保障系统造成的保障延误时间是总的修复性维修时间的 3 倍，因此，提高保障系统的性能是提高装备战备完好性的重要手段。

3.3.3 航空装备保障性管理

保障性管理是指通过组织、计划、控制等活动，确保各项保障性技术工作落到实处，并取得实效，实现保障性工作的目标，确保新研装备能够得到及时、经济、有效的保障，提高装备系统的作战适用性，降低寿命周期费用需求。

保障性是装备系统满足部队战备、训练和作战使用要求的能力，保障性工作涉及装备论证、研制、订购、使用与保障各方、装备寿命周期各阶段各个环节的各项活动，内容广泛，保障性工作必须依靠强有力的组织与管理措施进行统筹规划与协调，建立与管理功能相适应的管理机构与运行机制，有效的信息交流渠道，并实施有效控制。保障性目标的确定由任务需求分析开始，到提出作战适用性要求，涉及部队编制、作战原则、战术运用，战场环境的威胁和适应性、互用性、兼容性、运输性以及装备寿命周期过程在各种环境中的生存性、易损性等；保障性目标的实现要求装备有好的保障特性和保障能力以及装备之间的良好匹配。提高产品保障特性有各种各样的方法和途径，保障能力的提高涉及装备使用及保障的许多要素，如维修思想、维修方式、维修技术，保障体制、制度，保障系统的运行机制以及各类保障资源及其不同的组合等。

在型号装备几十年的寿命期内，军事思想的变革和发展、战略方针的转变会对装备的运用与保障不断提出新的要求，科学技术的发展也会提供许多发展机遇。保障性工程涉及多个学科领域，必须统筹考虑各种可能的技术途径，运用不同的分析和综合方法，进行各种各样的权衡评价和决策。然而，到底有哪些方法可用，在什么时机用，如何用，这些方法如何组合，如何实施等，需要进行严密的计划安排、组织实施和适时的调控，因此，保障性管理是保障性工程取得成效的关键。

3.4 航空装备测试性

测试性的概念是伴随着维修的发展而逐渐发展起来的。20 世纪 70 年代，随着集成电路及数字技术的发展，装备维修的重点从过去的拆卸、更换转到故障检测和隔离，因此，故障诊断能力、机内测试成为维修性研究的重要内容。由于航空装备在使用阶段的测试属于维修范围，包括预防性维修中的检测和修复性维修中的故障检测、隔离及检验等活动，所以通常将测试性作为维修性的一部分。但随着科学技术，特别是信息技术的发展和广泛应用以及装备的复杂化，测试性的地位和作用更加突出，因此，目前测试性已经作为一种独立的质量特性。

3.4.1 测试性概述

1. 测试性基本概念

GJB 2547A—2012《装备测试性工作通用要求》定义测试性（Testability）为"产品能够及时、准确地确定其状态（可工作、不可工作或性能下降程度），并隔离其内部故障的一种设计特性。"理解测试性概念时应特别注意，它是产品的一种设计特性，是通过设计赋予产品的一种固有属性，也是产品通用质量特性的一种。测试性还可以理解为设计产品时为故障诊断提供方便的特性。它将机内测试、性能监测或状态监测，以及外部测试等有机结合，便于用自动测试设备进行测试或人工测试，以达到及时准确地确定产品的状态并隔离故障的目的。测试性要求装备自身状态具有一定的"透明性"。

故障检测与故障隔离的难易程度直接影响产品发生故障时的修复时间。产品越复杂，这种影响越明显。随着集成电路技术的迅速发展，电子产品的复杂程度日益提升，故障检测与隔离时间占总维修时间的比例越来越大。为了提高产品的可用性，必须缩短故障检测和隔离的时间。因此，需要一方面提高产品本身的固有测试性，使产品具有可测试的特性；另一方面采用机内测试（BIT）、自动测试设备（ATE）和中央测试系统等诊断技术或工具进行诊断。机内测试和自动测试设备首先普遍应用于电子产品，但也用于机械或机电系统和设备。航空装备测试性主要表现在自检能力强、测试方便、便于使用测试设备进行检查测试。

知识链接：【测试性与维修性的渊源】人们在购买产品的时候十分关心的问题是产品使用多长时间可能会发生故障，一旦发生故障能不能及时发现，正确隔离故障的部位，并通过修理使发生故障的产品恢复到规定的状态。原来这些问题都属于维修性工程解决的范畴。到20世纪80年代，美国国防部颁布了MIL-STD-2165《电子系统及设备的测试性大纲》，规定了电子系统和设备在各研制阶段中应实施的测试性分析、设计及验证要求和实施的方法。MIL-STD-2165的颁布标志着测试性已成为与可靠性、维修性并列的学科，及时、准确地发现故障和正确地隔离故障也成为测试性工程的主要内容。

2. 测试性工程

装备的测试性工程就是"为了达到装备的测试性要求所进行的一系列设计、研制、生产和试验工程活动的总称"。

所谓测试就是指在真实或模拟的条件下，为确定装备性能、特性、适用性或能否有效可靠地工作，以及查找故障原因和部位所采取的措施、操作过程或活动。从测试的这个定义可以看出，测试包含两方面的内涵。首先，测试是在设备使用过程中，为确定装备的性能、可靠性等各种技术状态而进行的活动，或者说是为获取表征装备各种状态的信息而进行的活动。测试另一方面的含义是，针对有故障的装备进行检测，以便于查找故障的原因和部位，实施相应的修理手段。

测试在装备维修中具有非常重要的地位和作用：首先，测试是维修保障中信息获取的首要方法。从信息的角度上讲，测试是获取关于装备各种状态信息的主要方法，在装备信息化建设中的地位十分重要。它是装备的全系统全寿命管理能否成功实施的技术基础之一。其次，测试是维修过程的首要技术环节。装备维修的一般技术过程包括："测试—诊断—修理"三个阶段。也就是说，在装备维修中，通常首先是对装备进行测试，获取表征装备健康与故障状态的信息，然后利用所获取的信息对装备中可能存在的故障进行诊断，最后依据诊断的结果实施相应的修理手段。显然，在这个过程中，测试是首要的技术阶段，是诊断与修理的前提。在工程实践中，测试和诊断往往是密不可分的。

测试性工程的应用要点主要包括以下几个方面。

（1）测试性好的产品一定能够缩短故障的修复时间，从而提高产品的维修性和可用性或战备完好性。

（2）测试性与其他通用质量特性密切相关，特别是与可靠性和维修性关系更为密切，在研制中一定要统筹考虑，同步进行。

（3）测试性一定要抓住及时、准确地检测到故障和正确地隔离故障这两大主题。

（4）开展测试性工作一定要坚持定性和定量相结合，特别是在测试性模型、预计和分配尚无标准可用的情况，更要注意利用工程经验和相似产品测试性的数据，坚持设计、试验、改进的反复迭代，不断提高产品测试性。

（5）要重视测试性数据的收集、分析和处理，形成数据库以便共享，努力解决测试性定量设计缺乏数据支持的难题。

3.4.2　航空装备测试性要求

测试性要求是进行测试性设计、分析和验证的依据，确定适当的测试性要求是一项非常重要的工作，应与确定诊断方案相协调，依据任务需求和使用要求科学地确定合理的测试性要求。测试性要求分为定性要求和定量要求，具体如下。

1. 测试性定性要求

测试性定性要求反映了那些无法或难于定量描述的测试性设计要求，它从多方面规定了在进行设计时应注意采取的技术途径和设计措施，以方便测试和保证测试性指标的实现。

GJB 2547A—2012《装备测试性工作通用要求》定义测试性定性要求为"为简便、迅速、准确、经济地确定产品状态和诊断故障而对产品设计及其他方面提出的非量化要求"。

主要的测试性定性要求如下。

（1）合理划分产品单元。根据不同维修级别的要求，把产品划分为易于检测和更换的单元，如外场可更换单元（LRU）、内场可更换单元（SRU），以提高故障隔离能力。

（2）合理设置测试点。根据不同级别的维修需要，在产品内、外设置必要而充分的测试点，以便于在各级别维修测试时使用，测试点应有明显标记。

（3）合理选择测试方式方法。根据产品功能、结构及使用与维修需要，并与费用等因素综合权衡，合理确定测试方案，选择自动、半自动、人工测试、机内测试、外部测试设备等。

（4）性能监控要求。应说明对安全、关键任务有影响的部件性能。

（5）兼容性要求。在满足测试能力要求的前提下，尽可能选用标准化、通用的测试设备及附件。

（6）故障信息要求。故障指示、报告、记录、传输及存储等的要求。

其中，机内测试（BIT）有关要求如下：一是任务关键功能应由 BIT 监控。二是系统级BIT 应能把故障隔离到规定的 LRU，并能通知使用（操作）人员应选择的降级工作方法或处置措施。三是对于那些要求在发生某种故障情况下仍能继续运行的系统,在进行 BIT 设计时,应为冗余部分提供独立的测试能力。四是每个被测单元的 BIT 应能在测试设备的控制下执行。五是 BIT 应具有保存联机测试数据的能力,以便分析维修环境中不能复现的间歇故障和运行故障。六是 BIT 提供的信息应满足装备使用与维修人员操作装备与实施维修工作的需要。七是 BIT 指示器应具有当 BIT 发生故障时给出失效指示的能力。八是 BIT 的设计应使 BIT 内的故障或失效不会导致被测系统或设备的性能降低、损坏或失效。九是 BIT 应设计成日常检查或其他常规检查时不需要使用辅助测试设备或外部设备,被测系统或设备一通电就能自动启动。十是故障检测功能应能向操作人员提供被测系统或设备是否准备好的指示。

2. 测试性定量要求

目前一般用故障检测率(FDR)、故障隔离率(FIR)和虚警率(FAR)规定测试性设计的定量要求。各测试性参数的定义和数学模型如表 3-3 所列。

表 3-3　测试性参数

序号	参　数	定　义	数　学　模　型
1	故障检测率(FDR)	在规定条件下和规定时间内,采用规定的方法检测到的故障数与故障总数之比	$FDR = (N_D/N_T) \times 100\%$
2	故障隔离率(FIR)	在规定条件下和规定时间内,正确隔离到小于或等于规定可更换单元数的故障数与同一时间内检测到的故障数之比	$FIR_L = (N_L/N_D) \times 100\%$
3	虚警率(FAR)	在规定条件下和规定时间内,发生的虚警数与同一时间内故障指示总数之比	$FAR = (N_{FA}/N) \times 100\%$
4	平均虚警间隔时间(MTBFA)	产品总运行时间与在此时间内发生的虚警总次数之比	$MTBFA = T/N_{FA}$

注：N_T——故障总数；
　N_D——用规定方法正确检测到的故障数；
　N_{FA}——虚警次数；
　N_L——用规定方法正确隔离到小于或等于模糊度为 L 的故障数；
　N——指示(报警)总次数；
　T——系统累计工作时间。

3.4.3　航空装备测试性管理

与可靠性一样,测试性是设计出来的、制造出来的,也是管理出来的。测试性管理的主要内容与可靠性管理有很多是相同或相似的,因此不再展开论述。测试性管理的主要工作项目有以下几个方面。

（1）制定测试性工作计划。

（2）对转承制方和供应方的监督与控制。

（3）测试性评审。

（4）测试性数据收集、分析与管理。

（5）测试性增长。

3.5　航空装备安全性

安全的概念历来就有，长期受到人们的密切关注，但安全性作为一门独立的学科却是从20世纪50年代逐步形成的。起推动作用的是美国在20世纪50年代在导弹发展计划中的需要。当时采用液体推进剂的导弹，如雷神等常发生爆炸事故，通过对事故的调查发现，这些事故主要是由于设计缺陷、操作失误以及糟糕的管理引起的。于是，1962年美国空军导弹系统局出版了BSD 62-41《空军弹道式导弹研制的系统安全性工程》，1978年美国国防部颁布了DODD5000.36《系统安全工程和管理》，1987年美军颁布了军用标准MIL-STD-882B《系统安全性大纲》，并于2000年修订为MIL-STD-882D《系统安全性实施标准》，其中围绕危险分析工作制定了一般要求和详细要求。

我国为了更好地开展系统安全性工程的工作，在1990年发布了GJB 900—1990《系统安全性通用大纲》，1997年发布了GJB/Z 99—1997《系统安全工程手册》，并于2012年对GJB 900—1990进行了修订，发布了GJB 900A—2012《装备安全性工作通用要求》。我国很多民用行业也都制定了安全性方面的标准。安全性方面的标准是国家规定必须强制执行的标准类型。

3.5.1　安全性概述

1. 安全性基本概念

安全性是影响武器装备使用效能与作战适用性的主要因素之一。同时也是武器装备寿命各个阶段过程必须考虑的重点要求。武器装备不安全，将造成人、机系统事故，而且影响作战任务的完成。GJB 900A—2012《装备安全性工作通用要求》定义安全性（Safety）为"产品具有的不导致人员伤亡、装备损坏、财产损失或不危及人员健康和环境的能力。"安全性是通过设计赋予的并由生产实现的一种产品固有特性，是产品所有固有特性中最重要的一种质量特性。

安全是指不发生可能造成人员伤亡、职业病、设备损坏、财产损失或环境损害的状态。

安全性定义中的"能力"用概率表示,即为可靠度,因为产品在运输、贮存或使用过程中是否会发生安全性问题是一种随机事件。在研究安全性问题中,常用到事故、危险和风险等概念。其中,事故是指造成人员伤亡、职业病、装备损坏、财产损失或环境破坏的一个或一系列意外事件。危险是指可能导致事故的状态。危险主要来自产品使用的材料、设计和制造缺陷、使用和维修人员的人为差错以及有害的环境等。风险是某一危险的可能性和严重性的综合度量。

知识链接:【安全性问题的起源】安全问题是随着生产而产生的,也随着生产的发展而发展,并日益受到人们的重视。武器装备的安全问题更是尖锐地被提到从事军工生产和使用者的面前。因为,武器被认为从来就是不安全的,武器装备要对敌方有巨大的杀伤力,但同样也易于发生造成我方人员自身伤亡和设备损坏等一系列意外事件。古代炮兵指挥员就已经认识到:事故造成的人员伤亡和设备损坏与受敌人攻击所造成的损失是同样严重的。随着武器装备复杂程度增加,使事故的可能性也增大;武器杀伤力增大,发生事故的有害影响也大大增加。1958 年 5 月,美国 NIKE-AJAX 防空导弹阵地上发生严重爆炸事故,导致大量人员伤亡和财产损失就是一例。

2. 安全性工程

系统安全性工程是指用专门的专业知识和技能,并运用科学和工程原理、准则和技术,以识别和消除危险并降低有关风险的一门工程技术。

近 40 年来,为适应复杂装备安全性的需要,继可靠性技术和维修性技术之后,系统安全性已发展成为一门新兴的独立学科。这个学科称为安全性技术,或称为安全系统技术。它是以作战效能、进度、费用为约束条件,在装备寿命周期所有阶段,利用专业知识和系统工程方法,识别、评价、消除或控制装备中的危险,从而使装备具有最佳安全程度的专业工程。安全性技术是装备系统工程的组成部分,并与设计工程、人素工程、可靠性技术、维修性技术等相联系,特别是与可靠性技术、人素工程的联系最密切,因为装备的故障或人为因素造成的差错造成的后果有不少是危及安全的。因此,在装备设计过程中,要将安全性技术的工作与其他相关专业工程的工作综合权衡与协调,以达到最佳的费用效益。

GJB 900A—2012《装备安全性工作通用要求》是进行系统安全性工作的文件,其目的是在系统寿命周期内用及时、经济有效的方法满足系统安全性要求,提高其使用效能。

安全性工程内容可分为安全性管理与控制、安全性设计与分析、安全性验证与评价三部分工作内容。

3.5.2　航空装备安全性要求

安全性涉及人的生命、健康、物(财产)损失、环境的破坏。因此,应将安全性要求作为装备的一项重要的技术指标提出。GJB 900A—2012《装备安全性工作通用要求》规定,订购方应向承制单位提出安全性工作要求,包括安全性定性、定量要求以及安全性工作项目要求,并经双方协商后,纳入合同有关文件。

1. 安全性定性要求

安全性定性要求是要求采取一定的技术途径,减少系统在执行任务中出现危险造成的后果。安全性定性要求一般包括安全性措施优先次序要求、安全性定性设计要求、安全性定性风险评价要求和安全性信息要求等。

主要的安全性定性设计要求如下。

(1) 通过设计(包括器材选用和代用)消除已判定危险或减少有关的危险。

(2) 危险物质如果不可避免,则应通过材料选择或替代等设计手段来降低事故风险,在材料选择的过程中应当考虑到系统全寿命周期内的事故风险。

(3) 危险物质或部件及相关操作与使用,应当与从事其他工作的人员、工作区域及不相容的材料相互隔离。

(4) 确定设备位置并标明设备的潜在危害,保证设备操作、维修或其他服务人员尽量减少出现在危险区域内。这些设备主要包括操作或使用危险物质、高压容器、电磁辐射、切割设备等。

(5) 通过物理分离或防护或者其他可接受的方法来保护冗余子系统的动力、控制设施及关键部件。

(6) 为降低不可消除的危险带来的事故风险,在设计过程中应考虑采用安全装置(如联锁、冗余、失效安全设计,系统防护、灭火措施以及其他防护方法等),并在设计阶段验证其有效性,以及在使用与保障阶段定期对各种安全装置进行功能检查。

(7) 为减少人员对信号的错误反应,考虑设计与系统类型相似的标准化的报警信号。

(8) 如果设计中存在无法消除的危险,在装配、操作及维修说明中标明警告和提示信息,并且在危险部件、设备、设施上提供标准的限制性标志来保证人员和设备安全。

(9) 安全性关键任务需要精通专业的人员完成。

(10) 尽量降低可能导致严重事故后果的系统危险。

(11) 在系统设计说明中不应含有不充足或者过度的安全限制要求。

(12) 设计或测试中使用新材料、新设计、新技术的风险必须达到可接受的水平等。

2. 安全性定量要求

安全性定量要求常用安全性参数及其量值(指标)描述。安全性参数是描述系统安全性的特征量,同可靠性参数类似,不同产品的安全性参数的选用也不尽相同。由于对安全性研究尚不成熟,目前国内外对指标体系还没有统一规定,以下提出的定量要求不尽全面、合理,仅供参考。常用的安全性基本参数有事故率、装备损失率、安全可靠度、平均事故间隔时间、安全事故预警率、安全裕度等,各安全性参数的定义和数学模型如表 3-4 所列。

表 3-4 安全性参数

序　号	参　数	定　义	数 学 模 型
1	事故率 P_A	在规定条件下和规定时间内,事故总次数与寿命单位总数之比	$P_A = N_A / N_T$
2	装备损失率 P_L	在规定条件下和规定时间内,由于系统或设备故障造成灾难性事故总次数与寿命单位总数之比	$P_L = N_L / N_T$
3	安全可靠度 R_S	在规定条件下和规定时间内,在装备执行任务过程中不发生由于设备或附件故障造成的灾难性事故的概率	$R_S = N_W / N_{T_2}$
4	平均事故间隔时间 T_{BA}	在规定条件下和规定时间内,系统的寿命单位总数和事故总数之比	$T_{BA} = N_{T_1} / N_A$
5	安全事故预警率 P_P	在规定条件下和规定时间内,在任务过程中,对未来可能发生的安全事故发出预警的次数占事故发生次数的概率	$P_P = N_P / N_A$
6	安全裕度	系统实际状态(或可能达到的实际状态)与某种破坏极限的状态之间特定参数值之差	

注: N_A——事故总次数;

　　N_T——寿命单位总数;

　　N_L——由于系统或设备故障造成灾难性事故总次数;

　　N_W——不发生由于设备或附件故障造成的灾难性事故执行任务的次数;

　　N_{T_2}——用飞行次数、工作循环次数等表示的寿命单位总数;

　　N_{T_1}——用飞行小时、工作小时等表示的寿命单位总数;

　　N_P——预警的次数。

3.5.3 航空装备安全性管理

安全性管理是以系统工程的观点,通过制订系统安全工作计划,确保各项系统安全工作的完成,以实现系统安全的目标——用及时、经济有效的方法实现系统安全要求。系统安全管理的职能是组织、监督和指导系统寿命周期内与系统安全有关的所有活动,但重点是研制过程中的系统安全分析和设计与验证。由于寿命周期各阶段的活动是相互关联的,所以系统安全管理要贯穿整个寿命周期。

3.6　航空装备环境适应性

武器装备的战斗力与环境密切相关,世界军事史上无数战例都证明了这点。早期如拿破仑和希特勒远征俄国战争、日俄战争、朝鲜战争、越南战争、马岛之战;近期如海湾战争、科索沃战争,结局均表明:因不适应低温、热带海洋、热带雨林、湿热和沙漠等环境,出现了武器装备严重腐蚀、海洋生物附着、沙尘堵塞、长霉起雾、虫蛀鼠咬、结冰凝露等现象,导致机械故障、控制失灵、通信中断、弹药失效而造成失败和人员伤亡。惨痛教训表明:如果武器装备在研制、生产和使用过程中不重视自然环境的影响,结果可能导致军事上的失败。

环境对产品的影响,真正受到人们重视是在 20 世纪 30 年代末和第二次世界大战期间。那时,在热带和亚热带地区使用的产品(特别是电子电工产品)遇到了所谓气候劣化问题;特别是第二次世界大战战场上使用的产品,在各种恶劣的环境条件下出现了许多问题。据当时美国空军调查,有 52% 产品的损坏是由环境所引起的,其中温度占 21%,振动占 14%,潮湿占 10%,沙尘盐雾占 7%。这些环境条件造成了许多产品的失灵、误动作、失效,从而贻误了战机,也造成了很大的经济损失。

20 世纪 80 年代,据美国国防部对价值 180 亿美元、总重量近 380 万吨的三军库存常规弹药进行调查表明:由于美国本土、欧洲、太平洋等地区自然环境造成的腐蚀和变质,仅陆军维修和销毁弹药就高达 11 万多吨,造成大量经济损失。美国沿海空军基地一次工作调查表明,引起事故的原因中,气候环境占 73%,全是由于在复杂自然环境作用下,产生腐蚀、老化、膨胀、开裂、长霉和虫蛀所引起的。

3.6.1　环境适应性概述

1. 环境适应性基本概念

"环境适应性是质量特性之一"这一说法是在 1997 年原国防科工委召开的 GJB 150《军用设备环境试验方法》10 周年研讨会上提出的。2009 年颁布的 GJB 9001B—2009《质量管理体系要求》第 4 章"质量管理体系"进一步将"环境适应性"与"可靠性""维修性""保障性""测试性""安全性"一起纳入质量管理体系,第 7 章"产品实现"中明确规定在策划产品的实现时,应明确"产品可靠性、维修性、保障性、安全性和环境适应性"等要求;由此可见"环境适应性"的重要地位,环境适应性的要求确定、分析和设计、试验与评价等工作必须纳入型号研制各个阶段，才能确保质量工作得到切实的贯彻实施。

环境适应性是装备承受环境作用能力的质量特性。GJB 4239—2001《装备环境工程通用要求》定义环境适应性（Environmental Adaptation，EA）为"装备（产品）在其寿命期预计可能遇到的各种环境的作用下能实现其所有预定功能和性能和（或）不被破坏的能力"。通俗地讲，环境适应性反映的是装备适应各种环境的能力。环境适应性通常采用环境因素（温度、湿度、振动、冲击等）下的应力强度、作用时间与装备性能参数的组合进行描述。

该定义中的环境是指寿命期中遇到的，具有一定风险的极端环境；其基本思路是认为能适应极端环境的装备，一定也能适应较温和的环境。定义中的功能是指装备实现或产生规定的动作或行为的能力。只有功能并不能说明达到规范规定的技术指标，因此还要求其性能满足要求；只有功能和性能均满足要求才能说明装备在预定环境中能正常工作，这是环境适应性的一个标志；另一个标志是装备在预定环境中的不被破坏能力，例如经受振动等力学环境作用，结构不损坏；经受高、低温和太阳辐射等气候环境作用时，产品材料不老化、劣化、降解和产生裂纹等。应当指出，若装备在某一极端环境中不能工作或不能正常工作，但当环境缓和后，又能恢复正常工作时，只要技术规范不要求在此极端环境中正常工作，仍然可以认为其环境适应性满足要求。

环境适应性是武器装备的重要质量特性，应根据装备环境工程的要求，把环境试验贯穿于武器装备的设计、研制、生产和采购的各个阶段，通过环境试验，充分暴露武器装备在设计、研制及材料选用等方面存在的环境适应性问题，及时改进研制质量，提高装备的环境适应能力。产品的环境适应性要求作为产品的技术指标之一，应在研制任务书、设计要求或合同等有关文件中规定，并纳入产品研制的有关技术文件。

思政聚焦——他山之石：【**AK47 的适应性**】在武器本身的设计上，不同的战术思想决定了不同的枪械设计思路。AK47 强调以可靠而迅猛的火力来压制和杀伤敌方。AK47 的诞生使步枪进入使用中间威力枪弹的连发武器时代，步兵的单兵火力大大增强。苏联军队的战术思想在 AK47 步枪上得到了具体体现。苏联从战争实践中得出结论——在真正的战场上，士兵没有时间仔细瞄准，有效的火力与良好的可靠性，才是士兵们最需要的东西。因此 AK47 着重强调火力、威力和可靠性，精度被放到了次要地位，这种思路其实是典型的冲锋枪设计思想的体现和延续。AK47 的枪机动作可靠，坚实耐用，故障率低，无论温度条件如何，射击性能都很好，尤其是在风沙泥水中使用，性能可靠，即使连射或有灰尘等异物进入枪内时，机械结构仍能保证它继续工作，勤务性好，结构简单，分解容易。

AK47 系列步枪名闻天下是在 20 世纪 60 年代的越南战争中，AK47 和它在中国的仿制品大规模地武装越南正规军和游击队。这种自动武器在丛林环境中深受士兵信赖。据说越南战争时期，许多美国士兵转而使用缴获的越南士兵的 AK47 系列步枪，只因为 AK47 系列步枪拥有非常优良的可靠性及适应性,且容易控制密集的火力。20 世纪 70 年代有这么一句话:"美国出口的是可口可乐,日本出口的是索尼电器,而苏联出口的是 AK47。"(资料来源:李晓男,顾海洋.质量管理与控制技术基础[M].北京:北京理工大学出版社,2017.)

2. 环境适应性工程

装备(产品)在其寿命期间可能遇到各种环境因素的影响,为了保证它有好的环境适应性,按 GJB 4239—2001《装备环境工程通用要求》中的规定应在装备研制、生产、使用过程中开展装备(产品)的环境工程工作。装备(产品)的环境工程工作项目的内容有以下几个方面。

(1) 环境工程管理。

(2) 环境分析。

(3) 环境适应性设计。

(4) 环境试验与评价。

3.6.2　航空装备环境适应性要求

环境适应性是通过设计纳入装备、通过试验和管理得到保证的。环境适应性要求是描述研制装备应达到的环境适应性这一质量特性水平的一组定量和定性目标。环境适应性要求实质上也是一种设计要求,可称为装备进行环境适应性设计的最低要求,通常也是指设计使用的最低环境条件,即必须满足的要求和条件;设计人员将产品的环境适应性水平设计得高于此条件,就会有裕度,高出的裕度越多越安全。

环境适应性要求主要包括自然环境适应性要求和诱发环境适应性要求两大类。装备在寿命期内贮存、运输和使用过程中将暴露在各种自然环境和诱发环境中,这些环境涉及各种不同环境因素。其中,自然环境因素主要包括温度、湿度、风、盐雾、雨雪、沙尘、气压和太阳辐射等;诱发环境因素主要包括诱发海洋环境因素(如尾迹、波浪、水温、噪声等)、诱发机械环境(如振动、冲击、噪声等)和诱发电磁辐射环境因素(如静电放电、高功率微波、电磁脉冲等)等。

由于不同的环境因素的强度(或严酷度)表征方式、对装备影响的机理和作用速度各不相同,表征装备环境适应性这一能力变得十分复杂,不能像可靠性那样用一些简单的参数(如故障间隔时间和可靠度等)来表示,而只能针对经分析确定应考虑的每一类环境因素分别提出相应的环境适应性要求,然后将其组合成一个全面的要求。对每一类环境因素的环境适应性要求可以是定量要求,如装备必须在−55℃下正常工作;也可以是定性要求,如装备应能耐受沿海盐雾大气的侵蚀等;或两者组合。

对于军用飞机特别是海军飞机,其环境适应性要求应至少包括以下几个方面:一是在寿命周期内的高温、低温贮存环境下,不会引起按合格判据判定的不可逆损坏。二是在使用阶段遇到高低温环境时应能正常工作,即其功能正常且性能满足允差要求;在遇到温度突变环境后,不产生结构损坏。三是在寿命周期内表面不应长霉或长霉程度在允许范围之内(具体由合格判据规定),且能正常工作。四是在盐雾环境中受到的腐蚀程度在允许范围之内(具体由合格判据规定),且能正常工作。五是在湿热环境中暴露时和暴露后,其表面形貌、材料性质和绝缘性能不受规定程度的影响,且能正常工作。六是在使用环境中遇到振动环境作用时和作用后,能正常工作,且结构不易发生累积疲劳损伤。另外,在提出型号装备环境适应性要求时,需要明确装备具体的工作环境条件,如装备的高气温工作极值和低气温工作极值、空中气压与地(海)面气压极值、规定的盐雾条件等。如对于盐雾,环境适应性要求可表述为"装备在大气中盐雾含量不低于 $5\mathrm{mg/m^3}$ 的多盐雾环境条件下应能长期使用,正常工作"。

思政聚焦——警示案例:【停飞的舰载机】

2002 年 6 月,美国海军暂停了其 156 架 F-14"雄猫"战斗机在航母上的飞行任务,并继续深入调查该型飞机前起落架的腐蚀问题,调查人员认真检查每一架 F-14 战斗机前轮,尤其是前起落架外气缸压杆的状况。正是这一压杆导致了 2002 年 3 月 2 日在地中海发生的一次 F-14 训练飞行事故。在这次事故中,飞行员不幸丧生。事后,工程调查人员在现场发现了外气缸腐蚀的证据。在这次大检查中,每一架前起落架外气缸压杆腐蚀程度超过 0.005 英寸的 F-14 飞机都将被禁止参加航母飞行训练,直至该压杆被更换之后。每一架前起落架压杆腐蚀程度不到 0.005 英寸的 F-14 飞机也被要求至少进行 50 次弹射检测,确保腐蚀情况不会影响飞行。估计这一次对每一架 F-14"雄猫"飞机的检测工作需要 15 个工作小时。

3.6.3 航空装备环境适应性管理

环境适应性管理是指产品研发时根据环境适应性要求所开展的组织、计划、协调、监督和控制等一系列的管理工作。

GJB 4239—2001《装备环境工程通用要求》规定了环境适应性管理的主要内容:制定环境适应性工作计划,环境适应性工作评审,环境信息管理,对转承制方和供应方的监督与控制。

1. 制定环境适应性工作计划

在产品进入方案阶段就应及时制定环境适应性工作计划。它是设计与开发产品的质量策划的一部分,应将其纳入产品研制计划中。

环境适应性工作计划的主要内容包括:

(1) 研制总要求和研制合同规定的环境适应性要求。

（2）开展环境适应性工作的机构及其职责。

（3）确定开展的环境适应性工作项目及其内容要求、实施范围、进度要求、完成形式和完成结果的检查评价方式。

（4）环境适应性设计与工程设计、可靠性工作的接口协调关系。

（5）环境适应性工作评审要求。

（6）开展环境适应性工作所需的资源等。

2. 环境适应性工作评审

评审是利用专家群体的集体智慧弥补设计者个人或团队的考虑不足，及时发现环境适应性方面存在的薄弱环节，尽早采取纠正措施，以提高产品环境适应性。

环境适应性工作评审应明确评审时机、评审类型（书面评审或会议评审）、评审要求等，还应明确对专家意见的处理和跟踪。

3. 环境信息管理

产品研发单位应建立并运行环境信息管理系统。环境信息管理和可靠性信息管理应有机结合，尽量减少重复性工作。

环境信息主要包括产品寿命期的环境剖面，产品所承受的自然环境和平台环境，产品所经历的各种环境试验（包括具体试验条件等），产品出现的故障，故障原因分析及采取的纠正措施等。

4. 对转承制方和供应方的监督与控制

产品整体的环境适应性与转承制方和供应方提供的产品环境适应性有极大的关系。因此，在与转承制方和供应方签订的合同中一定要有环境适应性定性定量要求和工作要求等。在研制或提供产品的过程中应对其环境适应性工作进行监督和控制，如参加评审、现场检查、产品的环境适应性要求的验证等。

思考与讨论题

1. 何为装备"六性"？航空装备的质量特性有哪些？
2. 通用质量特性工作在装备工作中的地位和作用是什么？
3. 通用质量特性工作与战斗力之间的关系是什么？
4. 在现行的装备试验鉴定体系下，如何做好通用质量特性工作？
5. 查阅文献资料，讨论我国关于质量特性有哪些标准及其主要内容。

天下从事者，不可以无法仪。

无法仪而其事能成者，无有也。

——《墨子·法仪》

墨　子①

第4章　航空维修质量管理体系

知识目标

◆ 了解 ISO 9000 质量体系标准。

◆ 熟悉 GJB 9001C—2017《质量管理体系要求》。

◆ 掌握质量管理的七项原则。

◆ 熟悉质量管理体系的基本要求和建立过程。

◆ 理解航空维修质量管理体系的地位作用和结构模型。

◆ 理解航空维修质量管理体系的构成和运行。

能力目标

◆ 掌握运用质量管理原则分析解决质量管理问题的能力。

◆ 初步掌握航空维修质量管理体系构建的能力。

思政育人目标

◆ 深刻理解"质量管理七项原则"，树立正确质量管理理念，提高管理素养。

---

① 墨子(约公元前 468—前 376)　春秋战国之际思想家、政治家，墨家的创始人。名翟。宋国人，后长期住在鲁国。提出了"兼爱""非攻""尚贤""尚同"等思想。墨子学说对当时的思想界影响很大，与儒家并称"显学"。《墨子》是墨家学派的著作总汇。现存五十三篇，是研究墨子和墨子学说的基本材料。

✦ 树立"质量第一、用户至上"服务意识,培养良好的职业道德素养。

✦ 学习先进质量管理案例,激发报国强军的家国情怀和使命担当。

质量管理体系是现代科学技术发展的产物,也是现代管理的重要内容。航空维修作为一个特殊的生产过程,建设有效的质量管理体系对于提高维修质量,保证装备使用安全具有重大的意义。本章主要介绍 ISO 9000 与 GJB 9001C—2017 质量管理体系标准的产生与发展,质量管理七项原则,质量管理体系的基本要求与建立过程,以及航空维修质量管理体系的构建与运行。

4.1　质量管理体系标准

质量管理体系(Quality Management System)是指在质量方面指挥和控制组织的管理体系。质量管理原则是 1995 年 ISO/TC176(国际标准化组织质量管理体系和质量保证技术委员会)根据 ISO 9000 族标准的实践经验和质量管理理论进行分析和总结,提出的最基本、最通用的质量管理一般性规律,也是质量管理的理论基础和制定 ISO 9000 族标准的指导思想。

4.1.1　ISO 9000 质量体系标准

1. ISO 9000 质量体系标准的产生和发展

第二次世界大战期间,在战争中使用的武器,要求性能良好,国家在采购武器装备时,在对武器装备特性提出要求的同时,还对供应商提出了质量保证要求,世界军事工业从而得到迅猛发展。20 世纪 50 年代,美国发布了 MIL-Q-9858A《质量大纲要求》,成为世界上最早的有关质量保证方面的标准。而后,美国国防部制定和发布了一系列对生产武器装备和供应商评定的质量保证标准。

美国武器装备生产方面质量保证活动的成功经验,在世界范围内产生了很大的影响。一些工业发达国家,如美国、英国、法国和加拿大等国家在 20 世纪 70 年代末先后制定和发布了用于民品生产的质量管理和质量保障标准。随着世界经济呈现出全球化的发展趋势,国际贸易和交流日趋频繁,对供方质量体系的审核逐渐成为国际贸易和国际合作的需求。但是,由于世界各国的国情和技术发展水平的差异,各国制定的质量管理和质量保证标准,无论在概念上还是质量保证的要求上都存在一定的差别,严重阻碍了国家间的贸易和技术交流。为解决这一问题,使企业的质量保证能力能够在国际得到最大可能的统一,以便对企业的保证能力进行客观的评价,国际标准化组织(ISO)自 1981 年 10 月开始,在总结和参照有关国家标准和经验的基础上,于 1987 年制定并颁布了 ISO 9000～ISO 9004 系列标准,包括:

ISO 9000：《质量管理和质量标准　选择和使用指南》。

ISO 9001：《质量体系　设计、开发、生产、安装和服务的质量保证模式》。

ISO 9002：《质量体系　生产和安装质量保证模式》。

ISO 9003：《质量体系　最终检验和试验的质量保证模式》。

ISO 9004：《质量管理和质量体系要素　指南》。

这五项标准通称为 ISO 9000 族系列标准。由于该标准的实用性和适时性，受到了世界各国的普遍重视和欢迎，很快就有 60 多个国家等同或等效采用了该系列标准。1988 年，我国也等效采用了该系列标准，编号为 GB/T 10300，后于 1993 年改为等同采用。

随着 ISO 9000 系列标准在国际上的广泛应用，以及质量保证、质量管理理论和实践的发展，针对实施中出现的问题，ISO 组织在了解用户意见的基础上，再一次对标准进行了根本性修订，并于 2000 年 12 月颁布了 ISO 9000 系列新版标准，通称 2000 版 ISO 9000 系列标准。这次修订不仅影响了标准结构，更重要的是影响了质量管理系统（QMS）范例。将 ISO 9001、ISO 9002 和 ISO 9003 这三个独立的标准综合为一体，组成了一个通用标准 ISO 9001：2000，而 QMS 范例则是从用于实现持续的 PDCA 过程的最初相符性方法得来的。2000 版 ISO 9000 系列标准的颁布，标志着质量认证（Quality Certification）已从单纯的质量保证，转为以顾客为关注焦点的质量管理范畴。修订后的 ISO 9000 系列标准适合各类组织使用，更加通用化和灵活化，也更趋于完善。

自 1987 版 ISO 9000 系列标准发布后，到目前已经进行了 4 次修订。1994 版 ISO 9000 族标准的修订是"有限修改"，保持了 1987 版标准的基本结构和总体思路，只对标准的内容进行了技术性局部修改；2000 版 ISO 9000 族标准的修订是"彻底修改"，对标准总体结构和技术内容两个方面进行了彻底修改；2008 版 ISO 9000 族标准的修订，更加明确地表述了 2000 版 ISO 9001 标准的内容，并加强了与 ISO 14001：2004 的兼容性；2015 版 ISO 9000 族标准的修订，在标准结构、视野、兼容性、适应性及易用性方面变化很大，同时也引入了一些最新的管理理念、要求（如：风险管理、知识管理等）。

目前，世界上已有 100 多个国家采用了各种版本的 ISO 9000 族标准。按照此标准进行的质量体系认证、质量体系认可机构的国际互认、质量体系认证审核人员的国际互认、质量体系认证证书的国际互认工作已广泛展开。

知识链接：【ISO 标准的发展】1979 年国际标准化组织成立了第 176 技术委员会（TC176）负责制定和建立质量管理和质量保证标准。其目标为："要让全世界都接受和使用 ISO 9000 族标准；为提高组织的运作能力，提供有效的方法；增进国际贸易，促进全球的繁荣和发展；使任何机构和个人可以有信心从世界各地得到任何期望的产品以及将自己的产品顺利地销售到世界各地。"1980 年 TC176 成立质量管理和质量保证技术委员会，组织

15 个国家,历时 5 年,吸取了英国国家标准 BS 5750T、美国军标 ANSUASCIL 15 和加拿大国家标准 OASZ 299 等一些国家标准的精华,于 1986 年发布了 ISO 8402：1986,随后于 1987 年颁布了 ISO 9001：1987 等 5 项国际标准,这 6 项国际标准通称为 ISO 9000 系列国际标准,也由此宣告 ISO 9000 族标准的产生。"ISO 9000"不是指一个标准,而是一族标准的统称。根据 ISO 9000—1：1994 的定义："ISO 9000 族是由 ISO/TC176 制定的所有国际标准"。ISO 制定的国际标准除了有规范的名称之外,还有编号,编号的格式是：ISO＋标准号＋冒号＋发布年号,例如：ISO 8402：1987。ISO 与国际电工委员会(简称 IEC)在电工技术标准化方面保持密切合作的关系,IEC 主要负责电工、电子领域的标准化活动,ISO 负责除此之外的所有其他领域的标准化活动。ISO 现已制定出 10300 多个国际标准,主要涉及基础与方法标准,也有很多各行各业各种产品的技术规范。

　　思政聚焦——质量强国：【中国航天的软实力】中国航天标准化与产品保证研究院成立于 2010 年,隶属于中国航天科技集团有限公司。2012 年,中国航天标准化与产品保证研究院正式向 ISO 递交了《航天质量问题归零管理》标准提案。2012 年 6 月,该提案顺利通过 ISO 标准立项。在研制该标准的 3 年多时间里,通过召开 7 次国际会议及近百次邮件沟通,标准起草组收集并处理了来自德国、日本、俄罗斯、乌克兰、美国、巴西、英国等国家提出的 90 余项意见建议,并最终达成了高度共识。该标准在各阶段投票中均顺利通过,尤其是在 2015 年 4 月,由于在国际标准草案(DIS)阶段投票中获得全票通过,ISO 秘书处决定将该标准跳过最终国际标准草案(FDIS)阶段直接进入出版阶段。2015 年 11 月,ISO 18238：2015《空间系统　闭环问题解决管理》(*Space systems—Closed loop problem solving management*)正式发布。这是我国首次将具有中国特色的航天管理最佳实践推向国际,也是我国向国际输出质量管理成功经验的重要成果,彰显了中国航天的软实力。(资料来源：《中国质量管理最佳实践集萃》编委会. 中国质量管理最佳实践集萃[M]. 北京：中国标准出版社,2023.)

2. ISO 9000 族标准的内容构成

　　2000 版的 ISO 9000 质量体系标准由核心标准(4 个)、其他标准(1 个)、技术报告(6 个)、小册子(3 个)共 14 个文件构成,强调了质量管理的八项原则。其总体结构如图 4-1 所示。

　　知识链接：国际标准化组织的质量管理和管理保证技术委员会(ISO/TC 176)在《2000 年展望》中提出制定、修订 ISO 9000 族标准的目标是："要让全世界都接受和使用 ISO 9000 族标准；为提高组织的运作能力,提供有效的方法；增进国际贸易,促进全球的繁荣和发展；使任何机构和个人可以有信心从世界各地得到任何期望的产品以及将自己的产品顺利销售到世界各地"。

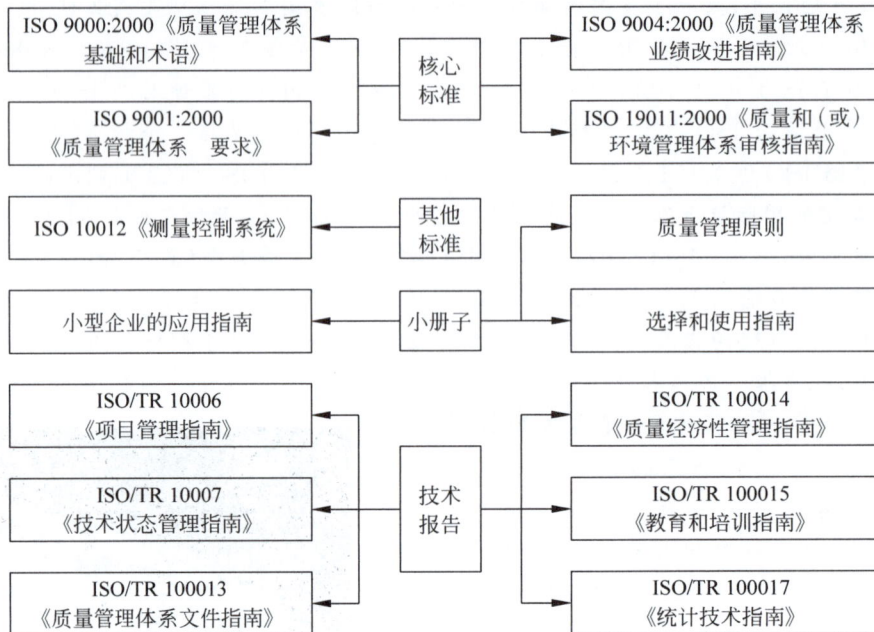

图 4-1　2000 版 ISO 9000 系列标准文件结构

3. ISO 9000 族标准的主要特点

(1) 系统完善性。ISO 9000 族标准包含了质量管理体系的基础、术语、要求、审核、业绩改进指南及其他支持性技术标准,形成了一个系统、完整的体系结构,对指导组织建设、实施、控制、审核、改进质量管理体系有极大意义。

(2) 广泛通用性。ISO 9000 族标准克服了以前偏重加工制造业的倾向,适用于所有产品和服务类别的、不同规模的组织,具有广泛通用性。

(3) 实用高效性。ISO 9000 族标准是在许多经济发达国家大量质量管理实践经验的基础上制定的,其内容和条文都与实际工作密切结合,易于理解和操作。标准减少了过多的强制性文件化要求,扩大了组织根据自身实际决定文件化程度的自由。同时,更注重有效性与效率,强调对过程、体系有效性的评价和改进。

(4) 灵活适用性。ISO 9000 族标准采用"过程方法"的模式结构,与各种组织的过程更容易联系起来,增强了灵活适用程度。同时标准对所有要求的适用性作了科学灵活的规定,在满足标准要求的途径和方法方面,在确保其有效性的前提下,可以由组织根据自身特点自行策划安排,显示了在满足标准要求的途径和方法上的灵活性。

(5) 科学先进性。ISO 9000 族标准吸取了当今世界质量管理的先进理论和方法,采纳了卓有成效的质量管理八项原则作为基本的质量管理思想,强调采用 PDCA 循环进行过程策划、控制和持续改进,充分体现了标准的科学先进性。

（6）积极主动性。ISO 9000 族标准强调最高管理者的积极作用，强调建立、保持、评审、改进质量管理体系，以及实施质量认证和注册都是组织的自主行为。标准提倡通过质量方针、质量目标的策划、制定、教育，发挥全体员工的积极主动精神，以达到组织预期的目标。

（7）客观可信性。ISO 9000 族标准将对顾客满意与否的监测作为评价质量管理体系业绩和有效性的客观依据，倡导开展第三方质量管理体系认证，要求授权机构独立地按规定程序进行以客观公正为原则的系统审核，使结果具有相当的说服力和可信性。

（8）持续发展性。ISO 9000 族标准中的 ISO 9001 和 ISO 9004 构成了关于质量管理体系的协调一致的一对标准，其结构互相对应。ISO 9001 标准是对建立、保持、改进质量管理体系的"要求"，ISO 9004 标准是对建立、保持、改进质量管理的"指南"，两者相辅相成，帮助组织实现持续发展。

（9）相容性。ISO 9000 质量管理标准和 ISO 14000 环境管理标准互相兼容，在术语、结构和内容上相互协调，便于组织建立满足两个标准通用要求的质量与环境的统一管理体系，也便于组织实现质量与环境认证。

（10）国际互认性。ISO 9000 族标准作为被许多国家和地区共同承认和理解的质量管理标准，其国际通用性为质量认证的国际互认活动的开展奠定了基础。国际互认是指参加互认的任何一国认证机构，按 ISO 9000 族标准审核通过，所颁发的证书即可获其他参加互认的国家承认。

4.1.2　GJB 9001C—2017 装备质量管理体系标准

1. GJB 9001C—2017 产生的背景

在我国，武器装备研制、生产单位建立质量管理体系经历了三个阶段。

第一阶段：1987 年，中央军委批准发布《军工产品质量管理条例》，首先提出在军工产品承制单位建立、健全质量保证体系并进行考核，开创了我国以管理体系的方法抓质量管理工作的先河。

第二阶段：1996 年，发布国家军用系列标准 GJB/Z 9000～9004—1996，解决了军工产品质量体系建设和认证与 ISO 9000 族标准以及国际惯例接轨的问题，推动了军工科研生产单位管理体系军民一体化进程，促进了军工产品质量体系的建设和认证的发展。

第三阶段：2001 年，分别发布了以国家标准《质量管理体系　要求》为基础（A），加上军工产品特殊要求（B）而形成的（A＋B）结构的 GJB 9001A—2001、GJB/Z 9001A—2001《质量管理体系要求》国家军用标准，把军工产品质量体系的建设和认证进一步深入和提高。

2008 年，国家标准 GB/T 19000—2008 和 GB/T 19001—2008 依据国际标准 ISO

9000：2005 和 ISO 9001：2008 改版，国家军用标准也随之改版为 GJB 9001B—2009。同时结合现代战争对承担武器装备的论证、研制、生产、试验、维修任务的组织提出了更多更高的要求，因此该标准对军工产品的特殊要求也有许多修改、充实。

2017 年，GJB 9001B—2009 在等同采用 GB/T 19001—2016(ISO 9001：2015)的基础上增加装备质量管理体系特殊要求，改版为 GJB 9001C—2017。该标准对承担武器装备及配套产品论证、研制、生产、试验、维修和服务任务的组织规定了质量管理体系要求，并为实施质量管理体系评定提供了依据。随着国防科技的发展，为适应国际军事战略格局和未来高技术条件下的作战要求，促使武器装备的技术复杂程度日益提高，对其质量与可靠性的要求以及质量管理工作也提出了更高的要求，我国国防科技工业管理体制和武器装备管理体制的改革调整，以及国家重点型号建设布局的转变，也都对武器装备质量管理提出了新的要求，促使武器装备研制、生产单位加速改革和调整。

2. GJB 9001C—2017 编制的原则、方法和重点

中央军委装备发展部颁布的 GJB 9001C—2017《质量管理体系要求》是国防科技工业主管部门、军队装备管理部门对承担武器装备论证、研制、生产、试验、维修任务的组织提出质量管理体系要求的文件，是质量体系认证机构实施质量管理体系审核的依据。

GJB 9001C—2017 积极采用了国际标准和国际通用准则，既体现了现代质量观念，又适应了军、民质量管理体系一体化需要。新版标准的编制原则包括坚持质量至上、坚持法治思维、坚持问题导向、坚持军民融合和坚持继承创新五方面。

GJB 9001C—2017 标准名称和结构模式不变，继续采用(A＋B)的结构。A 部分等同采用 GB/T 19001—2016(ISO 9001：2015)《质量管理体系　要求》的全部内容；B 部分为装备质量管理特殊要求，与前期版本相比，B 的内容更加深化、可操作性强。A 与 B 两部分相互适应相互协调，组成有机整体，体现军民融合的思想。

新版标准针对 GJB 9001B—2009 中的风险管理、通用质量特性、软件工程化管理、外包外协、关键过程控制、质量保障条件等薄弱环节，进一步完善了质量管理体系标准相关条款内容，明确和强化了外包过程、人员能力、顾客意见、武器装备"六性"(可靠性、维修性、保障性、测试性、安全性和环境适应性)、软件工程、试验控制、供方控制、交付和交付后活动、质量信息、质量目标、监视和测量、风险管理、技术状态管理以及记录等方面的要求，增强了可针对性及可操作性。适用于论证、研制、生产、试验、维修和服务等各类武器装备承制单位。针对 GJB 9001B—2009 贯彻实施的成功经验，新版标准延续了对航空、航天、船舶、兵器等行业的适用性。同时，紧密围绕装备发展的新趋势、新动向和新要求，积极吸纳和引入装备质量管理的新理念、新方法和新手段，保持标准的先进性，发挥标准的正向引领作用。

3. GJB 9001C—2017 的主要变化

为符合国际国内质量管理体系标准的新结构,增强实用性和可操作性,新版本在吸取 GJB 9001B—2009 经验教训的基础上,对内容和结构均作出了一定的变化。

内容方面,该标准对适用范围和术语进行了明确,将质量管理的 8 项原则变更为 7 项,并针对 GJB 9001B—2009 贯彻实施中的薄弱环节,提出了细化、具体、可操作性要求。

结构方面,在 GJB 9001B—2009 原有章节的基础上进行了一定的扩充修改、合并拆分,由 8 章增为 10 章。

4. 与 GJB 5000A—2008《军用软件研制能力成熟度模型》的关系

GJB 5000A—2008 是原总装备部在军用软件研制单位积极推行的一部软件研制能力评价标准,它规定了军用软件研制能力成熟度的模型。作为武器装备产品研制单位,推进软件工程化过程,可应用 GJB 5000A—2008 建立、实施和维护其软件质量管理体系;也可在应用 GJB 9001C—2017 的基础上选择 GJB 5000A—2008 改进其软件研制过程,以取得更好的效果。GJB 9001C—2017 还涉及其他一系列国家军用标准,如 GJB 450、GJB 368、GJB 3872、GJB 2547、GJB 900、GJB 4239、GJB 1909、GJB 3206、GJB 8000 等,需要时也可直接参照。

5. 与其他管理体系的相容性

新版 ISO 9001 族标准的另一个目的就是加强与 ISO 14001:2015 的兼容性。目前,负责制定质量管理体系标准的 ISO/TC176、负责制定环境管理体系标准的 ISO/TC207,以及负责制定其他管理体系标准的 TC 正共同探讨,希望提高 ISO 管理体系标准的兼容性,增强使用价值,并提出了"组织概要、领导、支持、运作、绩效评价、改进"的高层结构。因此,GJB 9001C—2017 适合与 GB/T 24001—2016 结合使用,指导建立质量、环境一体化的管理体系。

知识链接：【《武器装备质量管理条例》简介】 2010 年 11 月 1 日国务院、中央军委颁布了《武器装备质量管理条例》(以下简称《条例》)。《条例》以加强对武器装备质量的监督管理,提高武器装备质量水平为目标,以武器装备质量特性的形成、保持和恢复等过程为主线,规定了武器装备论证、研制、生产、试验和维修等各个阶段的质量任务和要求,明确了武器装备质量的各责任主体,规范了政府、军队、企业等各方的质量职责、任务要求和法律责任,体现了武器装备质量管理的"四全"和"两化"的特点,即"全特性、全系统、全寿命、全方位"和"科学化、法制化"。(资料来源:武器装备质量管理条例[S].北京:中国法制出版社,2010.)

4.1.3　质量管理体系标准思想基础——质量管理七项原则

质量管理七项原则是 ISO 9000 族标准管理思想的基础,因而也是 GJB 9001C—2017 标准管理思想基础。GB/T 19000—2016 修订时将 GB/T 19000—2008 中八项质量管理原则中的"管理的系统方法"融入"过程方法"之中,从而进一步强调了过程的系统管理,也使原来的八项质量管理原则浓缩成了七项。GJB 9001C—2017 等同采用了这七项质量管理原则。质量管理七项原则的主要内容如下。

1. 以顾客为关注焦点(Customer Focus)

以顾客为关注焦点是质量管理的核心思想。质量管理的首要关注点是满足顾客要求并且努力超越顾客的要求。任何组织都依存于顾客,如果没有顾客,组织也就失去了存在和发展的基础。因此,组织应理解、关注顾客当前和未来的需求,以及顾客的满意程度。

市场是发展变化的,顾客的需求和期望也随着时间的变化而变化,要想持续赢得顾客的信赖,组织就必须在研究顾客的需求和期望的基础上,快速反应,及时调整自身的策略和措施,满足顾客并力争超越顾客的需求和期望,进而获得顾客的信任,站稳市场,为组织获取更大的效益。

为了确保组织的目标与顾客的需求和期望相一致,必须加强组织内部的沟通与协调,管理好顾客关系,兼顾顾客和其他利益相关方的利益。

思政聚焦——质量故事:【割草的男孩】

一个替人割草打工的男孩打电话给一位陈太太说:"您需不需要割草?"陈太太回答说:"不需要了,我已有了割草工。"男孩又说:"我会帮您拔掉花丛中的杂草。"陈太太回答:"我的割草工也做了。"男孩又说:"我会帮您把草与走道的四周割齐。"陈太太说:"我请的那人也已做了,谢谢你,我不需要新的割草工人。"男孩便挂了电话,此时男孩的室友问他说:"你不是就在陈太太那割草打工吗?为什么还要打这电话?"男孩说:"我只是想知道我做得有多好!"

启示:这个小故事反映了质量管理的第一条原则,即"以顾客为关注焦点",只有不断地探询客户的评价,我们才有可能知道自己的长处与短处,然后扬长避短,改进自己的工作质量,牢牢抓住客户。这也是质量管理原则"持续改进"思想实际运用的一个例子。我们每一个员工是否也可以结合自己的岗位工作,做一些持续改进呢?这样所有的员工都可以做到让顾客满意。大多数时候做质量管理都是被动的,只是延续出现问题然后再去解决问题的模式,如果能够主动查找问题并解决问题才是完美的质量管理模式。这也正显示出了质量管理的精髓所在。(资料来源:孙久国.质量人工作手册:从华为质量工程师到海信质量副总的质量之路[M].青岛:中国海洋大学出版社,2019.)

2. 领导作用（Leadership）

领导是质量管理的关键,作为决策者,领导有责任确立本组织统一的质量宗旨及方向。领导应当创造并保持使员工能充分参与实现组织目标的内部环境。

领导的作用在于为组织的未来描绘清晰的愿景,确定组织的方针和目标,在组织内部建立价值共享的道德伦理观念,建立沟通和信任机制;为员工提供所需的资源、教育培训,并赋予其职责范围内的自主权,加强激励机制,为员工营造良好的内部环境和质量文化,使每个员工均能充分参与到实现组织目标的活动中。任何一个组织,如果领导不将质量放在中心位置来抓,这样的企业就不可能生产出高质量的产品,也就不可能让顾客满意。

思政聚焦——科学思维:【鲶鱼效应】"鲶鱼效应"又称为"头鱼理论"。德国动物学家霍斯特发现了一个有趣的现象:鲶鱼因个体弱小而常常群居,并以强健者为自然首领。将那只稍强的鲶鱼首领脑后控制行为的部分割除后,此鱼便失去自制力,行动也发生紊乱,但其他鲶鱼却仍像从前一样盲目追随。霍斯特据此点评:下属的悲剧总是领导一手造成的;下属觉得最没劲的事,是他们跟着一位最差劲的领导。

启示:成为行业的领导者的人,最需要的是勇气。如果具有一定程度上的换脑思维,以大胆、勇气去创新,尝试新的领域和业务,他就可能成为新的头鱼。(资料来源:百度文库.)

思政聚焦——质量故事:【降落伞的故事】这是一个发生在第二次世界大战中期,美国空军和降落伞制造商之间的真实故事。在当时,降落伞的安全度不够完美,即使经过厂商努力的改善,生产的降落伞的良品率已经达到了99.9%,应该说这个良品率即使现在许多企业也很难达到,但是美国空军却对此公司说"不",他们要求所交降落伞的合格率必须达到100%。后来,军方要求改变检查品质的方法,那就是从厂商前一周交货的降落伞中,随机挑出一个,让厂商负责人装备上身后,亲自从飞行中的机身跳下。这个方法实施后,不良率立刻变成零。

启示:日本经营之神松下幸之助有句名言:"对产品来说,不是100分就是0分。"任何产品只要存在一丝一毫的质量问题,都意味着失败。"零缺陷"是一种做事理念,只要方法得当是可以达到的。故事中对降落伞的质量改进,只改变了检查品质的方法,让生产厂商负责人装备上自己生产的降落伞进行跳伞的方式进行验证产品质量,合格率就从99.9%达到100%。我们是生产者,同时我们也是消费者。厂商负责人作为消费者试用产品又充分体现了质量管理原则中"领导作用"和"以顾客为关注焦点"的应用,为推动降落伞的质量改进起到了关键作用。(资料来源:孙久国.质量人工作手册:从华为质量工程师到海信质量副总的质量之路[M].青岛：中国海洋大学出版社,2019.)

3. 全员积极参与(Involvement of People)

全员积极参与是现代质量管理的核心理念之一。整个组织内各级胜任、经授权并积极参与的人员,是提高组织创造和提供价值能力的必要条件。各级人员都是组织之本,只有员工的充分参与,才能使他们的才干为组织带来收益。高质量的产品和优质的服务是组织内员工共同劳动的结果,组织的绩效是建立在每位员工绩效的基础之上的。

组织内的各级人员是组织的基础,也是各项活动的主体。只有各级人员的充分参与,才能让员工的才干为组织获益。因此,必须充分调动员工的积极性和创造性,赋予相应的权限和职责,根据员工承担的目标评价绩效,不断增强员工自身的能力、知识和经验,服务于组织的利益。

思政聚焦——科学思维:【华盛顿合作规律】华盛顿合作规律说的是：一个人敷衍了事,两个人互相推诿,三个人则永无成事之日。这个规律类似于中国"三个和尚没水喝"的故事。我们传统的管理理论中,对合作研究得并不多,最直观的反映就是,有些管理制度和行为都是致力于减少人力的无谓消耗,而非利用组织提高人的效能。换言之,不妨说管理的主要目的不是让每个人做到最好,而是避免内耗过多。21世纪将是一个合作的时代,值得庆幸的是,越来越多的人已经认识到真诚合作的重要性,正在努力学习合作。人与人的合作不是人力的简单相加,而是复杂和微妙的。在人与人的合作中,假定每一个人的能力都为1,那么10个人的合作结果有时比10大得多,有时甚至比1还要小。因为人不是静止的物,而更像方向不同的能量,相互推动时自然事半功倍,相互抵触时则一事无成。

启示：明确目标、精干组织、分工合理、沟通顺畅、有效激励。(资料来源：百度文库.)

思政聚焦——质量案例:【厦航——领导重视和全员参与是质量战略落地生根的关键】厦门航空能走出一条质量效益之路关键在于领导重视和全员参与。厦航领导班子有强烈的质量意识,科学制定发展战略,并使战略落实为专项计划、年度计划、关键任务及绩效指标。对于安全、经营、运行、服务等核心工作,厦航领导班子牵头成立跨部门的四大委员会,负责协调解决重点、难点问题。厦航全员参与质量管理。一是形成"全员为旅客服务"的大服务意识,做到领导为员工服务、机关为基层服务、上道工序为下道工序服务、后台为前台服务、地面为空中服务、全员为旅客服务。二是养成"一切要求形成制度、一切制度纳入手册、一切手册重

在落实"的职业习惯,全员上下学规章、懂规章、用规章。三是实现"顾客调查—趋势预判—服务预警—实时监控—动态改进"的闭环管理,建立"自我发现、自我评价、自我改进、自我完善"的全流程服务质量管理体系。2016 年,厦航荣获我国质量管理领域的最高荣誉——第二届中国质量奖。(资料来源:[1]《中国质量管理最佳实践集萃》编委会.中国质量管理最佳实践集萃[M].北京:中国标准出版社,2023.[2]厦航官网.)

4. 过程方法（Process Approach）

质量管理体系是由相互关联的过程所组成。任何将输入转化为输出的活动,都可以看作是过程。只有通过过程,才能实现价值的增值和转移。组织为了有效地运营,必须识别和管理相互关联的众多过程。系统地识别和管理组织所应用的过程,特别是这些过程之间相互作用的方法,称之为"过程方法"。

将活动作为相互关联、功能连贯的过程组成的体系来理解和管理时,可更加有效和高效地得到一致的、可预知的结果。这种方法使组织能够对体系的过程之间相互关联和相互依赖的关系进行有效控制,以提高组织整体绩效。

过程方法包括按照组织的质量方针战略方向,对各过程及其相互作用进行系统的规定和管理,从而实现预期结果。可通过采用 PDCA 循环以及始终基于风险的思维对过程和整个体系进行管理,旨在有效利用机遇并防止发生不良结果。图 4-2 反映了以过程为基础的质量管理体系模式,展示了 GJB 9001C—2017 中的过程联系。

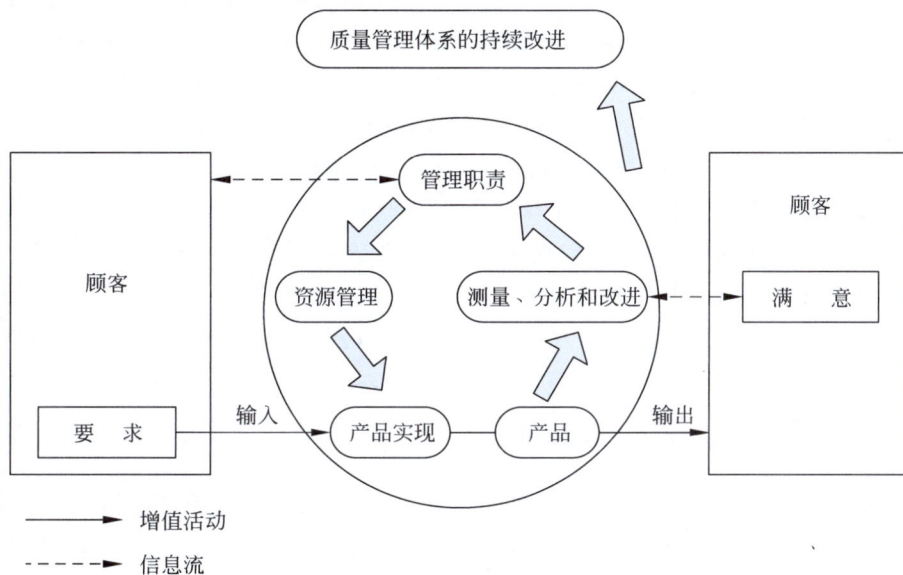

图 4-2　以过程为基础的质量管理体系模式

5. 改进(Improvement)

一个组织面对不断变化的环境,不进则退,只有坚持持续改进,才能不断进步。为了改进组织的整体绩效,组织必须持续不断地改进产品质量,改进质量管理体系和过程的有效性和效率,以满足顾客和其他利益相关方日益增长和不断变化的需求及期望。因此,持续改进总体绩效应当是组织的一个永恒的目标、永恒的追求、永恒的活动。

持续改进是一种管理的理念,是组织的价值观和行为准则,是一种持续满足顾客要求、增加效益、追求持续提高过程有效性和效率的活动。为了提高组织的绩效,组织应当运用PDCA循环方法,持续不断地改进产品、过程和体系。只有坚持持续改进,才能不断提高组织的管理水平,组织才能不断进步。

思政聚焦——他山之石:【波音飞机的质量改进】波音公司是世界上主要的民用和军用飞机生产厂家之一,也是世界上最大的航空制造公司。20世纪60年代公司的经营者思想松懈,认为自己的飞机质量一流,缺少竞争对手,就减少了对市场研究,质量问题随后出现,一些大客户甚至取消订单,导致公司的喷气式客机大量积压,资金周转不灵,亏损惨重。面对困境,公司从质量出发,要求员工牢固树立质量第一的观念,同时提高了质量验收标准,要求每个工厂、每个部门都要切实保证每个零部件以第一流的质量出厂。另外加大产品质量改进力度,不断开发新机型。1969年起连续几年,波音公司累计投入69亿美元用于超巨型747喷气客机的研制开发,这种飞机时速1000千米、可载客490人,载货量达1000吨,新产品一上市,便为波音夺得了航空客运市场的大部分份额。此后,波音公司再接再厉,针对20世纪70年代末石油危机引发的问题,投入30亿美元研究资金研制开发出了世界航空史上最经济、最省油、最安全、最易驾驶的波音757、波音767新机型,从而奠定了自己顶尖运输机生产者的地位。(资料来源:李晓男,顾海洋.质量管理与控制技术基础[M].北京:北京理工大学出版社,2017.)

6. 循证决策(Evidence-based Decisions)

组织的成功,首先在于正确的决策,如市场定位、产品方向、质量管理体系、过程、方法、程序和职责权限等都需要正确的决策。而正确的决策需要科学的方法,并以客观事实或正确的数据、信息为基础,再通过合乎逻辑的分析、判断才能得到。因此,有效决策是建立在数据和信息分析的基础上的。

基于数据和信息的分析和评价的决策,更有可能产生期望的结果。决策是一个复杂的过程,并且总是包含某些不确定性。为了实现基于事实的决策,应当重视数据信息的准确性、及时性和全面性,并借助其他辅助手段,如计算机辅助管理信息系统。为了确保获得对决策有用的信息,应充分调查,收集数据和信息;全面分析,确保数据和信息充分、精确、可靠;科学决策,在基于事实的基础上,权衡经验与直觉,做出决策并采取措施。

7. 关系管理(Relationships Management)

为了持续成功,组织需要管理与有关相关方(如供方)的关系。有关相关方影响组织的绩效。对供方及合作伙伴网络的关系管理是尤为重要的。组织与供方是相互依存、互利的关系。供方向组织提供的产品质量对组织向顾客提供的产品质量有着重要的影响,而且直接影响到组织对市场的快速应变能力。同时,组织依靠高质量的产品赢得更为广大的市场时,也为供方提供了更多产品的机会。因此,把供方、协作方、合作方都看作是组织经营战略同盟中的合作伙伴,可以优化成本和资源,形成竞争优势,有利于促进组织和供方共同获利。

任何一个组织都有其供方。随着社会的不断发展,专业化和协作化程度也不断提高,供应链也日益复杂。组织和供方建立良好的合作关系,能够及时反映对顾客需求的变化,从而增强组织和供方共同创造价值的能力,实现双赢的局面。

4.2　质量管理体系构建

质量管理体系建立与运行的指导思想总体上讲还是全面质量管理的思想,全面质量管理的原理和方法不仅适用于产品质量管理,也适用于广泛的对象,包括组织、过程等。

4.2.1　质量管理体系的基本要求

1. 质量管理体系的总要求

质量管理体系应符合以下五个方面的总要求。

(1)建立:符合标准所提出的各项要求。

(2)形成:质量管理体系应形成文件。

(3)实施:质量管理体系应加以实施。

(4)保持:质量管理体系应加以保持。

(5)改进:质量管理体系应持续改进其有效性。

组织应采用过程方法建立、实施质量管理体系,并改进其有效性,通过满足顾客要求,增强顾客满意度。具体内容包括:①确定质量管理体系所需要的过程以及在整个组织中的应用；②确定过程的顺序和相互作用；③确定为确保过程的有效运行和控制所需要的准则和方法；④确保获得必要的资源和信息，以支持过程的运行和对过程的监视；⑤监视、测量、分析过程；⑥实施必要措施，以实现对过程策划的结果和对过程的持续改进。

组织应按照过程 PDCA 循环方法管理过程。图 4-3 给出了过程管理的 PDCA 循环。

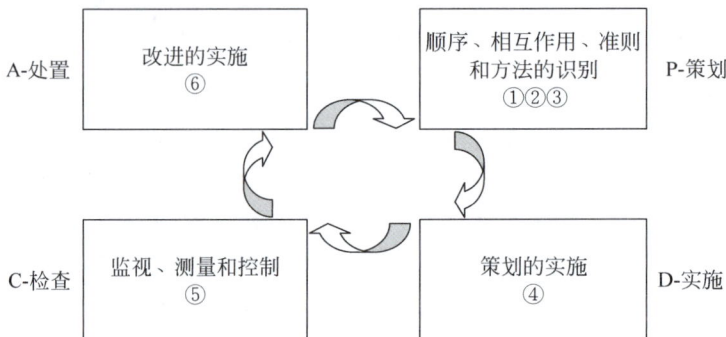

图 4-3 过程管理的 PDCA 循环

在质量管理体系中，也需要对外包过程进行识别和控制。所谓外包过程，是指为了质量管理体系的需要，由组织选择，并由外部方实施的过程。对外包过程控制的类型和程度的影响因素有外包过程对组织提供满足要求的产品能力的潜在影响、外包过程控制的分担程度、采购实现所需控制的能力等。

2. 质量管理体系的文件要求

组织应以灵活的方式将其质量管理体系形成文件，以适应组织所采用的质量目标，目的是制定最少量的文件，要求是一个"形成文件的质量管理体系"，而不是一个"文件体系"。

质量管理体系文件的多少与详略程度取决于组织的规模和活动类型、过程及其相互作用的复杂程度、组织的人员能力三项内容。

质量管理体系文件至少应包括下述五个层次的文件：

（1）形成文件的质量方针和质量目标。

（2）质量手册。

（3）标准要求的形成文件的程序。

（4）组织为确保过程的有效策划、运行和控制所需的文件。

（5）标准所需要的记录。

根据需要，质量管理体系还可以包括的文件有组织结构图、过程图/流程图、作业指导书、生产计划、质量计划、检验和试验计划、外来文件等。

3. 管理职责

最高管理者是指组织的最高指挥层和控制组织的一个人或一组人。在质量管理体

中,组织的最高管理者应履行以下九项职责:

(1) 管理承诺。最高管理者应做出如下承诺:①建立质量管理体系;②实施质量管理体系;③持续改进质量管理体系的有效性。

(2) 以顾客为关注焦点。作为组织的最高管理者,应带头履行以顾客为关注焦点的职责,通过确保顾客要求得到确定满足,来达到增强顾客满意度的目的。

(3) 正式发布质量方针。质量方针是指由组织的最高管理者正式发布的、该组织总的质量宗旨和方向。这就要求质量方针必须由最高管理者正式发布。

(4) 确保建立质量目标。质量目标是指在质量方面所追求的目的。质量目标制定的依据是质量方针,并确保在组织的相关职能和层次上规定质量目标。

(5) 确保质量管理体系的策划。最高管理者应确保对质量管理体系进行策划,以满足质量目标的要求;同时,还应满足质量管理体系的总要求。当对质量管理体系的变更进行策划和实施时,应保持质量管理体系的完整性。"完整性"的内容和范围应基于组织对其质量管理体系的要求。

(6) 明确组织的职责和权限。组织中所有从事影响产品质量工作的人员都应被赋予相应的职责和权限。最高管理者应明确规定组织的职责和权限,并确保这种职责和权限在组织内部得到沟通。

(7) 指定管理者代表。最高管理者应指定一名管理者作为管理者代表。管理者代表既可以是最高管理层的一员,也可以是其他管理层的一员。管理者代表能够对质量管理体系进行管理、监督、评价和协调,保证质量管理体系有效运行和得到改进。

(8) 确保内部沟通。最高管理者应确保在组织内建立一个适当的、有效的内部沟通过程,并确保这种沟通必须保证质量管理体系的有效性。可沟通的信息包括质量方针、目标、要求、完成情况等;沟通的方式包括质量会议、文件、简报、内部刊物、企业网站、布告栏等。信息的沟通有助于质量管理体系的有效运行和持续改进。

(9) 管理评审。管理评审是为确定实现质量管理体系规定的质量方针、质量目标的适宜性、充分性和有效性所进行的活动。最高管理者应按照策划的时间间隔进行管理评审,评审的内容既包括评价质量管理体系的改进机会和变更需要,也包括对质量方针和质量目标的评价。同时,也要保持对管理评审的记录。

4. 资源管理

质量管理体系基于过程。资源是过程中将输入转化为输出的前提和必要条件。组织应确保和提供足够的资源,以达到实施、保持质量管理体系并持续改进其有效性,以及通过满足顾客要求,增强顾客满意度之目的。基于质量管理体系的基本要求,资源至少应包括人力资源、基础设施和工作环境,还可包括信息、合作伙伴、自然资源等。

(1) 人力资源。质量管理体系要求所有从事影响产品符合性要求工作的人员应有能力胜任所在岗位的工作,这种能力基于适当的教育、培训、技能和经验。

组织应确定从事影响产品符合性要求工作的人员所需要的能力。当所要求的能力与现有的能力之间存在差距时,应提供培训或者其他措施以使人员获得所需的能力;在完成培训后规定的期间内,应对培训的结果和有效性进行评价(对采取的其他措施的有效性也应进行评价)。组织应确保所有员工认识到所从事活动的相关性和重要性,以及如何为实现质量目标做出贡献。与此同时,也应保持对教育、培训、技能和经验的适当记录。

(2)基础设施。基础设施是指组织为达到产品符合性所必需的设施、设备,包括建筑物、工作场所和相关的设施,过程设备(硬件、软件),支持性服务(如运输、通信或信息系统)。组织应确定、提供并维护基础设施。

(3)工作环境。工作环境是指工作时所处的条件,包括物理的、环境的和其他的因素。目的是营造为达到产品符合性要求所需的工作环境。组织应确定所需的环境要求,包括人的因素和物的因素,并对工作环境进行管理。

5. 产品实现

产品实现是指产品策划、形成直至交付的全过程,是直接影响产品质量的过程。产品实现所需的五大过程是与顾客有关的过程、设计与开发、采购、生产和服务提供、监视和测量设备的控制等。

(1)产品实现的策划。最高管理者的一项重要职责就是对质量管理体系的策划。策划的内容包括产品的质量目标和要求;针对产品确定过程、文件和资源的需求;实现产品所需要求的验证、确认、监视、检查和试验活动,以及产品接收准则;为实现过程及其产品满足要求提供证据所需的记录等。

(2)与顾客有关的过程。与顾客有关的过程包括确定与产品有关的要求、与产品有关要求的评审和顾客沟通三个子过程。

(3)设计与开发。设计与开发是指将要求转换为产品、过程或体系规定的特性或规范的一组过程。这里的设计与开发是针对产品而言的,它包括策划、输入、输出、评审、验证、确认、更改等过程。

(4)采购。采购包括对采购过程、采购信息、采购产品的验证三方面的要求。

(5)生产和服务提供。生产和服务提供包括生产和服务提供的控制、过程的确认、标志和可追溯性、顾客财产、产品防护、测量和监视装置的控制。组织应对生产和服务提供过程,包括对产品交付后的活动进行控制,以使生产和服务提供的过程在受控条件下进行。

(6)监视和测量设备的控制。监视和测量设备是指在产品实现过程中为产品符合规定的要求提供证据的设备。控制的目的是确保测量结果有效。

6. 测量、分析与改进

组织应对监视、测量、分析与改进过程进行策划和实施。其目的是证实与产品要求的符合性,确保质量体系的符合性和持续改进质量体系的有效性,还包括对统计技术在内的适用方法及其应用程度的确定。在测量、分析与改进中,其内容包括监视和测量、不合格品控制、数据分析和改进。

(1) 监视和测量。监视和测量的内容包括顾客满意的监视、内部审核、过程的监视和测量以及产品的监视和测量。

(2) 不合格品控制。组织应确保在产品实现全过程的各个阶段对产生的不合格品加以识别和控制,以防止不合格品非预期地交付或使用。

(3) 数据分析。组织应确定、收集来自各方面的数据并对其进行分析。目的是证实质量管理体系的适宜性和有效性,以及评价在何处可以持续改进质量管理体系的有效性。数据分析提供的信息至少应包括顾客满意度、与产品要求的符合性、过程和产品的特性及趋势、采取预防措施的机会、供方等。

(4) 改进。改进包括持续改进、纠正措施和预防措施三方面的内容。持续改进是组织的最高管理者在质量方针中所做出的承诺,目的是持续改进质量管理体系的有效性;纠正措施是指为消除已发现的不合格品或其他不期望情况的原因所采取的措施;预防措施是指为消除潜在不合格或其他潜在不期望情况的原因所采取的措施。

7. 武器装备特殊要求分析

构建武器装备质量管理体系的组织,应在理解组织的环境方面重点关注。

(1) 承制资格。应关注武器装备承制单位资格审查制度的发展情况,如资格审核与体系审核两证合一改革后,从法规层面,对不同组织的资质要求有所变化,对取得承制资质的途径和资质保持有新的规定等。根据组织的产品,对需要的其他资质方面也要有所考虑,如是否要建立软件工程化过程,通过 GJB 5000 等级认证;是否要进行环境管理体系认证、职业健康安全管理体系认证等。

(2) 法规建设。应关注有关武器装备建设方面的法规变化情况,如 2015 年出台的《关于加强装备质量工作的若干措施要求》《装备质量责任追究暂行办法》《装备质量综合激励暂行办法》《关于全面实施装备质量综合提升工程的决定》等。

(3) 标准。为适应装备建设发展的需求,新的国家军用标准陆续出台,应识别哪些标准要求适用于组织;应关注标准的版本变化,涉及的相关标准是否还有效,是否已经被修订或废止等;关注组织引用标准的覆盖性问题,组织是否已经获得应该引用的标准,是否还涉及相关其他行业性标准等。

(4) 使用需求。应关注武器装备建设的最新动态,开发新型装备或产品时,应详细了解装备的功能性能指标要求、通用质量特性要求等。

(5) 保障条件。应关注武器装备的使用要求,对装备所需的保障性条件需求和要求,应进行系统的了解和掌握,确保交付装备能够满足使用需求;应关注装备交付后的使用情况,掌握保障条件的变化情况,并及时做出调整。

温馨提示:组织在策划构建和换版武器装备质量管理体系时,对组织及其环境的综合分析通常应该形成分析报告,作为策划体系构建、换版和变更的输入;武器装备质量管理体系运行后,应对组织及其环境进行监视、评价,并将监视、评价结果作为管理评审的输入。

4.2.2 质量管理体系的建立过程

建立质量管理体系,在具体操作上一般要经历策划与设计、总体设计、体系建立、体系文件编制、体系实施和运行等几个阶段,如图 4-4 所示。

1. 质量管理体系的策划与设计

质量管理体系策划是质量策划的重要组成部分,是对组织建立并完善质量管理体系的全面、系统的策划和构思,是质量管理体系总体设计以及最终形成文件化的质量管理体系并予以实施的前提。只有通过精心策划,才能建立有效的质量管理体系,最终实现质量目标。质量管理体系策划的内容包括四个方面:教育培训,统一认识;落实贯标机构,配置资源;组织落实,确立职责;拟定工作与计划。

2. 质量管理体系的总体设计阶段

质量管理体系的总体设计是指对质量管理体系的统筹策划、系统分析和系统设计的过程,即从组织的质量方针、质量目标和满足顾客的需求等质量管理总体要求出发,对质量管理体系的总体结构、要素选择、过程网络、质量活动内容、质量职责,以及各过程的联系和协调方法等,进行整体设计和计划。在此基础上,对组成体系的过程和质量活动作出规定,并以文件形式进行阐述,形成各项质量控制程序文件大纲;最后再从总体目标和功能的综合性方面作出评价和协调的一套系统工作过程,搞好了总体设计,有利于提高质量管理体系的系统性和协调性,保证实施的有效性。

3. 质量管理体系的建立阶段

质量管理体系的建立包括建立体系组织结构、规定质量责任和权限、配置质量管理体系所需基本资源三个阶段。

4. 质量管理体系文件编制阶段

质量管理体系文件是对质量管理体系的具体描述,是组织质量管理体系策划的结果。通过质量管理体系文件,可以理顺组织内部关系、明确各部门的职责和权限,使各项活动能够有效地开展和实施。另外,质量管理体系文件可以在组织内部沟通意图、统一行动,以利于质量管理体系的实施和开展,所以,编制质量管理体系文件,是建立质量管理体系的一项重要工作。

温馨提示:需要注意的是,不同的单位有不同的产品、规模、结构等实际情况,因而质量

```
                    ┌──────────────┐        ┌─────────────────────┐
                    │              │────────│   教育培训，统一认识   │
                    │ 质量管理体    │        └─────────────────────┘
                    │ 系的策划与    │────────│   落实机构配备资源     │
                    │ 设计阶段      │        └─────────────────────┘
                    │              │────────│   组织落实，确立职责   │
                    └──────────────┘        └─────────────────────┘
                                    │────────│   制定工作计划         │
                                             └─────────────────────┘
                    ┌──────────────┐        ┌─────────────────────┐
     ┌──────────┐   │              │────────│ 制定质量方针和质量目标 │
     │          │   │ 质量管理体    │        └─────────────────────┘
     │ 质量管理  │   │ 系的总体设    │────────│   选择质量体系类型     │
     │ 系的建立  │───│ 计阶段        │        └─────────────────────┘
     │          │   │              │────────│ 对现有质量体系调整分析 │
     └──────────┘   └──────────────┘        └─────────────────────┘
                    ┌──────────────┐        ┌─────────────────────┐
                    │              │────────│ 建立体系组织结构的原则 │
                    │ 质量管理体    │        └─────────────────────┘
                    │ 系建立阶段    │────────│   体系组织结构形式     │
                    │              │        └─────────────────────┘
                    │              │────────│   规定质量责任和权限   │
                    └──────────────┘        └─────────────────────┘
                                    │────────│配备质量管理体系所需基本资源│
                                             └─────────────────────┘
                    ┌──────────────┐        ┌─────────────────────┐
                    │ 质量管理体    │────────│   质量手册的编制       │
                    │ 系文件编制    │        └─────────────────────┘
                    │ 阶段          │────────│   程序文件的编制       │
                    └──────────────┘        └─────────────────────┘
                    ┌──────────────┐        ┌─────────────────────┐
                    │              │────────│ 质量管理体系文件的培训 │
                    │              │        └─────────────────────┘
                    │ 质量管理体    │────────│ 质量管理体系实施的检查 │
                    │ 系实施和运    │        └─────────────────────┘
                    │ 行阶段        │────────│ 质量管理体系的内部审核 │
                    │              │        └─────────────────────┘
                    │              │────────│ 质量管理体系的管理评审 │
                    │              │        └─────────────────────┘
                    └──────────────┘────────│ 质量管理体系的符合性评审│
                                             └─────────────────────┘
```

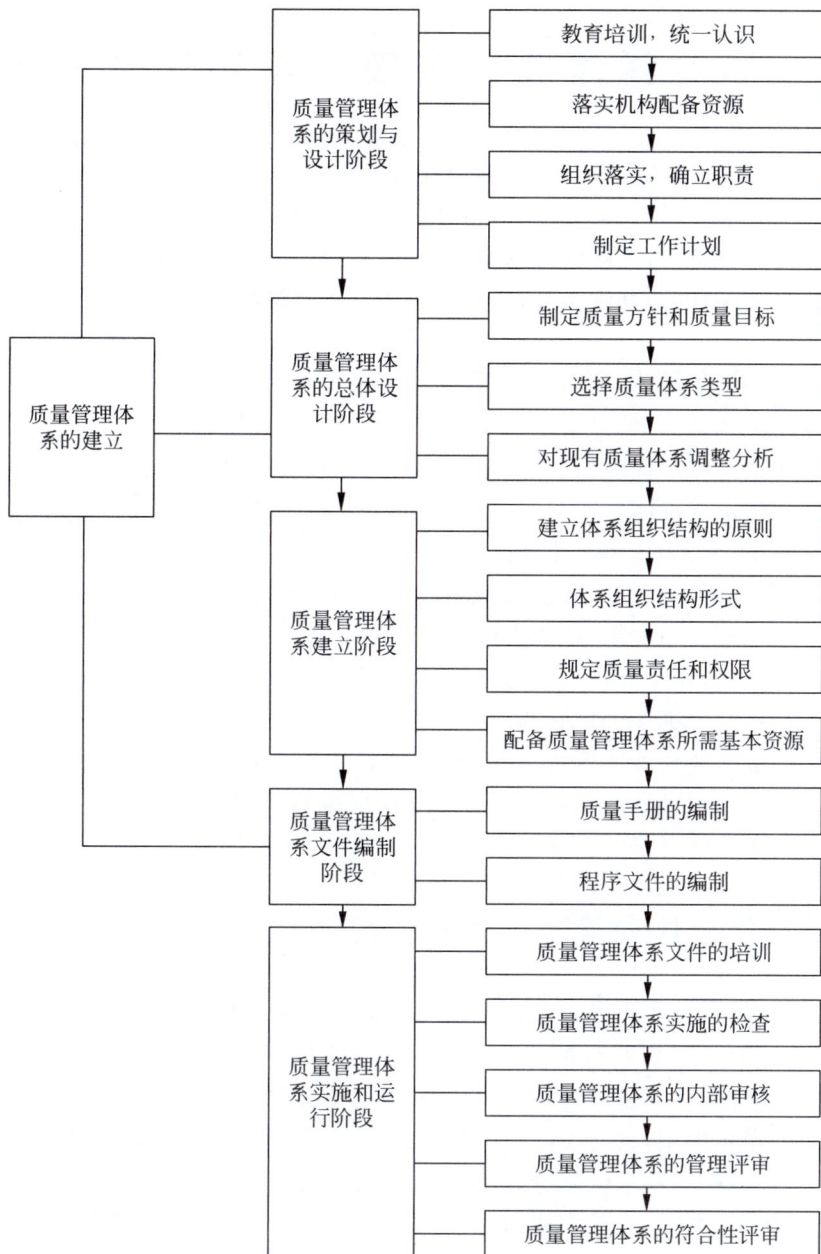

图 4-4　质量管理体系建立过程

管理体系的结构是不同的。例如,某装备试验机构所提供的产品是服务,如果按照国家军用标准 GJB 9001C—2017《质量管理体系要求》建立质量体系,需要根据本单位的实际情况,以及试验过程和试验结果等,对质量管理体系要求的标准进行剪裁。

4.3　航空维修质量管理体系的构建与运行

　　航空装备的发展以及维修环境的剧烈变化,导致了航空维修质量形成过程影响因素的复杂化。在未来战争中,航空装备将首当其冲、全程使用,高强度、快速机动是其基本特征。为保证航空装备大规模、高强度的持续作战能力,航空维修将面临严峻考验。面对诸多不确定因素,要保证优良的航空维修质量,必须建立和不断完善航空维修质量管理体系。

4.3.1　航空维修质量管理体系的地位作用

　　质量管理体系是质量管理的核心,是组织机构、职责、权限、程序之类的管理能力和管理资源的综合体。质量管理体系又是质量管理的载体,是为实施质量管理而建立和运行的。航空维修保障作为一种社会生产活动,与企业所进行的一般物质生产有着广泛的相似性。因此,要保证航空维修质量,确保航空装备的使用可靠,就需要建立相应的质量管理体系来支持。航空维修质量管理体系,是指为保证航空装备满足作战训练所规定的要求或潜在要求,由组织机构、职责、程序、活动、能力和资源等构成的有机整体。

　　保证最大数量的飞机处于良好的战备状态,提高飞机的出勤率和任务成功率,是航空维修质量管理的一个重要目标。因此,建立航空维修质量管理体系,就是通过制定措施和程序,从根本上控制影响维修质量的诸因素,切实保证维修质量,力求以最经济的资源消耗保证最大数量的飞机处于良好的技术状态,确保作战训练任务的遂行。

4.3.2　航空维修质量管理体系的结构模型

　　质量管理体系,是指在质量方面指挥和控制组织的管理体系。这里讲的维修质量管理体系,主要侧重于航空维修一线的质量管理体系,即机务大队一级的维修质量管理体系。《航空装备科学维修导论》(张凤鸣,2006)一书,结合航空维修质量管理实际,运用系统工程理论与方法中的霍尔模型,构建了航空维修质量管理体系的三维模型。

　　霍尔按照时空观念,将系统划分为由逻辑维、时间维和知识维构成的三维模型。在航空维修工作质量管理体系中,定检大修、日常维护、排故修理、有寿机件更换报废、换季工作等航空维修工作内容具有时间顺序关系,类似于霍尔模型中的时间维;装备使用状态监控、通电试车检查及试飞检验、维修信息分析反馈、实施单机质量整顿、落实技术通报采取防范措施、持续质量改进等维修工作,是保证航空维修质量持续改进的技术和活动,类似于霍尔模型中的逻辑维;维修组织、工作程序及标准、维修资源与环境(人力资源、信息资源、自然资源、财务资源、基础设施、设备和工作环境等)、维修管理(考核、分析研究、培训人员、完善制度等),是利用有关管理理论来分析和探讨如何保证航空维修保障工作顺利实施的技术和活动,类似于霍尔模型中的知识维。借鉴霍尔模型,将航空维修质量管理体系的相关过程,按其各自的作用关系划分为维修工作过程维、维修工作策划维和维修质量改进维,构成了维修工作质量管理体系的三维结构模型,如图 4-5 所示。

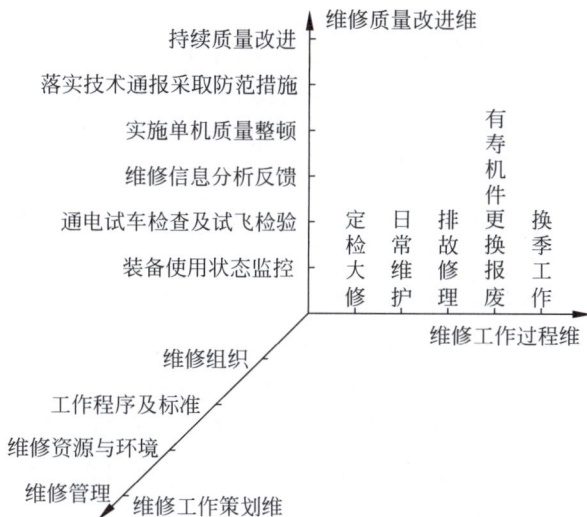

图 4-5　航空维修质量管理体系三维结构模型

维修工作过程维和维修工作策划维构成的相互关联、相互作用的平面网状结构,通过维修质量改进维的装备使用状态监控、通电试车检查及试飞检验、维修信息分析反馈、实施单机质量整顿、落实技术通报采取防范措施、持续质量改进等技术和活动的作用,不断提高和改进该"平面网络"上每一结点的质量。同时,维修工作过程维和维修质量改进维构成的相互关联、相互作用的平面网状结构也通过维修工作策划维的作用来保证和提高这一"平面网络"上每一结点的质量,进而达到整体质量水平的提高,使航空维修质量管理体系逐步完善。

4.3.3　航空维修质量管理体系的组成

根据全面维修质量管理的原理和要求,一个组织的维修质量管理体系必须体现"全员""全过程""全方位"和"综合性"等特点,所以航空维修质量管理体系一般包括思想质量体系、组织质量体系和维修工作质量体系。

(1) 思想质量体系。是指研究部队的政治思想教育工作,制定相应完善细致的政治思想工作制度和措施,不断激励全体维修人员,特别是各级领导的质量意识,更新质量观念,牢固树立"质量第一、人人有责"的观念,认真地做好各阶段、各环节和各部门的质量管理工作;深刻领会"质量是战斗力"的思想,牢固树立"对战斗胜利负责、对飞行员安全负责、对国家财产负责"的高度政治责任心和使命感,自觉地履行各自的质量职责,牢固树立为飞行人员服务、为完成训练服务的思想,提高维修工作质量,争当优秀机务工作者、争创优质机务大队。

通过加强对质量管理重要性的认识,进一步激发广大航空维修保障人员参与质量建设的使命感、责任感,自觉地搞好航空维修质量建设,把航空维修质量管理推进到新的发展阶段。

(2)组织质量体系。是指维修单位中担负质量管理工作的组织系统和与维修实施全过程有关的组织机构体系。前者一般指质量管理综合性管理机构,主要负责和做好与维修工作有关的各部门的组织、协调、督促和检查工作,使这些部门的质量职能发挥得更好。

(3)维修工作质量体系。航空维修是一项技术性强、牵涉面广的综合性活动,能否保证航空装备的使用质量,不但使用部门和维修人员有责任,而且与航空装备系统内外的其他相关部门也密切相关。

综上所述,在贯彻 ISO 9000 系列标准、依据全面质量管理理念完善维修工作质量管理体系时,应首先制定正确的质量方针和适宜的质量目标,并在此指导下进行维修工作质量管理体系策划,结合航空维修的具体实践,确定维修工作过程、维修工作策划过程和维修质量改进过程,构建相应的维修质量管理体系结构模型,并将结构模型中的相关内容通过完善的质量管理体系文件进行描述和规定,借助于质量管理体系文件的运行控制来保证质量管理体系有效运行,以持续改进质量。

维修工作质量管理体系的建立,在于将质量工作向纵深方向推进。如机种不同、机型不同,则质量工作的要求不同,都要做出具体的补充规定;战时维修工作的特点,要在质量管理体系中体现出来,不能千篇一律用日常维修工作的要求来代替战时的要求;飞机处于应急状态下的维修要求,也应分状态做出维修工作应急处理程序的规定,并加以演练,不能等到出现紧急情况时才凑合对付。

4.3.4　航空维修质量管理体系的运行

维修质量管理体系建立以后,应积极创造条件,在实际维修保障活动中推广运用,发现问题要及时解决,不断改进完善。在维修质量形成过程中影响维修质量的因素很多,任何一个因素都会对维修质量产生或大或小的作用。为保持航空维修的高效,必须建立维修质量管理体系,对影响质量的各项因素进行控制,以减少、消除和预防质量问题。航空维修质量管理体系应达到四个基本要求:质量管理体系能够被组织成员所理解、实施、保持并行之有效;维修质量确实能满足用户的需要;综合考虑社会、环境等方面的需要;质量管理体系应以预防为主,而不仅仅依靠事后检查、检验。

航空维修质量管理体系虽然组织千差万别,各不相同,但其运行原理是一致的,图 4-6 是质量管理体系运行的原理框图,描述了质量管理体系运行的基本准则。

(1)分析质量环。根据航空维修的特点,分析维修质量形成过程,从中找出影响维修质

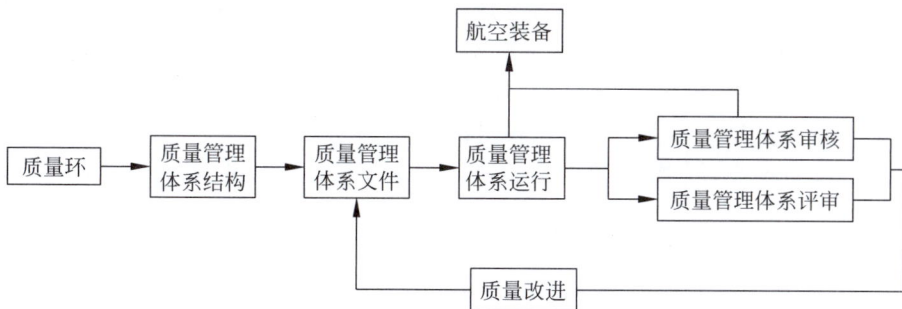

图 4-6　航空维修质量管理体系运行示意图

量的环节或阶段,并确定每个阶段的质量职能。

(2) 研究确定质量管理体系的具体结构。根据对质量环的研究结果,再研究和确定航空维修质量管理体系的具体结构,确定质量管理体系的具体要素及对每项要素进行控制的要求和措施,为产生符合质量要求的维修提供必要的设备和人员。

(3) 形成质量管理体系文件。根据对质量管理体系结构研究的结果,形成正式的文件,即质量管理体系文件,它是维修组织的管理法规,有关部门和人员必须执行。

(4) 贯彻质量管理体系文件。在建立质量管理体系文件后,维修组织内所有与质量有关的人员要学习体系文件,使他们在各自的岗位上自觉地执行体系文件中的有关规定。通过质量管理体系文件的贯彻实施,使影响维修质量的各个因素始终处于正常的受控状态下,因而能够保证质量持续稳定,有效预防质量问题的发生,一旦产生质量问题,能及时发现并采取纠正措施。

(5) 进行质量管理体系审核。质量管理体系文件再好,如不认真执行,也只是一纸空文,不能起到控制的作用。建立质量管理体系既要求"有法可依",即制定体系文件,又要求"执法必严",即坚决执行。质量管理体系审核是指由与被审核领域无直接责任的人员检查各有关部门和人员对体系文件的贯彻执行情况,对不认真的要严肃处理。通过不断进行质量管理体系审核,加强全体组织成员对质量管理体系文件的法治观念。

(6) 定期进行质量管理体系评审。一般而言,质量管理体系应具有相对稳定性,但由于环境的动态变化,当现行的质量管理体系不适应新的环境时,就应调整、改进原来的质量管理体系,以适应环境变化。另外,质量管理体系文件中的各项规定,通过实践检验,往往会发现一些不当之处,或者由于条件的变化需要体系文件作必要的修改和补充。质量管理体系评审是由最高管理者就质量方针和因情况变化而制定的新目标对质量管理体系的现状与适应性所作的正式评价。

(7) 质量改进。在实施质量管理体系时,维修组织的领导应确保质量管理体系能促进持续的质量改进。实现持续的质量改进应是维修组织对全部职能实施管理所追求的永恒目标,同时也是各级各类人员追求的永恒目标。

温馨提示：上述七项活动，相互关联、相互作用，形成质量管理体系的运行机制。就维修质量而言，能否满足规定要求，关键在于采取有效措施使影响维修质量的各种因素处于受控状态。根据 ISO 9000 国际标准实施的质量管理是通过执行程序文件来实现控制的，这就意味着质量管理体系原理的中心环节是质量管理体系文件的制定和贯彻执行，其他活动都是围绕这一中心而展开的。分析质量环和研究质量管理体系结构是为制定质量管理体系文件而进行的调查研究和准备，质量管理体系审核和评审是为执行体系文件和保护体系文件的现行有效性所进行的必要活动。

思考与讨论题

1. 简述 ISO 9000 质量管理体系标准的基本概念。

2. 简述 ISO 9000 质量管理体系标准的产生和发展历程。

3. 简述 ISO 9000 族标准的内容构成和主要特点。

4. 简述 GJB 9001C—2017 装备质量管理体系标准主要内容。

5. 简述 GJB 9001C—2017 相较于 GJB 9001B—2009 的主要变化。

6. 简述质量管理的七项原则。

7. 你同意质量管理原则的排序吗？请进行讨论。

8. 为什么质量管理原则的第一条是"以顾客为关注焦点"？有何实际意义？

9. 谈谈你对质量管理原则"全员积极参与"的理解。

10. 简述质量管理原则"改进"的重要性。

11. 质量管理体系与航空维修质量管理体系之间的关系是什么？

12. 简述质量管理体系的基本要求和建立过程。

13. 简述航空维修质量管理体系的地位作用。

14. 简述航空维修质量管理体系的三维结构模型有哪些特点？

15. 简述航空维修质量管理体系的组成。

16. 航空维修质量管理体系的运行包含哪些主要环节？

17. 查阅文献资料，收集开展质量管理体系建设的典型案例，并讨论其经验做法。

聚天下之精财，论百工之锐器；

春秋角试，以练精锐为右；

成器不课不用，不试不藏。

——《管子·七法》

管 子①

第 5 章　航空维修质量管理方法

📖 知识目标

◆ 理解航空维修质量控制的基本概念和基本原理。
◆ 掌握航空维修质量控制的主要内容。
◆ 理解航空维修质量检验的含义、分类和地位作用。
◆ 掌握航空维修一线质量检验工作的形式、环节和应遵循的原则。

🔧 能力目标

◆ 初步掌握开展航空维修质量控制工作的能力。
◆ 初步掌握开展航空维修质量检验工作的能力。

🎓 思政育人目标

◆ 树立"质量控制"和"质量检验"思想，培养精益求精和追求卓越的科学精神和质量品质，养成"爱岗敬业、诚信务实、严谨规范、认真负责"的工作作风。

---

① 管子（？—公元前645）　春秋初期著名政治家。名夷吾，字仲，亦称"敬仲"。由鲍叔牙推荐，被齐桓公任命为卿，尊称"仲父"。助齐桓公以"尊王攘夷"相号召，成为春秋时第一个霸主。《管子》是战国时齐稷下学者托名管仲所作，是"管子学派"的著作汇编。其中也有汉代附益部分。内容庞杂，包含有道、名、法等家的思想以及天文、历数、舆地、经济和农业等知识。

✧ 深刻领会"质量是战斗力"的思想,弘扬"三负责"的机务工作精神。

✧ 学习先进质量管理案例,激发报国强军的家国情怀和使命担当。

质量管理工作最基础性的方法就是实施质量控制与质量检验。本章主要根据航空维修保障工作的实际,介绍航空维修质量控制和质量检验。

5.1 航空维修质量控制

航空装备是极其复杂的技术装备,是现代科技成果的集合体,需要航空装备保障系统方方面面的积极配合、航空维修保障一线人员认真负责的工作,才能保证航空装备战斗训练的实用性要求。随着航空装备的跨越式发展,新技术不断引入装备系统中,航空维修的深度和广度不断加大,航空维修质量控制工作的难度不断增加,随着在役飞机逐渐老旧、新机陆续装备部队,这种趋势将更加凸显。

5.1.1 航空维修质量控制的基本概念

质量控制是一门专有的质量管理科学,也可以看成是一种质量管理技术,了解和掌握质量控制科学的基本概念对如何搞好航空维修质量控制工作具有实际意义。

1. 质量控制

质量控制(Quality Control)在不同的历史时期,不同的认识角度,不同的应用领域,其含义有所差异,有代表性的定义有以下几种。

(1) 美国质量管理协会的定义:质量控制就是质量管理部门根据概率论和数理统计科学的原理来保证产品质量达到所要求质量水平的一个现代决策工具。该定义强调用概率论和数理统计的原理来保证产品的质量,这是质量管理尚处于统计质量管理阶段的定义。尽管这一定义是质量控制最早期的、最原始的,但它首次赋予了质量控制的科学内涵,由概率论和数理统计原理开拓出的一系列质量管理用控制图,至今仍然是质量管理的有效工具。

(2) 朱兰的定义:测量实际的质量特性,把这种特性与标准进行比较并对它们之间存在的差异采取行动的过程。朱兰的定义比较符合全面质量管理的观点,因为它强调了实际质量特性,因而是多方位的质量特性。但是在文字表述上,该定义只注重了实际质量特性与质量标准之间的差异,强调用质量标准来控制质量,比单纯的统计质量控制前进了一大步,却没有充分表述出质量的适用性内涵,仍停留在质量的符合性特性上。此外,无论产品、过程或服务,在其质量形成之前,其质量特性是无法测量的;在质量形成以后,虽然可以测量实际质量并把它同质量标准进行比较,找出存在的差异,并对影响质量的因素采取控制措施,但这已是事后的行为,对已形成的质量则无能为力了。因此,质量控制的这种符合性定义,只能一定程度上满足质量标准的符合性要求,不能完全满足质量适用性的质量控制要求。

(3) 我国国家标准的定义:为保持某一产品、过程或服务满足规定的质量要求所采取的作业技术和活动。我国国家标准对质量控制的定义,不单以产品质量为控制对象,而是泛指产品、过程或服务的质量,也没有限定控制的实施方法,可以把一切有效的作业技术和活动都包括在内,因此,我国国家标准关于质量控制的定义,不只包括在产品、过程或服务的质量形成后根据测量的实际质量特性与标准之间的差异采取行动,而且包括在质量形成以前根据预测的质量特性可能偏离标准的情况预先采取行动,这一点较前两个定义进了一大步。

2. 航空维修质量控制

根据质量控制的国家标准定义,可以把航空维修质量控制(Quality Control of Aviation Maintenance)的意义理解为:为保持航空维修工作的质量满足航空兵对飞机战斗与训练规定的使用要求所采取的一切作业技术和管理活动。按照这一定义的理解,广义的质量控制内容主要包括质量计划、质量监控、质量检验、维修现场质量控制和维修信息控制等。

5.1.2　航空维修质量控制的基本原理

航空维修质量控制与一般产品的质量控制在原理上是相同的,因此可以借鉴一般的控制原理来改善航空维修质量控制工作,使质量控制的具体形式能反映维修质量控制的特点和需要。

1. 反馈控制原理

将系统的输出反馈回系统,通过比较输出与系统标准输出间的偏离情况,来调节系统的输入,以达到控制输出的目的。在航空维修质量管理工作中,大量采用反馈控制原理来控制维修工作质量,如规定的各种报告、报表制度,一线维修工作卡片登记归零管理制度等。

思政聚焦——质量强国:【"双归零"质量管理——反馈控制原理的典型应用】 航天科技集团根据国际先进质量管理理念,遵循 PDCA 闭环管理原则,提出的"双归零"质量管理模式是中国特色质量管理方法的杰出代表,也是反馈控制原理的典型应用。"双归零"质量管理模式将出现的质量问题反馈,通过技术上的分析和管理上的改进,达到了系统防御的目的;归零方法已被制定成标准,并明确了实

施细则。质量问题归零实现了信息的共享和举一反三;质量问题归零是积累经验、不断提升技术和管理能力的过程;质量问题"双归零"的实施,形成了持续改进的质量文化。2013年,航天科技集团凭借基于质量问题的"双归零"系统管理方法荣获我国质量管理领域的最高荣誉——首届中国质量奖。(资料来源:[1]《中国质量管理最佳实践集萃》编委会.中国质量管理最佳实践集萃[M].北京:中国标准出版社,2023.[2]中国航天网.)

2. 预测控制原理

依据事前预测出的系统输出可能偏离标准的情况来预先调节系统的输入,以达到控制的目的。航空维修质量控制中,安排飞行日的机务工作计划时,可采用预测控制原理。例如,根据飞机的质量状况和飞行任务的要求,安排好飞机的使用计划并决定每架飞机应做的机务工作,安排好备用飞机;根据飞机的质量状况,把飞机划分为可用、控制使用、停用等;根据飞行任务的特殊要求,追加特定的机务工作项目和检查内容等。

思政聚焦——科学精神:【事先控制,预防废品】 1926年,休哈特提出"事先控制,预防废品"的质量管理新思路,并应用概率论和数理统计理论,发明了具有可操作性的"质量控制图",对生产过程进行管理。该理论又称为统计过程控制(SPC),但没有得到普及和重视。随着第二次世界大战的进行,美国国防部聘请休哈特进行质量问题的研究,并开始采用休哈特的方法。战后,大量的制造业企业开始采用休哈特控制图,该理论迅速得到普及。在休哈特研究统计过程控制时,其同事道奇和罗米格也在研究数理统计的应用,但主要研究目标是如何对产品进行抽样检查,即统计抽样程序。休哈特在得到美国国防部聘书后即连同道奇和罗米格制定了一套通行的质量控制体系,并被美军强制推行。

3. 自适应控制原理

控制必须自动适应环境的变化。当环境条件变化时,系统能自动地改变自身的结构和参数。对航空维修系统而言,环境条件主要表现在上级战略方针和战术、战训任务的变化,飞机型号和数量的变化,装备技术条件的变化,以及随时代发展航空维修系统内人员思想、文化水平、业务素质、奉献精神和事业心的变化等。所有这一切,都要求维修保障系统能自动适应其变化,调节各种内外因素及相互关系,积极做好航空维修领域的各项工作。

5.1.3 航空维修质量控制的主要内容

依据航空维修质量控制相关法规要求,航空维修质量控制的主要内容包括航空装备技术状态控制和航空维修工作质量控制,如表5-1所列。此外,航空维修质量控制还包括对航空机务人员能力水平的有关控制、航空维修信息控制等。

表 5-1　航空装备控制工作主要内容

序　号	类　别	名　称
1	航空装备技术状态控制	飞机可用状态控制
2		飞机完好状态控制
3		飞机特殊使用限制控制
4		特殊机载设备控制
5		油封保管飞机控制
6	航空维修工作质量控制	定期检修工作控制
7		周期工作控制
8		有寿机件更换控制
9		技术通报落实控制
10		串换件工作控制
11		维修日工作控制

1. 航空装备技术状态控制

航空装备技术状态控制的目的是确保飞机能够满足战训任务要求,主要控制以下几个方面。

(1)飞机可用状态控制。按照航空装备全系统全寿命管理要求,新研制的飞机经过论证、设计、制造生产、试验试飞等阶段工作后,必须经过定型(鉴定)、验收,其技术战术性能、通用质量特性等符合研制总要求,并且具有使用与维修所必需的技术文件和配套保障装备,方可正式装备部队使用。

(2)飞机完好状态控制。只有处于完好状态并且完成机务准备的飞机才能够参加作战和飞行训练任务,因此飞机完好状态是航空兵部队战斗力的重要体现,是部队遂行作战训练任务的基础,是航空装备维修保障系统质量最集中的表现。航空维修系统必须千方百计地使飞机最大限度地处于完好状态,对飞机完好率实施监控,使各型飞机的完好率不低于规定的完好率要求。完好飞机的标准主要包括三个方面:一是未到大修时限,有剩余使用时间;二是完成规定的定期检修和周期性工作;三是排除全部故障,技术状态符合标准。飞机完好与否,需要广大航空维修人员在日常维修工作中,时刻对飞机质量状况进行控制。为此,航空维修人员要认真听取飞行员使用意见,不放过任何一个飞机质量问题的疑点,做到不弄清疑点、不排除故障不放飞。还要加强对飞机的检查,特别是对隐蔽部位的检查。为了做好质量控制工作,不漏掉任何一个应控制的项目,飞机质量状况检查工作要按规定的检查程序、路线进行。同时机务人员应积极采取措施,控制飞机停飞架日、做好停放保管飞机的维护保养工作、严格控制飞机串(换)件,保证飞机按比例始终处于完好状态,满足战训需求。

(3)飞机特殊使用限制控制。飞机的特殊使用限制,是指飞机因制造质量、翻修质量、事故修理或改装影响了结构强度等,而对飞机的飞行课目、飞行载荷、飞行表速、飞行 M 数、飞行高度、机上装载量、使用寿命大修时限等做出的特殊使用限制。飞机的限制使用,是基于对飞机质量状况控制的结果,针对存在的质量缺陷问题而采取控制使用的措施,目的仍然是要满足飞机的适用性,以保证维修质量,差别仅是降低飞机使用的条件。飞机的特殊使用限制控制方法是:掌握有特殊使用限制飞机的号码、原因及限制的飞行条件;监视有特殊使用限制飞机的飞行任务、坚决制止超寿使用。

（4）特殊机载设备控制。特殊机载设备,是指少数飞机上装载有与同型飞机不同的设备或为执行特殊任务而加装的特殊设备,简言之,就是同型号的飞机因特殊原因装载了不同用途的设备。特殊机载设备的控制方法是:掌握有特殊装备的飞机号码,特殊装备名称、型号、数量;加强特殊装备的维护保养工作,对状况定期进行检查,使之经常处于完好状况。

（5）油封保管飞机控制。飞机由于特殊原因长时间不能参加飞行训练,预计中断使用时间超过 3 个月时,通常应当油封保管,并由固定的地勤组或专业人员负责维护保养,而且其发动机要按规程规定的时限启封、运转和重新油封,而且应当按照维护规程规定的时限启封试车,完成定检等工作,经组织特定检查后,进行试飞。如果继续停放保管,应当重新油封。机务大队每月应对油封保管飞机的维护状况进行一次检查。

2. 航空维修工作质量控制

航空维修工作质量控制的目的是确保所有维修保障工作都能够在规定的时限内完成并符合技术法规要求,主要控制以下几个方面。

（1）定期检修工作控制。飞机、发动机以及机载设备的定期检修工作时限通常可分为下列类型:按飞行时间、起落次数、发动机循环次数、机件工作次数和日历时间计算的检修。定期检修工作时限项目由机务大队质控中心进行控制并下达相应的定期检修指令卡片,修理厂或机务中队负责在规定的时间内组织落实,质控中心收回指令卡片并核查落实情况和履历本填写是否符合要求。

（2）周期工作控制。飞机、发动机的周期性工作是指单项机载设备、机件使用到一定飞行小时、起落次数和日历时限时所进行的预防性维修工作。周期性工作是依据飞机维护规程（维修大纲）所要求的具体时限和内容进行的,周期性工作的控制分别由机务大队质控中心和机组（专业组）负责,由机组实施。

（3）有寿机件更换控制。有寿机件是指飞机上装备的有使用寿命限制的机件,各机型有寿机件控制项目由装备部门予以明确,机务部队保障部门按上级装备部门规定,制定本单位所维护飞机的有寿机件项目,列出有寿机件的名称、型号、数量、规定寿命、监控分工和依据,以正式文件下发至机务大队,质控中心和机组（专业组）按分工实施控制。有寿机件更换时限控制是一项很复杂的精细工作,需要有关人员加强责任心,严防有寿机件发生超寿使用。

（4）技术通报落实控制。技术通报一般是指发现装备存在某种质量问题后所发布的补救性技术措施,这些措施能否得到落实,直接关系到装备质量能否满足使用要求,航空装备由于可能存在的设计或制造缺陷,往往会在使用过程中陆续暴露出来,对已存在的质量缺陷采取补救性措施是质量监控的一项重要工作,由于技术通报往往涉及一大批装备,而这些装备在部队的运转又处于动态变化过程之中,如有的外出执行任务、有的在厂大修等,再加上机组人员更迭,因而技术通报的落实容易出现遗漏现象,严重地影响着维修质量。技术通报落实情况由机务大队质控中心负责实施监控,由专业主任负责组织落实,大队长负责对全大队的落实情况进行督促检查。

(5) 串换件工作控制。是指由于航材缺件无法满足飞机恢复完好要求,为保证飞行训练急需,从相同型号飞机上串用同型号的机件到需参加飞行的飞机上的工作。在航空维修保障过程中,对于串换件要求非常严格,通常情况下不得进行相互串换,特殊情况下需经过机务大队长批准,并且应当及时在相关飞机、发动机履历本上记载完整。禁止从库存的由工厂油封备用的发动机上串换机件。

(6) 维修日工作控制。维修日是指专门对飞机和地面维护设备进行检查保养的工作日。通常每经过数个飞行日后,需安排一个维修日。为记录每一项维修工作过程情况,控制工作完成质量,常用的维修指令卡片为单机工作指令卡片,当需要在飞机上完成诸如周期性工作、有寿机件更换、特定检查等具体工作时,质控中心需要制作并下发单机工作指令卡片,机组完成后如实填写工作情况,并最终反馈质控中心。

5.2　航空维修质量检验

航空装备维修工作的实施,是一个极其复杂的技术与管理过程。航空维修工作的实施过程中,由于受到各种不断变化的因素影响,并且这些因素中存在有许多不可控的突发性因素,因而不可避免地会引起维修质量的波动,严重时还会导致意外的质量责任事故,影响战训任务的完成,并可能危及飞行安全。因此,为了保证航空维修质量,应对维修工作过程的质量实施全面质量管理,除了已经介绍过的各种质量控制措施以外,还必须对维修工作过程各个环节的质量实行有效的监督管理。

5.2.1　航空维修质量检验的基本概念

质量检验(Quality Inspection)的基本概念,包括质量检验的定义、目的、意义、职能、分类等质量检验的有关基础知识,正确理解质量检验的基本内涵,有益于加深对航空维修质量控制工作中质量检验工作地位的认识,把质量检验工作渗透到第一手操作质量形成的各个重大环节上,尽最大可能地减少维修质量责任事件的发生。

1. 质量检验的定义

航空维修质量检验,是指按照有关条令、条例、规程以及有关技术文件对维修工作规定的具体要求,利用一定的方法和手段,对维修工作的实施情况和完成质量进行检测,并将检测结果与该项维修工作的有关标准或要求进行比较,判断该项维修质量是否已满足规定的质量要求,从而把住维修质量关。根据质量检验的这一定义可见,质量检验是应用质量标准和质量检查手段对已形成的质量进行质量判定的过程,这一过程主要包括检测、比较、判定、处理、记录等几个不可缺少的质量检验环节。

航空维修质量检验的标准必须要具体化。即根据航空产品的技术标准、工艺规程,以及飞行使用过程对该产品的要求,制定维修该产品时应注意的一些事项与具体操作要求,使相应项目的维修工作有可操作的质量要求,维修人员完全能按质量要求进行操作并进行质量判断,使质量检验人员也能按此要求进行检查。标准的具体化,也就是质量要求的具体化或规范化,不因人而异,能用来判定具体的维修质量合格与不合格以及是否已达到规定的要求。质量标准是质量检验的基础和前提条件,是检验人员实施质量检验的依据,必须不断予以细化和完善。航空兵部队维修系统有统一的工作标准,各型飞机维修有不同的维修操作工作标准,因此各机务部队应根据本单位维修工作的实际制定补充规定,所有这些要求都应归属质量检验的标准之列,在条件可行时应将各项目维修工作的标准一一分类汇集整理成册,让每一位维修保障人员和质量检验人员人手一册,作为维修质量工作的依据。

2. 质量检验的分类

质量检验的方式,是根据质量检验的对象、采用的检验手段以及检验性质与要求的不同情况来加以区分的。不同的检验方式,既反映了维修工作不同的质量要求,又反映了质量检验的水平。对同一对象的质量检验方式不是一成不变的,质量检验方式是随装备技术进步而发展的,也随质量管理水平的提高而变化着。因此,质量检验方式的划分不是单纯的学术性问题,它应能反映质量检验管理水平的现状和发展要求,应能有利于对维修工作多方位的质量情况进行检测。选择质量检验方式时应考虑的问题是:既要使受检质量能满足规定要求,以保证飞行任务的完成和安全,又要不妨碍维修工作的正常实施以保证任务的需要,同时还要尽可能减少质量检验自身的工作量、费用,缩短检验时间。航空维修质量检验大致可以划分为以下几种类型。

(1) 按检验数量分类。①全数检验(Total Inspection)。对要检验的某批产品的全部进行检验,根据检验的结果对这批产品的质量做出合格与否判断的检验方法。即对飞机上同型机件质量状况或对同一飞机所进行的各项维修工作进行逐架、逐项的质量检验,这是一种最严格的检验制度。由于飞机使用的特殊质量要求主要是指安全性要求特别严格,因而全数检验方法在航空维修质量管理中使用得较为广泛,这是航空维修质量检验的主要特点,进而增加了维修质量检验的责任和难度。②抽样检验(Sampling Inspection)。从一批产品中随机抽取少量产品(样本)进行检验,以判断该批产品是否合格的统计方法。即对全部产品、某人所进行的全部工作、完成某一项目施行的全部工序质量,抽取一部分进行质量检验,并以抽取部分的质量情况来判断全部产品、全部工作或某一项目的质量。在航空维修质量检验中,抽样检验方法用得不普遍、不经常。③审核检验。审核检验是对产品整体的质量情况,以及航空维修工作整体或一部分质量情况及其有效性进行的审核和评价。也就是为了确定质量活动及其有关结果是否符合计划安排,以及这些安排是否得到有效贯彻,并达到预期目的所进行的系统、独立的检查和评定。

思政聚焦——警示案例:【重要的全数检验】

1986 年 1 月 28 日,美国第二架航天飞机"挑战者"号在进行第 10 次飞行时,从发射架上升空 70 多秒后发生爆炸,价值 12 亿美元的航天飞机化作碎片,坠入大西洋,7 名机组人员全部遇难,造成了世界航天史上最大的惨剧。这场牺牲了 7 名宇航员的美国历史上最大的航天灾难,仅仅因为一颗小小的不耐高空低温的垫圈!而像这样的小零件整个航天飞机上有 250 万个,只要其中一个出问题,就可能造成机毁人亡的事故。对于航天、航空等重要的工作场合,产品中即使有少量的不合格,都可能产生致命性影响,仅进行抽样检验是不可行的,一定要实行全数检验。(资料来源:[1]李晓男,顾海洋.质量管理与控制技术基础[M].北京:北京理工大学出版社,2017.[2]科普中国官网.)

(2)按检验手段分类。①官能检验(Sensory Test),又称"感官检验"。依靠人的感觉器官来对产品质量进行评价和判断的检验手段。通过检验人员的感觉器官(眼、耳、鼻、舌、身)与第六感觉(灵感思维),凭借检验人员的知识和经验,对维修人员操作质量进行的直接检验,属于官能检验,这是目前外场维修质量检验中普遍采用的检验方式。②物化检验(Physical and Chemical Test),又称"理化检验"。借助物理、化学的方法所进行的检验手段。就是对飞机部附件的物化性能及各种油液的成分、化学性能进行的各种分析检验工作,通过物化分析查明各种异常现象,检验飞机及其部附件的质量状况。物化检验任务大都由非一线的维修人员和场站人员来承担,他们的工作质量不都属于维修质量的范畴,但与维修质量有关。③专用检查仪检验。借助专用仪器设备所进行的检验手段。针对飞机的质量状况以及完成维修工作后的质量状况,开发专用的地面检查设备与机载检测设备进行检验,这是一项很有意义与发展前途的质量检验工作,尽管目前不把这项工作纳入质量检验范围之列,但这项工作的本质是质量检验的问题。

(3)按维修工作阶段分类。①机务准备的质量检验。主要是指在飞行日之外的机务准备中进行的质量检验,还可以进一步划分为预先机务准备、机械日和待定检查阶段的质量检验。②飞行日的质量检验。主要是指在飞行日的机务准备(直接机务准备、再次出动机务准备)中进行的质量检验,以及在飞行实施过程中,现场收集传递质量信息、实施放飞检验等质量检验工作。③定期检修的质量检验。主要是指航空装备在使用到一定的时限(次数)以后,实施周期性维修工作的过程中所进行的质量检验,如发动机装机前的质量检验、装机后的试车与试飞检验,仪器、设备性能维修质量的定期检验等。

外观检查的示例见图 5-1。

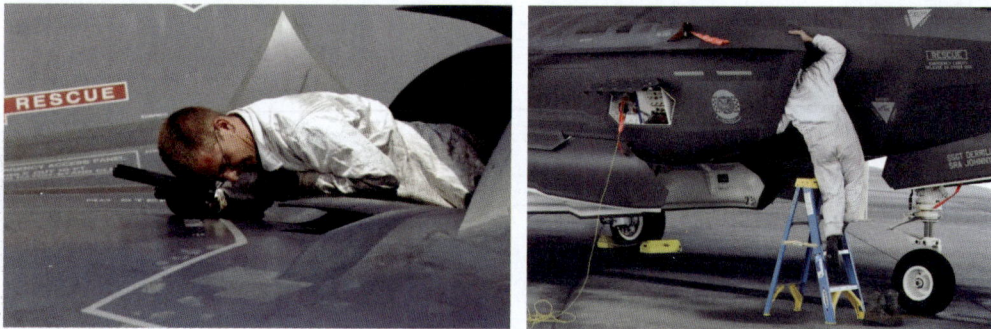

图 5-1　外观检查 B-2 飞机的附面层隔板和检查 F-35 战斗机进气道
（图片来自互联网）

5.2.2　航空维修质量检验的地位作用

1. 质量检验的必要性

质量检验的目的主要是：确认每一项维修工作质量是否符合要求；监督维修实施过程的状态是否保持质量稳定，并提供质量信息，保证飞行安全。在航空维修质量管理中，加强质量检验工作有着十分重要的意义，表现在以下两个方面：

（1）尽管质量检验是一种传统的质量管理方法，但全面质量管理仍是在质量检验的基础上逐步发展起来的，质量检验是全面质量管理的根。切实加强质量检验工作，是搞好全面质量管理的前提条件。

（2）全面质量管理基本观点之一是，"产品质量是设计、制造出来的，而不是检验出来的"。用这一观点来看航空维修质量，把维修质量主要看成是由一线航空维修人员实施的操作工作形成的，因而强调一手维修质量是正确的认识。人们不可能通过质量检验赋予产品一个新的超出设计规定的质量水平。对航空维修质量问题，我们强调航空维修人员要增强责任心，切实做好第一手工作，对自己做过的工作进行自检，因为它是维修质量的基础，并没有贬低质量检验工作必要性的任何含义，也不能用一手操作人员维修质量的自查来代替质量检验这一重要的质量管理环节。

一般而言，专职质量检验人员专心致志于质量检验工作，对质量问题的研究比一般人员要深要透；掌握质量检验的专用工具，对质量问题比一般具体操作的航空维修人员要敏感，经验也比较丰富，认识质量问题就较为客观。所以，检验人员对航空维修人员所做的第一手工作进行质量检验，是质量管理工作的加强，是加强质量管理的需要，一手操作者与检验者的关系统一于提高航空维修质量。当前，维修工作的实施较多地依赖于操作者自身的官能素质和技术技能，工作分散性很强，一手维修质量的可控性很差，检测所采用的工具也较为简陋，自动化检测程度极低，因此，质量检验工作就显得格外重要。

2. 质量检验的职能

质量检验是质量管理的有力手段,其职能主要有以下三个方面。

(1)把关职能。把关职能是质量检验最基本的职能。质量检验的目的,是对维修工作的实施情况和已达到的质量水平实施检测,以鉴别质量是否已符合规定的要求,防止由于飞机的质量问题或一线航空维修人员的维修质量问题而降低飞机的使用质量,即防止各类机械原因和维护责任导致的质量事件,以提高维修工作的质量。

(2)预防职能。采用先进合理的各种检验方法,可以最大限度地发现各种潜在的飞机质量问题和维修质量问题,把住飞机质量关,从而把各种质量问题发现和解决在质量事件出现之前,预防质量事件的发生。换言之,航空维修领域中的质量检验工作,就是要把维修工作中的缺点和差错及时暴露出来,在维修领域内部加以解决,预防和杜绝各类质量事件发生。预防为主是全面质量管理的一个重要原则,它必须体现在质量管理的一切工作领域,而质量检验是体现预防为主思想的一个重要工作方面。

(3)反馈职能。把质量检验中搜集与记录的数据、资料等汇集在一起,进行必要的综合分析、整理工作,然后反馈到上级部门、有关工厂等,使有关部门更深入地了解航空产品的质量情况和产品的维修情况,及时处理各类质量问题,为改进和提高产品质量与维修工作质量提供必要的依据。

提到"检验",人们常将它与"把关"等同起来,因而长期以来,把关一直是检验部门行使的主要职能,而预防和反馈职能往往被忽视。把关和预防,两者是辩证统一的,预防的目的是把好质量关,而有时把关本身就是积极的预防。质量检验不是单纯的成品质量检验,它还包括质量形成过程中各道工序的质量检验。工序质量达不到规定的质量要求时,不得转入下道工序。这不仅可以把住质量关,而且能积极地预防质量事件发生。此外,通过质量检验得到更多的质量信息,不但有助于航空维修质量管理工作,也有助于质量检验工作自身的改善。因此,对维修工作质量的复查和检验要贯穿于维修实施的全过程。

思政聚焦——质量故事:【救火与预防——曲突徙薪】 有个成语"曲突徙薪"(直译是,把烟囱改建成弯的,把灶旁的柴草搬走),故事反映人们通常会对还没有发生的危机视而不见,听而不闻,等到危险真的发生了,感谢的只是救火者。故事出自东汉·班固《汉书·霍光传》。客有过主人者,见其灶直突,傍有积薪。客谓主人:"更为曲突,远徙其薪;不者,且有火患。"主人嘿然不应。俄而,家果失火,邻里共救之,幸而得息。于是杀牛置酒,谢其邻人,灼烂者在于上行,余各以功次坐,而不录言曲突者。人谓主人曰:"乡使听客之

言,不费牛酒,终亡火患。今论功而请宾,曲突徙薪亡恩泽,焦头烂额为上客耶?"主人乃寤而请之。

启示:"曲突徙薪"的故事正是印证了:能防患于未然之前,更胜于治乱于已成之后。与其在灾难来临的时候挣扎求救,不如灾难萌芽之前消灭隐患。预防重于救火。头痛医头、脚痛医脚,不是预防工作。对可能发生的事故应防患于未然,消除产生事故的因素。客人告诉主人需要"曲突"和"徙薪",其实就是告诉主人需要预防火灾的出现,因为"直突"和"薪"是产生火灾的重大隐患。只有去除火灾的根源,才能预防火灾的发生。不仅需要提出预防措施,而且要更进一步地改善措施的有效完成。(资料来源:[1]孙久国.质量人工作手册:从华为质量工程师到海信质量副总的质量之路[M].青岛:中国海洋大学出版社,2019.[2]郭彬.创造价值的质量管理:质量管理领导力[M].北京:机械工业出版社,2018.[3]百度百科.)

5.2.3 航空维修一线质量检验

航空维修中的一线维修工作主要是指机务大队一级的航空维修工作,这里结合航空维修一线工作,讨论质量检验工作的基本形式、主要环节和应遵循的原则。

1. 质量检验的基本形式

维修一线质量检验的基本形式包括自检、干检和专职检验三种形式。

(1) 自检。自检是其他各种质量检验形式的基础。维修工作质量是在维修人员具体操作过程中形成的,离开了操作者及时对自己工作质量的检验,有些问题就难以把住关。此外,维修一线操作工作分散,工作量大,项目繁多,有些项目的操作程序也很复杂,有的装配项目缺少外观检查手段,很难事后检查内部装配情况,离位检查在众多情况下是行不通的,因此,要坚持强调一手操作人员对自己从事的每个操作步骤、每道工序、每项检测内容负责,严格按规章操作并进行检验,切实做好第一手工作。

(2) 干检。即干部检查飞机,是对整机维修质量和航空维修人员技术水平的全面检查和考核,是航空维修系统内进行的最高形式的质量检验工作。干部检查飞机时,不可避免地要检查部分重要机件的质量状况和一些关键性维修项目的工作质量,并对其质量进行评审,因而干部检查飞机也包含有质量检验的性质,可以把它看成是质量检验的一个组成部分。但是,干部检查飞机又不同于一般检验人员的质量检验工作,它不可能也不必要对每一项维修工作一一进行质量检验,而是在机组、专业组质量检查的基础上,再对整架飞机维修质量进行的全面考核。干部检查飞机的重点体现在"全面"上,是多项目的检查,是多专业干部配套进行的全方位检查,在检查飞机及其维修工作质量的同时还要对机组人员的技术情况和规章制度落实情况进行实际考核,因此属于组织管理的范畴,不同于岗位检验所具有的验收性检查属性。

（3）专职检验。专职质量检验较之传统质量检验形式，具有以下优点：一是职能更加明确，有利于拓展质量检测的范围和深度，把自检、互检、干检涉及不到的检测项目列入质量检验的对象，从而在发现质量问题与消除隐患方面能更好地发挥作用，使质量检验的把关职能进一步落到实处；二是专职质量检验人员除完成规定的检验任务外，还要有计划地参与整机维修质量的配套检查，向中队长（专业主任）提出改进工作建议，并同时承担部分质量管理的责任，因此是对质量管理工作的加强；三是专职质量检验人员在执行检验任务的同时，还承担有质量信息收集、核查、反馈的任务，从而也加强了质量信息工作。

2. 质量检验的主要环节

质量检验是一个过程，一般包括如下步骤和环节。

（1）明确质量要求。质量检验人员首先要明确质量要求，即根据航空产品的技术标准、工艺规程，以及飞行使用过程对该产品的要求，制定维修注意事项与具体操作要求，使相应项目的维修工作和质检工作有据可依。

（2）检测（Testing）。检测是对飞机机件状态和维修工作的实施情况及其质量进行检查与测量的工作。事实上，每一位航空维修人员都在经常地对飞机的质量与机件状态进行预定的与非预定的检测工作，严把飞机质量关与放飞关。从这一意义上说，所有一线航空维修人员都是质量的检验人员，都对飞机质量与维修质量负有检验把关的责任，即平常所说的自检责任。但是，目前机务部队质量检验工作强调的重点，不是一般意义上的质量检测工作，而是加强专职质量检验队伍的建设与强化干部检查质量的制度。检验者的质量检验工作，是质量管理检验职能得以发挥的重要环节，正因如此，各类担负检验职能的人员必须承担起质量检验的职责，严格按检验的要求办事，严禁玩忽职守、"以问代检"。

（3）比较（Comparison）。比较是把检测出的结果同该项维修工作的技术标准、质量要求等进行比较，看它是否满足规定要求。"以问代检"之所以不能算作是一种检验手段，是它未能进行实地检测工作，缺乏对质量状况的真实了解，问得的质量不能代表实际质量，检验方法缺少科学严谨性。

（4）判定（Judgement）。判定是根据比较的结果，直接判断维修工作质量是否达到规定要求，并得出符合客观实际的定性结论。判定阶段在比较阶段之后进行，但两个阶段有时须交替进行，即对复杂的质量问题反复地进行质量比较和判定。判定要坚持"以事实和数据为依据，以标准和规定为准绳"。

（5）处理（Processing）。处理是根据判定的结果，对达到规定质量要求的项目予以通过放行，对检验不合格的，不得转工序、出厂，飞机更不得放飞；对飞行员反映的或机务工作检查时发现的故障及其他质量问题，要及时向有关部门和人员反馈信息，敦请及时查明原因，并予以彻底排除或解决，其后还必须进行相应的复查工作。

（6）记录（Recording）。记录要贯穿于质量检验的全过程。把检测出的数据和情况以及判定和处理结果，完整、准确、及时地记录下来，并向有关机构和人员报告或反馈，以便改进和提高。

3. 质量检验应遵循的原则

（1）实行自检、干检、专检相结合。三种检验形式各有特点和适应范围，都能在一定程度上起到把关作用，因而都应加以利用，不可偏好，更不能舍近求远，贻误检验时机。自检是质量检验的基础，干检与专检是质量检验工作必要的补充。在机载检测设备和地面自动检测设备普遍不足和落后的现实条件下，应抓好自检工作，并与干检和专检工作相配合，减少质量检验工作不必要的重复。

（2）实行工序检验和完工检验相结合。工序质量检验应该说是一种最严格的质量检验。它在每一道工序之后紧接进行，先由操作人员自检，自检合格后即请求干检或互检，检验不合格不得转入下道工序。在维修工作中，许多作业项目内容庞杂、工序繁多，有的还一环扣一环，应严格对工序的实施质量进行检验。而完工检验是在项目各工序完成之后进行的检验。工序检验和完工检验应结合实施，二者不可偏废。

思政聚焦——警示案例：【擅自修改修理工艺，飞机尾部裂纹断裂】事故经过： 1985 年 8 月 12 日，日本航空公司的 123 航班按照飞行计划从东京飞往大阪，飞行途中出现异常情况，飞机的尾部脱落，机舱失压，飞机忽上忽下失去控制，飞行员苦苦支撑飞行了大约半小时后，飞机在山区坠毁。机上 509 名乘客和 15 名机组人员，除 4 人生还外，其余人员全部遇难，成为人类航空史上最惨烈的单一飞机空难事故。**原因分析：** 7 年前飞机损伤，曾用拼接板对机尾增压舱壁的上腹板和下腹板接头表面进行加固。使用的拼接板比维修计划要求的窄，并且拼接中有一部分应该用两行铆钉，可实际上却只用了一行铆钉，导致拼接处在 7 年中产生了大量疲劳裂纹。最终，飞机在飞行中由裂纹导致断裂从机尾增压舱不断扩大至机尾、垂尾和后客舱，飞机坠毁。**教训启示：** 严格施工和检验制度，杜绝使用不符合规定的材料，严禁擅自修改修理工艺。（资料来源：[1]张宗玉，等.维修差错案例图解[M].北京：国防工业出版社，2017.[2]李学仁，杜军，王红雷.维修差错导致的民用航空事故案例分析汇编[M].北京：国防工业出版社，2013.）

（3）严禁"以问代检"和"以干代检"。正确实施质量检验，就应严格按规定的内容、时机、方法，使用规定的工具、量具或仪器进行。检验者应通过实看、实听、实测、实量的操作来进行，不得以一手操作者的口答为据；同时，干部的一手操作工作亦需要检验，检验者可以是上一级也可以是下一级，不得以干部从事的工作为由不接受检验。

思政聚焦——警示案例：【忘记恢复增压开关，客舱缺氧坠机】 **事故经过**：2005 年 8 月 14 日，塞浦路斯太阳神航空公司运营的一架波音 737-300 飞机执行航班任务。飞机起飞后不久，飞行员报告说飞机的空调系统出现问题，随即与地面失去联系。希腊空军派出两架 F-16 搜寻，飞行员在 1 万米的高空发现飞机，看到班机的驾驶员不省人事。客机在距离目的地 33 千米处坠毁，机上 115 名乘客和 6 名机组成员全部罹难。**原因分析**：机务人员在地面检查客舱气密性后，忘记将客舱增压开关由"人工"位恢复到"自动"位，飞行中飞机高空未自动增压，舱内极度缺氧，机组人员很快失去意识和能力，飞机处于"无人驾驶"状态，最终燃料耗尽坠毁。**教训启示**：民航事故警示我们，一要提高维护质量，严格复查预防遗漏，禁止"以问代检"；二要提醒飞行员接收飞机时要检查验收，不要马虎走过场。（资料来源：[1]张宗玉，等.维修差错案例图解[M].北京：国防工业出版社，2017.[2]李学仁，杜军，王红雷.维修差错导致的民用航空事故案例分析汇编[M].北京：国防工业出版社，2013.）

每个飞行日，机务大队应当安排专人负责专项质量检验工作，中途禁止换人。负责专项质量检验工作的人员，应当对每架飞机、每个起落的阻力伞、载油量（油量表指示的油量应当与飞机实际载油量一致）、座舱电门进行检查，手动加油时应当检查油箱口盖。保障部门可以根据实际情况，确定其他专项检验内容。机务大队应当根据本部队飞行日的保障方式和机场情况，规定专项质量检验的内容、时机、方式和地点，做到标识明确、人员定位、责任落实。

思考与讨论题

1. 什么是航空维修质量控制？
2. 简述航空维修质量控制基本原理。
3. 航空维修质量控制的主要内容有哪些？
4. 飞机完好状态的主要判断标准是什么？
5. 简述定期检修控制的主要内容。
6. 简述周期工作控制的主要内容。
7. 简述有寿机件更换控制的主要内容。
8. 简述技术通报落实控制的主要内容。
9. 什么是航空维修质量检验？
10. 航空维修质量检验大致可以划分为几种类型？
11. 全数检验和抽样检验各有何特点？什么情况下采用全数检验？什么情况下采用抽

样检验?

12. 简述航空维修质量检验的必要性。

13. 航空维修质量检验的主要职能有哪些?

14. 简述航空维修一线质量检验的基本形式。

15. 简述航空维修一线质量检验的主要环节。

16. 简述航空维修一线质量检验应遵循的原则。

17. 查阅文献资料,收集开展质量控制或质量检验的典型案例,并讨论其经验做法。

工欲善其事，必先利其器。

——《论语·卫灵公》

孔子①

第6章　航空维修质量管理工具

📖 知识目标

✦ 熟悉常用质量管理工具及其适用范围。
✦ 掌握直方图、排列图、因果图、散点图的相关概念和绘制方法。
✦ 理解控制图的基本概念和基本原理。
✦ 掌握控制图的判读和绘制。

🔧 能力目标

✦ 掌握利用相关软件绘制质量管理工具图的能力。
✦ 初步掌握利用质量管理工具分析解决质量管理问题的能力。

🎓 思政育人目标

✦ 树立正确的世界观和方法论，学会用科学思维方法分析解决问题。
✦ 善于运用唯物辩证法的观点与方法分析、解决质量管理问题。
✦ 提升个人科学技术素养，提高维修工作质量。

---

① 孔子（公元前 551—前 479）　春秋末期思想家、政治家、教育家，儒家的创始者。名丘，字仲尼，鲁国陬邑（今山东省曲阜东南）人。《论语》是儒家经典。孔子弟子及再传弟子关于孔子言行的记录。内容有孔子谈话、答弟子问及弟子间相与谈论。为研究孔子思想的主要资料。东汉列为七经之一。宋代将其与《大学》《中庸》《孟子》合称为"四书"。

质量管理不仅需要理论,更需要工具的支持。质量管理常用工具主要包括调查表、分层法、直方图、因果图、排列图、散点图和控制图,主要用于现场质量控制。本章主要介绍维修质量管理中常用工具及其应用。

6.1 质量管理工具概述

人们在质量管理实践特别是质量改进过程中,发明了许多用于质量管理的工具和方法,其中,有的用于数据处理,有的用于过程控制和改进,还有的用于策划、收集创意和解决问题。在这些方法中,有单一的工具和方法,也有综合性、系统性的方法。它们是以统计技术、数据处理理论和运筹学等为基础,应用于质量管理过程的各个环节,或者说用于解决问题的各个环节,其中有些方法在航空维修质量管理中已经得到广泛应用。

6.1.1 常用质量管理工具简介

常用质量管理工具又称"品管七大手法",是 20 世纪 60 年代由日本著名的质量管理专家石川馨根据日本常用的质量控制方法总结而形成的,包括调查表、分层法、直方图、散点图、控制图、因果图和排列图。这七种工具主要用于数据收集、整理、分析,以解决现场质量管理存在的问题。图 6-1 给出了应用七种常用质量管理工具的逻辑顺序。

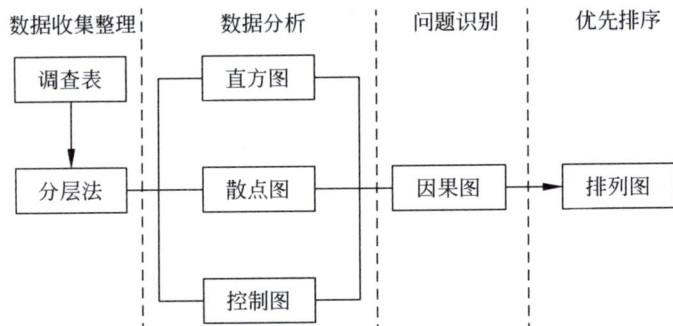

图 6-1　常用质量管理工具逻辑顺序图

6.1.2 常用质量管理工具的适用范围

常用质量管理工具的具体应用和适用范围如表 6-1 所列。

表 6-1　常用的质量管理工具

名　称	应　　　用	适　用　范　围
调查表	系统地收集数据,以获取对事实的明确认识	适用于数字和非数字资料
分层法	创造进一步利用数据的条件	适用于数字资料
直方图	显示数据波动的形态,直观地表达有关过程情况的信息,决定在何处集中力量进行改进	适用于数字资料
因果图	分析和表达因果关系,通过识别症状、分析原因、寻找措施,促进问题的解决	适用于非数字资料
排列图	按重要顺序显示每一项对总体效果的作用,排列改进的优先顺序	适用于数字资料
散点图	发现和确认各因素之间的关系	适用于数字资料
控制图	诊断——评估过程是否稳定;控制——决定过程何时需要调整及何时需要保持原有的状态;确认——确认过程的改进结果	适用于数字资料

6.2　看分布——直方图

视频讲解

直方图

在质量管理中,直方图是一种应用很广的统计分析工具。直方图通过对大量质量数据的收集、整理与分析,找出质量的分布情况和统计规律,以便于对其总体的分布特征进行判断,从而对过程的质量水平及其变化情况做出推断。

6.2.1　直方图的概念

直方图(Histogram)又称为质量分布图、频数分布图、频次图。它是根据数据分布规律,用一系列宽度相等、高度不等的矩形表示数据分布形态的图。矩形的宽度表示数据范围的间隔,矩形的高度表示落在给定间隔内的数据频数。

6.2.2　直方图的用途

直方图是用来整理数据,找出其规律性的一种常用方法,其作用可以概括为:显示各种质量特性值出现的频率;揭示质量数据的中心、分布及形状;初步判断质量数据的分布。在航空维修管理活动中,直方图可以显示质量波动的状态,可以用于比较不同维修手段、操作方法、人员技术水平或器材优劣对质量的影响,与典型直方图比较,可以发现维修活动中是否出现异常,并粗略判断异常发生的原因。

6.2.3　直方图的绘制

下面以实例介绍直方图的绘制过程。

【例 6-1】　某型飞机主液压泵在 200h 工作时间内,100 台发生故障的时间如表 6-2 所列。根据表中数据绘制频数直方图。

表 6-2　发动机液压泵故障时间　　　　　　　（单位：h）

71	152	82	50	175	133	99	161	181	28
110	126	92	155	48	88	22	153	126	110
155	134	91	73	89	54	149	127	138	15
64	45	99	123	87	125	125	76	12	10
170	116	148	93	56	144	106	87	95	24
151	102	59	64	137	48	91	68	136	35
37	51	105	88	133	33	65	98	63	79
112	95	43	190	39	53	53	141	39	77
61	75	115	91	127	86	39	102	75	101
179	115	109	112	102	158	147	146	162	119

1. 收集数据

一般都要随机抽取 50 个以上的质量特性数据,最少不得少于 30 个。

2. 求极差(R)

找出数据中的最大值 x_{max}、最小值 x_{min},并计算出极差 R。本例 $x_{max}=190$,$x_{min}=10$,则 $R=x_{max}-x_{min}=190-10=180$。

3. 确定组数(k)

组数通常用 k 表示,k 与数据量 n(样本容量)有关。通常,组数 k 可参照表 6-3 确定。在 n 很大时,也可按史特吉斯(Sturges)经验公式 $k=1+3.3\lg n$ 或 $k=\sqrt{n}$ 来确定组数。本例 $n=100$,取 $k=9$。

表 6-3　样本数和组数参考值

样本数	50 以内	50~100	100~250	250 以上
组数	5~7	6~10	7~12	10~20

温馨提示：分组过少会掩盖数据的波动分布情况，不能准确绘出数据分布规律；分组过多会过分突出数据的随机性，可能使各子区间的数据频数参差不齐，亦不能准确反映整体的统计规律。由于正态分布是对称的，故常取组数为奇数。

4. 计算组距(h)

组距即组与组之间的间隔量，等于极差除以组数，即 $h=(x_{max}-x_{min})/k$。本例 $h=(190-10)/9=20$。

5. 确定组限

组的上下界限值称为组限值，从含有最小值的直方起到含有最大值的直方为止，依次确定直方界限值。为了避免一个数据可能同时属于两个组，不妨规定各组区间为左闭右开（当然亦可规定左开右闭），并保证最小值落在第一组内，最大值落在最末一组内：$[a_0,a_1)$，$[a_1,a_2),\cdots,[a_{k-1},a_k]$。

在等距分组时，$a_1=a_0+h,a_2=a_1+h,\cdots,a_k=a_{k-1}+h$。

首先确定第一组的组限值，不妨取最小值 x_{min} 为第一组下限值，$x_{min}+h$ 即为第一组上限值，同时，成为第二组的下限值，依次类推。本例中样本数据最小值为 10，则 $a_0=x_{min}=10$，依次类推，$a_1=30,a_2=50,\cdots$。

温馨提示：为了避免数据落在组限上，组限值的最小单位可选取最小单位的一半。如本例中最小单位为 1，故可取组限的最小单位为 0.5，于是第一组的下限值可取 $x_{min}-0.5$。

6. 统计各组的频数

确定分组和组限后，统计每组的频数，即落在每组中数据的个数，如表 6-4 所列。

表 6-4　频数统计表

组　序	分组区间	频　数	组　序	分组区间	频　数
1	10～30	6	6	110～130	15
2	30～50	10	7	130～150	12
3	50～70	13	8	150～170	8
4	70～90	14	9	170～190	5
5	90～110	17			

7. 画直方图

以纵坐标为频数（或频率）、横坐标为组距，画出一系列的直方形就是直方图，图中直方形的高度为数据落入该直方形范围的个数（或频率），如图 6-2 所示。

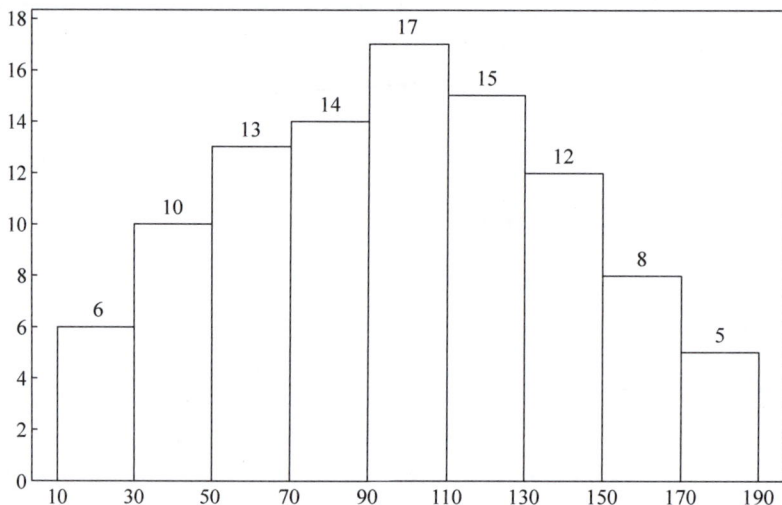

图 6-2　主液压泵发生故障时间频率直方图

由图 6-2 可以看出,该机型主液压泵故障时间变量很可能服从或近似服从正态分布,维修过程处于控制状态,并为进一步推断准确分布提供了线索。

应用直方图,可以判断出维修质量是否在可控状态,是否存在问题,但若要分析原因,确定出存在的各种问题,需要应用因果分析图、散点图等。

6.2.4　直方图的基本形态与分析

常见直方图的形态如表 6-5 所列。

表 6-5　直方图的基本形态与分析

直方图形态	分析和判断
标准型	标准型直方图具有"中间高,两边低,左右对称"的特征。数据大体上呈正态分布,这时可判定工序处于稳定状态
偏态型	偏态型直方图是指图的顶峰有时偏向左侧、有时偏向右侧。由于某种原因使下限受到限制时,容易发生偏左型。如用标准值控制下限、摆差等形位公差或由于工作习惯都会造成偏左型。由于某种原因使上限受到限制时,容易发生偏右型。如用标准值控制上限或由于工作习惯都会造成偏右型

续表

直方图形态	分析和判断
双峰型	直方图中出现了两个峰,这是由于观测值来自两个总体、两个分布的数据混合在一起造成的。如两种有一定差别的原料所生产的产品混合在一起,或者就是两种产品混在一起,此时应当加以分层
锯齿型	直方图出现凹凸不平的形状,这是由于作图时数据分组太多,测量仪器误差过大或观测数据不准确等造成的,此时应重新收集数据和整理数据
平顶型	直方图没有突出的顶峰,呈平顶型,形成这种情况一般有三种原因:①与双峰型类似,由于多个总体、多种分布混在一起;②由于生产过程中某种缓慢的倾向在起作用,如工具的磨损、操作者的疲劳等;③质量指标在某个区间中均匀变化
孤岛型	在主体直方图的左侧或右侧出现孤立的小块,像一个孤立的小岛。出现孤岛型直方图,说明有特殊事件发生(测量有误等)

6.2.5　使用直方图的注意事项

(1) 异常值应去除后再分组。

(2) 从样本测量值推测群体形态,直方图是最简单有效的方法。

(3) 应取得详细的数据资料(例如时间、原料、测量者、设备、环境条件等)。

(4) 进行过程管理及分析问题原因时,可利用分层法,将更容易找出问题的症结点,对于质量的改进有事半功倍的效果。

直方图的主要缺点是不能反映生产进程中质量随时间的变化,如果存在时间倾向,例如工具的磨损,或者存在某些其他非随机排列,则直方图将会掩盖这些信息。

视频讲解

6.3　找原因——因果图

因果图

在航空维修管理中,对装备故障或维修中发生的问题,常用因果图从错综复杂的影响因素中全面查找原因,并从大到小、追根溯源地找出问题产生的直接原因。

6.3.1　因果图的概念

因果图(Cause-and-effect Diagram)是由日本著名质量管理专家石川馨(Kaoru Ishikawa)先生于1943年提出的,故又名石川图(Ishikawa Diagram),亦称为特性因素图、鱼骨图、鱼刺图、树枝图。因果图是表示质量特性与潜在(隐含)原因的关系,即分析表达因果关系的一种图形。主要用于寻找质量问题产生的原因,并分析原因与结果之间的关系。即通过层层深入的分析研究来找出影响质量的原因,从错综复杂的大量影响因素中理出头绪,逐渐地把影响质量的主要的、关键的、具体的原因找出来,从而明确所要采取的措施。

6.3.2　因果图的结构

因果图由质量问题和影响因素两部分组成。图中主干箭头所指的为质量问题,主干上的大枝表示大原因,中枝、小枝、细枝等表示原因的依次展开。其基本图形如图6-3所示。在实际应用中,大部分问题的原因可归纳为六大类,即人(Man)、机(Machine)、料(Material)、法(Method)、测(Measurement)、环(Environment),简称"5M1E"。

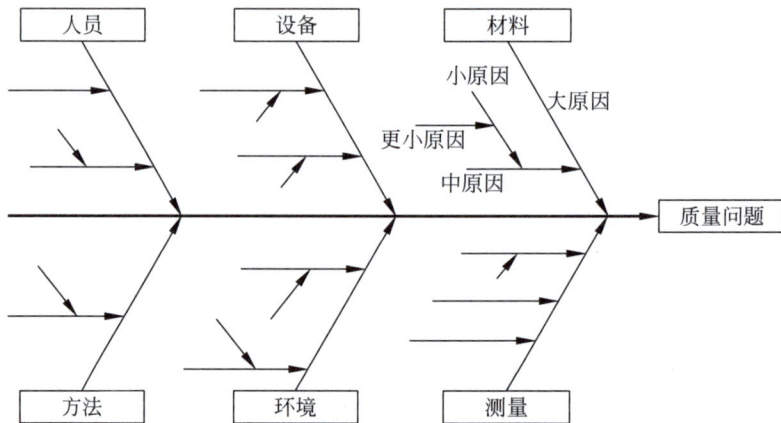

图6-3　因果图示意图

6.3.3　因果图的绘制

(1) 确定待分析的质量问题,将其写在图右侧的方框内,画出主干,箭头指向右端。

(2) 确定该问题中影响质量原因的分类方法。一般对于工序质量问题,常按"5M1E"进行分类。对应每一类原因画出大枝,箭头方向从左到右斜指向主干,并在箭头尾端写上原因分类项目。

（3）将各分类项目分别展开，每个大枝上分出若干中枝表示各项目中造成质量问题的一个原因。中枝平行于主干箭头，指向大枝。

（4）将中枝进一步展开成小枝。小枝是造成中枝的原因，依次展开，直至细到能采取措施为止。

（5）找出主要原因，并用符号明显地标出，作为质量改进的重点。

6.3.4　绘制因果图的注意事项

（1）分析大原因时，主要采用"5M1E"方法。但在实际使用时，应根据具体情况适当增减项目，不限于"5M1E"。

（2）最后细分出来的原因应是具体的，便于采取措施。

（3）发扬民主、集思广益、畅所欲言。一般以开展质量分析会的形式，采用头脑风暴法对原因进行分析，力求分析结果无遗漏。

（4）如果主要原因不是特别明显，可以用排列图等方法来确定主要原因。

（5）针对主要原因可列出措施表，以便解决问题。

（6）因果图使用时要不断加以改进。质量改进时，利用因果图可以帮助我们识别因果图中哪些因素需要检查。同时，随着对客观的因果关系认识的深化，必然导致因果图发生变化，例如：有些需要删减或修改，有些需要增加，要不断修正因果图，得到真正有用的因果图，这对解决问题非常有用。同时还有利于提高技术熟练程度，增加新的经验知识和解决问题的能力。

知识链接：【头脑风暴法】头脑风暴法，又称脑力激荡法，是制作因果图的必备技能，是指利用集体思考的力量，使思想互相激荡，发生连锁反应以引导出创造性思考的方法。头脑风暴法可以使得全员的知识得以聚集、整理、思想统一。使用的时候要构建自由环境、畅所欲言，不能相互批评指责。

6.3.5　因果图的应用实例

【例 6-2】　以某部发生的 89 次机务责任飞行事故征候为研究对象作因果图，原因分类统计如表 6-6 所列。

表 6-6　机务责任飞行事故征候原因

错 装 忘 装	带外来物飞行	超 寿 使 用	排故不彻底
技术上不懂	岗位职责不明确	查阅文件不认真	技术水平低
交接不清	外部干扰	业务水平低	检查不全面

续表

错 装 忘 装	带外来物飞行	超 寿 使 用	排 故 不 彻 底
分工不具体	粗枝大叶		
工作不认真			
未按规定检查复查			
业务水平低包括不知道寿命件、不会算寿命期			

　　　解：根据给出的数据绘制的因果图如图 6-4 所示。

　　　从维修责任事故因果分析图可以看出，影响维修责任事故征候各层次的原因可以直观展现，为进一步从多角度、多侧面分析原因提供了有力的工具。

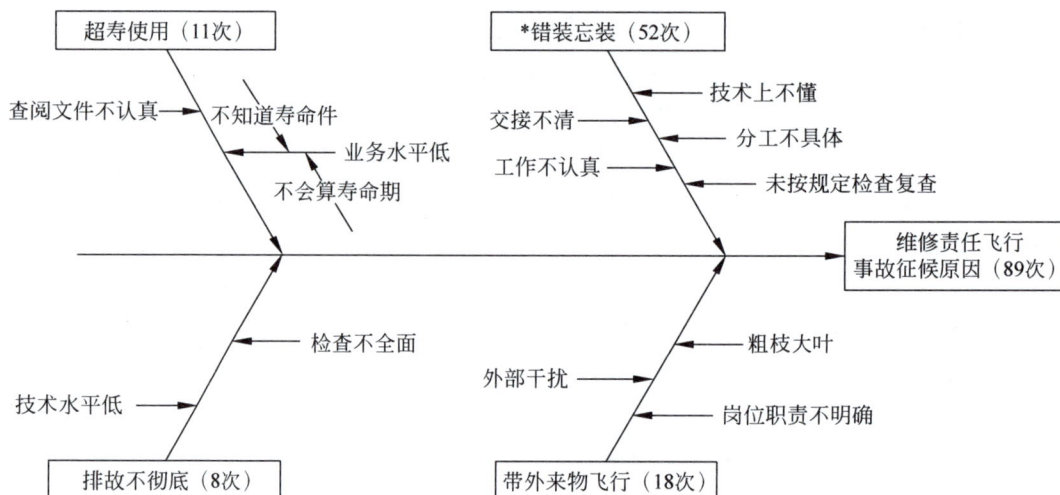

图 6-4　机务责任飞行事故征候因果图

6.4　探主因——排列图

　　　在维修管理过程中，影响维修质量的因素是多种多样的，但是，影响较大的一般只有少数几个。排列图可以帮助我们找出那些对维修质量影响较大的原因（主要原因），以便有针对性地采取措施，解决问题，提高效率。

6.4.1　排列图的概念

　　　排列图（Pareto Diagram）又称为主次因素分析图或帕累托图。它是将质量问题和质量改进项目按照重要程度依次排列的一种图形,是一种从影响产品质量的许多因素中找出主要因素的有效方法。帕累托原理(Pareto Principle)最早由意大利经济学家帕累托(Pareto)用于统计社会财富分布状况,他发现少数人占有大量财富,即所谓"关键的少数和次要的多数"的关系。后来被美国质量管理学家朱兰把这个原理运用到质量管理中,并在此基础上首次提出了帕累托图(排列图),使其成为解决产品质量主要问题的一种常用方法。因为在质量问题中也存在"少数不良项目造成的不合格产品占据不合格品总数的大部分"这样一个规律。

排列图的目的是比较不同问题原因和问题类型所导致缺陷产生的频率及其产生的影响,选出最重要的改进项目中的优先项目,设置优先权,定义问题,确定关键变量或决定主要原因。排列图有两个主要作用:一是按重要顺序显示出每个质量改进项目对整个质量问题的影响和作用;二是找出"关键的少数",抓住关键问题,识别质量改进的机会。

思政聚焦——科学思维:【帕累托原理的提出】1897 年,意大利经济学家维弗兰多·帕累托(Vilfredo Pareto)在从事经济学研究时,偶然注意到 19 世纪英国人财富和收益模式的调查取样中,大部分所得和财富流向了少数人手里。他发现了这个非常重要的事实:某一族群占总人口数的百分比,和该族群所享有的总收入或财富之间,有一项一致的数学关系。帕累托感到兴奋的就是这种不平衡的模式会重复出现。他在对不同时期或不同国度的考察中都见到了这种现象。不管是早期的英国,还是与他同时代的其他国家,或是更早的资料,他发现相同的模式一再出现,而且有数学上的准确度。由此他提出了所谓"重要的少数与琐碎的多数原理",大意是:在任何特定的群体中,重要的因子通常只占少数,而不重要的因子则占多数,因此,只要控制重要的少数,即能控制全局。这个原理经过多年的演化,已变成当今管理学界所熟知的"80/20 原理",即 80% 的价值是来自 20% 的因子,其余的 20% 的价值则来自 80% 的因子。目前,世界上有很多专家正在运用这一原理来研究、解释相关的课题。(资料来源:百度文库.)

6.4.2　排列图的结构

排列图的基本图形如图 6-5 所示。排列图由一个横坐标、两个纵坐标、若干个高低顺序排列的直方块和一条累计百分比折线组成。横坐标表示影响质量的因素或项目,左边的纵坐标表示频数(如不合格品件数等),右边的纵坐标表示频率(如不合格品率等);直方块表示项目,其高度表示项目的频数(影响作用的大小)。折线由各个因素的累计频率连接而成,称为帕累托曲线。将影响因素按其重要性程度从大到小排列。某个因素累计频率是指前面所有因素的累计频率。

在实际应用中,通常把影响质量的因素分为以下三类:

(1)主要因素。累计频率在 0~80% 间的因素。它们是影响产品质量的关键原因,又称为 A 类因素。其个数一般为 1~2 个,最好不超过 3 个。

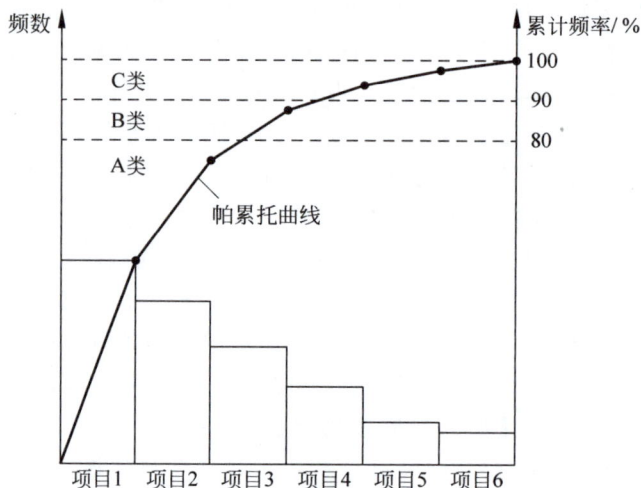

图 6-5　排列图示例

（2）次要因素。累计频率在 80%～90%间的因素。它们对产品质量有一定影响，又称为 B 类因素。

（3）一般因素。累计频率在 90%～100%间的因素。它们对产品质量仅有轻微影响，又称为 C 类因素。

6.4.3　排列图的绘制

（1）确定分析对象。一般是指故障次数、器材消耗、维修质量、不合格率、废品件数、消耗工时等。

（2）确定问题分类的项目。可按故障项目、缺陷项目、废品项目、零件项目、不同操作者等进行分类。

（3）搜集整理数据，列出频数统计表。先按照不同的项目进行数据分类，最后一项是无法进一步细分或明确划分的项目统一称为"其他"。然后列表汇总每个项目发生的数量，即频数，按照频数的大小进行项目排列，并计算频率、累计频率，一并列入表中。

（4）画图。在坐标系的横轴上按频数大小从左向右依次标出各个原因；在横坐标的两端画两个纵坐标轴，在左边纵坐标轴上标上频数，在右边纵坐标轴的相应位置标上累计频率；然后在图上每个原因项的上方画一个矩形，其高度等于相应的频数；最后在每一个矩形的右侧或右侧延长线上打点，其高度为到该原因为止的累计频率，以原点为起点，依次连接上述各点，所得到的折线即为累计频率折线（帕累托曲线）。

（5）依据排列图，确定主要因素、次要因素和一般因素。

6.4.4 绘制排列图的注意事项

（1）做好因素的分层。一个排列图上的分层项目应该是同一层次的并列关系。不要把不同层次的项目（因素）混杂在一起，以免造成分析错误。

（2）主要因素不要过多。一般最终找出的主要因素最好是一二项，最多不要超过三项，否则将失去"找主要因素"的意义。

（3）适当合并一般因素。可以将不太重要的因素合并为"其他"项，其频数通常以不超过总数的 10% 为宜。

（4）注意与因果图的结合使用。对比较复杂的问题，要注意把排列图和因果图结合使用，以便分层次逐步展开，直到抓住能采取措施的主要项目为止。

（5）循环进行，反复使用。采取对策、措施后，应重新收集数据作排列图，并将其与原排列图对比，以检验分析采取的措施是否确实有效。

6.4.5 排列图的应用实例

【例 6-3】 某部为了找出飞机维修停飞的主要因素，对一年间因维修原因造成的 721 架日飞机不完好情况，按五个方面进行了分类统计，如表 6-7 所列。利用排列图分析造成飞机维修停飞的主要原因。

表 6-7 维修停飞原因统计表

原 因	频数（维修停飞架日）	频率/%	累计频率/%
定检	362	50.2	50.2
故障	201	27.9	78.1
特定检查	85	11.8	89.9
修理	49	6.8	96.7
维护影响	24	3.3	100.0
合计	721	100	

解：（1）收集一定的维修质量数据，并将其分成不同的项目或类别（见表 6-7）；

（2）计算各类别的频数（维修停飞架日）、频率与累计频率（见表 6-7）。

（3）根据表 6-7 中数据，绘制出的排列图如图 6-6 所示。

从图 6-6 中可以看出，定检和故障是造成飞机维修停飞的主要原因。具体分析有以下方面的原因：一是定检工作组织不合理，统筹安排不紧凑，工作流程不科学，拖拉时间长；二是维修人员自身水平所限。维修人员缺少系统的理论学习，维修技能不过硬，排故多凭经验，不能从原理分析，排故时间长。解决了这方面的问题便可大大减少因维修原因造成的飞机不完好架日。

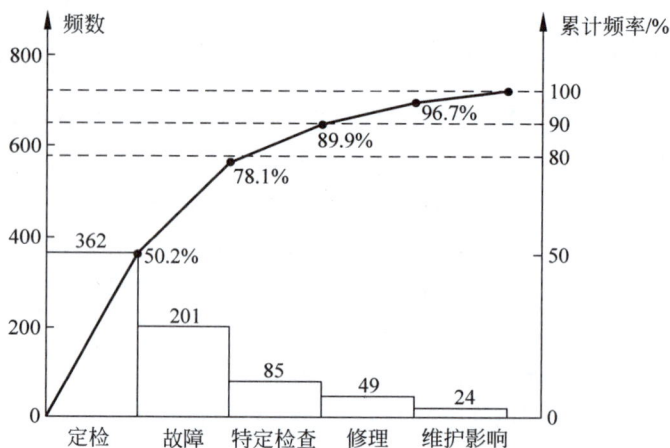

图 6-6　飞机维修停飞原因排列图

6.4.6　排列图的应用分析

（1）排列图指明了改善维修质量特性的重点。在维修质量控制中，为了获取更好的效果，应合理地确定所采取措施的对象。从排列图可以看出，直方柱高的前两三项对质量影响大，对它们采取措施，维修质量改善效果显著。

（2）排列图可以反复应用。在解决维修质量问题的过程中，排列图可以而且应该反复应用，以使问题逐步深化。例如，从排列图中发现维修停飞的主要原因是定检和故障，但无法采取具体对策，此时需要分析定检和故障的原因，然后再作定检和故障的原因排列图（第二层次的排列图）。一旦采取对策措施后，应重新收集数据再作排列图，并将其与原来的排列图对比，从而分析验证所采取措施的有效性。

6.4.7　排列图和因果图的比较

因果图和排列图都可用于分析维修质量问题产生的原因，但两者又各有侧重。因果图主要用于找出大中小各个层次的原因，一张图可以包含多层次的原因，排列图则主要是从某个层次的原因中找出主要原因，因此，通常需将两者配合使用。仍以前述的 89 次维修责任飞行事故征候为例，如果再从机务人员的素质来分析，可以发现，维修责任飞行事故征候与人员的思想作风状况有重要关系，也与人员业务技术素质密切相关。为了有效地找出措施，又按专业和问题性质分别绘制排列图，如图 6-7 和图 6-8 所示。由排列图可看出，要降低维修责任飞行事故征候，应重点抓机械专业，并以抓工作作风为主，同时应设法迅速提高机务人员的业务技术水平。

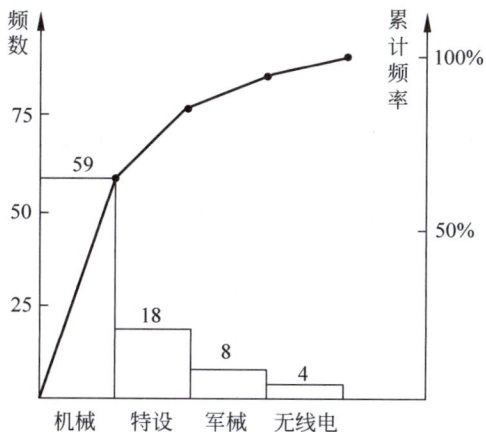

图 6-7　专业排列图

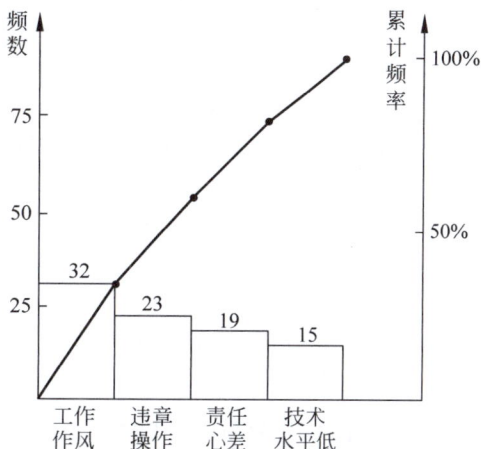

图 6-8　问题性质排列图

6.4.8　使用排列图的注意事项

排列图的目的在于有效解决问题,基本出发点是抓住"关键的少数"。

(1) 引起质量问题的因素会很多,分析主要原因经常使用排列图。根据现象绘制排列图,确定了要解决的问题之后,自然明确主要原因所在,这就是"关键的少数"。

(2) 若发现排列图中各项目分配比例相差不多时,则不符合排列图法则,应从其他角度再作项目分类,重新搜集资料来分析。

(3) 排列图可用来确定采取措施的顺序。一般地,把发生率高的项目减低一半要比把发生率低的项目消除更为容易。因此,从排列图中矩形柱状高的项目着手采取措施将事半功倍。

(4) 对照采取措施前后的排列图,研究组成各个项目的变化,可以对措施的效果进行验证。利用排列图不仅可以找到一个问题的主要原因,而且可以连续使用,找出复杂问题的根本原因。

(5) 必要时,可作分层次的排列图。对有问题的项目,再按层次绘制排列图。若想将各项目加以细分化,且表示其内容时,可画积层排列图(或二层排列图)。

视频讲解

6.5　查关系——散点图

散点图

散点图是通过分析研究代表两种因素的数据之间的关系,来控制影响质量的相关因素的一种有效方法。在装备保障数据分析中,散点图可用于分析诸如预防性维修与维修质量变化、维修费用趋势、备件储备趋势以及装备可用性趋势等领域。

6.5.1　散点图的概念

散点图(Scatter Plot)又称为散布图、相关图。它是通过散点的密度和方向表示独立变量与相关变量关系类型的图形。二维散点图是用来研究两个变量之间是否存在相关关系的一种图形。在质量问题的原因分析中,常会接触各个质量因素之间的关系。这些变量之间的关系往往不能进行解析描述,不能由一个(或几个)变量的数值精确地求出另一个变量的数值,这称为非确定性关系(或相关关系)。

6.5.2　散点图的定性分析

如果通过分析得出两个变量 x 和 y 之间存在某种相关关系,其中 y 的值随着 x 的值变化而变化,那么我们称 x 为自变量,称 y 为因变量。然后,可以通过绘制关于 x 和 y 的散点图来分析它们之间的相关关系。

简单地说,散点图的形式就是一个直角坐标系,它是以自变量 x 的值作为横坐标,以因变量 y 的值作为纵坐标,通过描点作图的方法在坐标系内形成一系列的点状图形。根据散点图中点的分布形状,可以归纳为六种类型,如表 6-8 所列。

表 6-8　散点图的基本形态与分析

图　形	x 与 y 的关系	主要结论
	强正相关 x 变大时,y 也变大	x 是质量指标 y 的重要因素。通过控制因素 x,可达到控制结果 y 的目的(用于因素分析); 代用质量指标 x 能很好地反映真实质量指标 y(用于分析质量指标间的关系); 两因素 x、y 有密切联系(用于因素间关系分析)
	强负相关 x 变大时,y 变小	
	弱正相关 x 变大时,y 大致变大	x 是影响质量指标 y 的因素,同时还应考虑其他因素(用于因果关系分析); 代用质量指标 x 能在一定程度上反映真实质量指标 y 的情况,应当再考察其他代用质量指标(用于分析质量指标间的关系); 两因素 x、y 有一定联系(用于因素关系分析)
	弱负相关 x 变大时,y 大致变小	

图　　形	x 与 y 的关系	主 要 结 论
	不相关 x 与 y 无任何关系	x 不是影响质量指标 y 的影响因素(用于因果分析); x 不能成为真实质量指标的代用质量指标(用于分析质量指标间的关系); 两因素 x、y 无关(用于因素关系分析)
	非线性相关	不存在相关系数 r,但是可以通过数学方法作相关变换,转化成线性相关的关系后,再作散点图

6.5.3　散点图的定量分析

1. 求相关系数,进行相关性判断

对照散点图的基本形态进行定性分析虽然简单直观,但它是很粗略的方法。为了更精确地进行相关判断,可以计算出相关系数。相关系数用 r 表示,其计算公式为

$$r = \frac{L_{xy}}{\sqrt{L_{xx}L_{yy}}} = \frac{\sum\limits_{i=1}^{n}(x_i - \bar{x})(y_i - \bar{y})}{\sqrt{\sum\limits_{i=1}^{n}(x_i - \bar{x})^2 \cdot \sum\limits_{i=1}^{n}(y_i - \bar{y})^2}} \tag{6-1}$$

式中,$L_{xy} = \sum\limits_{i=1}^{n}(x_i - \bar{x})(y_i - \bar{y}) = \sum\limits_{i=1}^{n}x_i y_i - \frac{1}{n}(\sum\limits_{i=1}^{n}x_i)(\sum\limits_{i=1}^{n}y_i)$;

$L_{xx} = \sum\limits_{i=1}^{n}(x_i - \bar{x})^2 = \sum\limits_{i=1}^{n}x_i^2 - \frac{1}{n}(\sum\limits_{i=1}^{n}x_i)^2$;

$L_{yy} = \sum\limits_{i=1}^{n}(y_i - \bar{y})^2 = \sum\limits_{i=1}^{n}y_i^2 - \frac{1}{n}(\sum\limits_{i=1}^{n}y_i)^2$。

温馨提示:当样本容量 n 值不大时,由相关系数计算公式算出的 r 值与真实的相关系数的误差一般较大,作研究分析参考还是可以的。若要确切知道相关或不相关,应进行相关性检验或不相关性检验。

可以根据相关系数 r 的值来判断散点图中两个变量之间的关系,如表 6-9 所列。

表 6-9　相关系数 r 的取值说明

r 值	两变量之间的关系
$r=1$	完全正相关
$0<r<1$	正相关(越接近 1,正相关性越强;越接近 0,正相关性越弱)
$r=0$	不相关
$-1<r<0$	负相关(越接近 -1,负相关性越强;越接近 0,负相关性越弱)
$r=-1$	完全负相关

在实际进行相关关系分析时,一般来说相关关系密切程度等级如表 6-10 所列。

表 6-10　相关关系密切程度

相关系数绝对值 $|r|$	0.3 以下	0.3~0.5	0.5~0.8	0.8 以上
相关密切程度等级	不相关	低度相关	显著相关	高度相关

温馨提示:相关系数 r 值所表示的两个变量之间的相关关系是指线性相关。因此,当 r 的绝对值很小甚至等于 0 时,并不表示 x 与 y 之间就不存在任何关系,只能说明它们之间不存在线性相关关系。

2. 求线性回归方程

设回归方程为直线方程: $y=ax+b$。根据给定公式有

$$\begin{cases} a=\dfrac{\displaystyle\sum_{i=1}^{n}(x_i-\bar{x})(y_i-\bar{y})}{\displaystyle\sum_{i=1}^{n}(x_i-\bar{x})^2} \\ \\ b=\bar{y}-a\bar{x}=\dfrac{\displaystyle\sum_{i=1}^{n}y_i}{n}-a\dfrac{\displaystyle\sum_{i=1}^{n}x_i}{n} \end{cases} \tag{6-2}$$

6.5.4　散点图的绘制

(1) 选定分析对象。分析对象可以是质量特性值与影响因素之间的关系,也可以是质量特性值之间的关系,或者是影响因素之间的关系。

(2) 收集数据。所要研究的两个变量如果一个为原因,另一个为结果,则一般取原因变量为自变量,取结果变量为因变量。通过抽样检测得到两个变量的一组数据序列。为保证必要的判断精度,数据一般不少于 30 对。

(3) 在坐标上描点。在直角坐标系中,把上述对应的数据组序列以点的形式一一描出

（当两对数据值相同，即数据点重合时，可围绕数据点画同心圆表示，或在该点最近处画点）。一般来说，横轴与纵轴的长度单位选取要使两个变量的散布范围大致相等，以便分析两变量之间的相关关系。

6.5.5　绘制散点图的注意事项

（1）绘制散点图时，首先要注意对不同性质的数据进行正确的分层，否则可能导致不正确的判断结论。

（2）对于图中出现明显偏离群体的点，要查明原因。对于被确定为异常的点应删除。

（3）坐标轴的划分刻度要适当，否则，图形变化太大，将使判断失误。

（4）散点图相关性规律的应用范围一般局限于观测值数据的范围内，不能任意扩大相关判断范围。在取值范围不同时，应再做相应的试验与分析。

6.5.6　散点图的应用实例

【例 6-4】　统计某部飞机 12 个月的飞行小时与故障数的数据，如表 6-11 所列。试绘出散点图，并进行相关性分析。

表 6-11　飞行小时与故障数的统计数据

月份	1	2	3	4	5	6	7	8	9	10	11	12
飞行小时	255	257	332	277	286	245	218	202	283	313	305	234
故障数	39	42	45	45	44	36	33	34	42	46	44	40

解：将飞行小时视作 x，故障数视作 y，根据表 6-11 中数据，在坐标系中描点得到散点图，如图 6-9 所示。

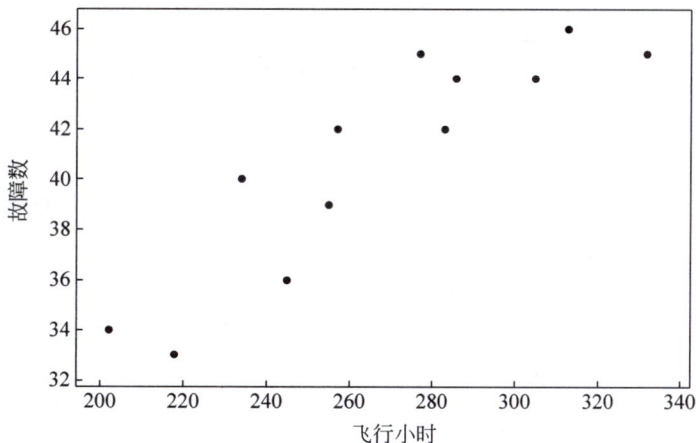

图 6-9　某部飞机飞行小时和故障数散点图

根据散点图观察分析两个变量之间有无相关关系。从图中可以大致看出点围绕某直线方向散布,其中随着飞行时间的增长,故障数有增加趋势。

按表 6-11 的数据,由式(6-2)计算其相关系数 $r=0.892$,说明故障数与飞行小时之间具有高度正相关关系。

值得注意的是,由式(6-2)计算出的相关系数,当样本容量较小(例如 $n<20$)时,它与母体真实相关系数的误差一般较大,故只能将 r 值作参考。当样本容量 n 相当大(例如 $n>50$)时,将其作为母体真实相关系数的近似值才比较合适。

视频讲解

初识控制图

6.6　判稳定——控制图

自 1924 年美国学者休哈特博士首创控制图,提出统计过程控制(Statistical Process Control,SPC)的理论和方法以来,统计过程控制无论是理论还是实际应用,均得到了不断的发展和完善。控制图在质量控制中是非常重要的,而且应用也非常广泛。在维修质量控制中,控制图可用于装备可用性、质量控制、故障次数、停机时间、备件储备等领域,是装备维修质量控制的核心工具。

6.6.1　控制图的概念

控制图(Control Chart)是用来展示从计量数据或计数数据中得到的统计度量的图。控制图是根据假设检验原理构造的一种图,利用科学方法对工作过程(如生产过程、维修过程)质量进行测定、记录,区分质量特性值的波动是由于偶然原因还是系统原因所引起,从而判定工作过程是否处于控制状态,是统计质量管理的一种重要手段和工具。在维修质量控制中,控制图是一种动态的,能够进行过程观察与动态监控的分析工具。

思政聚焦——科学精神:【控制图的产生】20 世纪 20 年代,美国贝尔电话实验室成立了过程控制课题的研究组。休哈特主张对生产过程进行控制,首创了生产过程监控的工具——控制图,并于 1931 年出版了《产品质量的经济控制》一书,这本专著奠定了质量控制理论的基础。休哈特首创控制图,绝不是偶然的。因为休哈特工作的贝尔实验室是研究自动电话机的。在当时,每部电话机有 201 个零件,而实施电话机之间的通信装置更为复杂,有 11 万个零件,生产电话机和通信装置的材料不但数量较多,而且价格昂贵。如何在生产中提高质量、降低成本成为一个必须突破的难题。当时数理统计的理论已有了突飞猛进的发展,这为休哈特的控制图的发明提供了必不可少的理论基础,休哈特的控制图由此产生了。同时,德国柏林大学贝格等 3 人得出了和休哈特几乎类似的结论,这也说明控制图的发明是时代造就的质量管理成果。(资料来源:百度文库.)

6.6.2　控制图的结构

　　控制图的基本结构是在直角坐标系中画三条平行于横轴的直线,中间一条实线为中心线(CL,表示样本组均值),上、下两条虚线分别为上控制界限(UCL)和下控制界限(LCL)。横轴表示按一定间隔抽取样本而形成的样本组(子组)编号。子组是指取自同一过程的一组数据,所得到的分组数据使组内差异尽量小,组间差异尽量大。控制图要求数据是以较为规律的间隔从合理子组中取得。间隔可以用时间(例如,每小时)或数目(每批)加以定义。通常情况下,数据是以样本或子组的形式从过程中获得的,有着相同的过程特性、相同的测量单位和相同的子组大小。纵轴表示根据子组计算的、表达某种质量特征的统计量的数值(例如,子组均值、子组极差、标准差等)。在控制过程中,按计划抽取样本,把测得的点按编号顺序描在图上,点与点之间用实线段相连接,即控制图上的点对应着由子组特性的取值与子组编号所形成的成对数据。控制图的基本样式如图 6-10 所示。

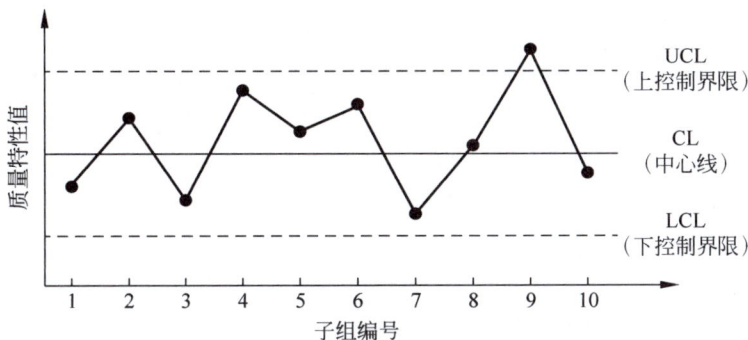

图 6-10　控制图的基本样式

6.6.3　控制图的分类

　　一般情况下,质量管理工作中收集到的信息都是一些数据。根据采用数据统计特性的不同,控制图可分为计量型控制图和计数型控制图,其中计数型控制图又可分为计件值控制图和计点值控制图。常规控制图的基本类型如表 6-12 所列。

表 6-12 控制图类别一览表

数据类型	数据	分布类型	控制图种类	记号	说　　明
计量型	计量值	正态分布	均值—极差控制图	$\bar{X}$-R 图	子组为计量数据。标出子组的均值或中位数,以及子组极差或者子组标准差
			均值—标准差控制图	$\bar{X}$-S 图	
			中位数—极差控制图	$\widetilde{X}$-R 图	
			单值—移动极差控制图	I-MR 图	单个计量数据,标出观测值移动极差
计数型	计件值	二项分布	不合格品率控制图	p 图	计件数据,如不合格品数等
			不合格品数控制图	np 图	
	计点值	泊松分布	单位不合格数控制图	u 图	计点数据,如缺陷数,瑕疵数等
			不合格数控制图	c 图	

视频讲解

控制界限的确定

6.6.4 控制图的原理

控制图中的控制界限是判断工作过程状态是否存在异常因素的标准尺度,它是根据数理统计的原理计算出来的。若样本质量特性值服从正态分布(或虽服从二项分布或泊松分布,但样本容量足够大),那么在正常情况下,各样本质量特性值仅受偶然原因的影响,将只有很少一部分不符合质量要求,绝大多数样本质量特性值都应该出现在控制界限之内。因此,在质量控制中,比较通用的方法是按"3σ 原则"确定控制界限,而把中心线定为受控对象质量特性值的平均值,即

$$\begin{cases} \text{UCL} = \mu + 3\sigma \\ \text{CL} = \mu \\ \text{LCL} = \mu - 3\sigma \end{cases} \tag{6-3}$$

正态分布时,在正态曲线下总面积的特定百分数可以用标准偏差的倍数来表示。例如,正态曲线下以 $\mu \pm \sigma$ 为界限的面积为正态曲线下总面积的 68.27%。类似地,$\mu \pm 2\sigma$ 为 95.45%,$\mu \pm 3\sigma$ 为 99.73%,如图 6-11 所示。

在正常情况下按"3σ 原则"的质量特性值落在控制界限之外的概率是 0.27%。这就是说,在 1000 次中约有 3 次把正确的误断为不正确的错误,称为第一类错误,或称为"弃真"错误,发生这种错误的概率通常记为 α,若把界限扩大为 $\mu \pm 4\sigma$,第一类错误的概率为 0.0006,这就是指在 10 万次中约有 6 次误断错误,概率显然是非常小的。可是把控制界限如此扩大,失去发现异常原因而引起的质量变动的机会也扩大了,即把不正确的误断为正确的错误增大了,称为第二类错误,或称为"纳伪"错误,发生这种错误的概率通常记为 β。由于控制图是通过抽样来控制过程质量的,所以这两类错误是不可避免的。对于控制图,中心线一般是对称轴,而且上下控制界限是平行的,因此所能变动的只是上下控制界限的间距。若将间

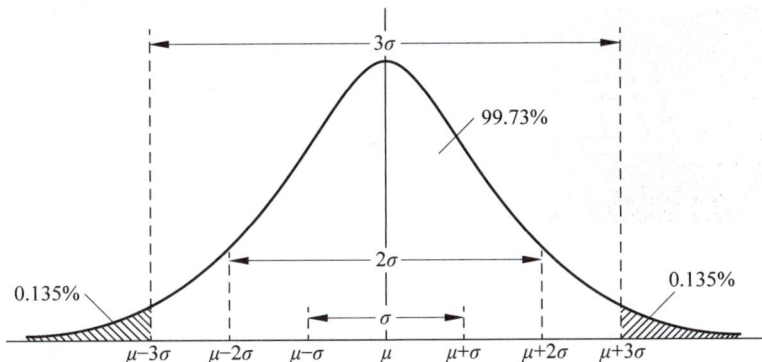

图 6-11　正态分布的 3σ 原理

距增大,则 α 减小而 β 增大;反之,则 α 增大而 β 减小,因此,只能根据这两类错误造成的总损失最小来确定上下控制界限。实践经验证明,应用"3σ 原则"确定的控制界限能使这两类错误造成的总损失最小,这也就是为什么取 $\mu\pm3\sigma$ 作为控制界限的原因。

控制图的实质是区分偶然性原因和系统性原因两类因素,选用 $\mu\pm3\sigma$ 作为偶然性原因与系统性原因的判别界限,把落在控制界限以内的质量特性看作是正常的,把落在控制界限以外的质量特性看作是异常的,这就对维修质量起到了控制界限判断标准的作用。

6.6.5　控制图的判读

对于维修质量管理用控制图,不仅要会画,还要善于观察分析,从中提取有关维修工作质量的状态信息,一旦发现异常,及时查明原因,采取有效措施,使维修工作过程正常进行。一般而言,控制图上的样本点反映了维修工作过程的稳定程度。当工作处于正常稳定状态时,控制图上的样本点就随机分布在中心线两侧,离开中心线,接近上下控制界限的点就很少。因此,工作过程的稳定状态应当满足两个条件:一是没有样本点越出控制界限;二是样本点在控制界限内排列没有缺陷(异常)。否则,只要有一条不满足,工作过程就是处于非正常稳定状态,亦即非控制状态。由此可见,观察分析控制图,鉴别样本点排列有无缺陷是个重要问题,下面介绍控制图判读准则。

视频讲解

控制图的判读

1. 判稳准则

判稳准则就是接受过程处于稳定状态的假设,即小概率事件未曾发生。通常收集 25 组大小为 4 或 5 的子组(计量值控制图),如果满足:①样本点在中心线周围随机分布,②样本点在控制界限内,③无异常模式或趋势,④过程稳定可预测,就说明过程处于统计过程控制状态。

思政聚焦——科学思维:【小概率事件】说某人射击命中目标的概率为0.8,这个0.8是怎么得来的呢?是来自以往大量的射击实践,比如他曾有过100次射击经历,其中命中80次,射击次数越多,这个概率就越可靠。可见概率的背后有大量的试验,这是支撑概率的条件。当概率很大(超过0.9)或很小(小于0.1)时,对一次试验是有指导意义的。可以认为小概率事件在一次试验中基本上不会发生,这就是小概率原理。但试验次数多时,小概率事件就不适用了,概率再小,也有可能发生。比如飞机失事的报道很多,但是人们仍然向往着坐飞机出行,又比如人们在做决策时,有90%以上的把握,一般都会说"不出意外的话肯定成功"。

启示:小概率原理不能保证没有风险,以概率的观点看问题,凡有随机因素,便不可能有绝对的把握,对此要有清醒的认识,力求做到"防微杜渐"。(资料来源:李晓男,顾海洋.质量管理与控制技术基础[M].北京:北京理工大学出版社,2017.)

2. 判异准则

判异的基本准则是:①样本点超出控制界限;②样本点在控制界限内,但是排列不随机。就其本质而言,判异就是拒绝过程处于稳定状态的假设,使小概率事件发生。下面介绍常用的8种判异准则,如果控制图出现这些情况,我们可以合理地确信过程是不稳定的。为了应用这些准则,在$\pm\sigma$、$\pm2\sigma$处增加了辅助控制界限,从而将控制图划分为6个区域,中心线向外依次为C区、B区、A区,如图6-12所示。

准则1:一个点落在A区之外,如图6-13所示。

准则2:连续9点落在中心线同一侧,如图6-14所示。

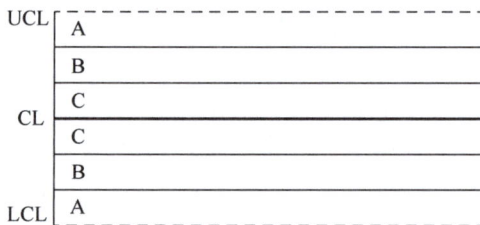

图6-12 控制图的分区

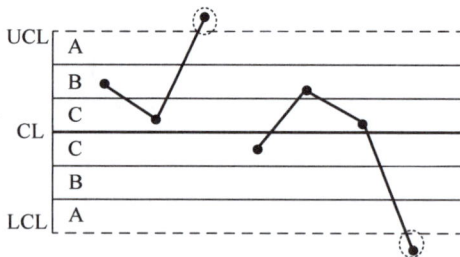

图6-13 准则1

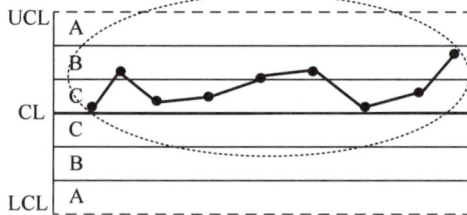

图6-14 准则2

准则3:连续6点递增或递减,如图6-15所示。

准则4:连续14点中相邻点上下交替,如图6-16所示。

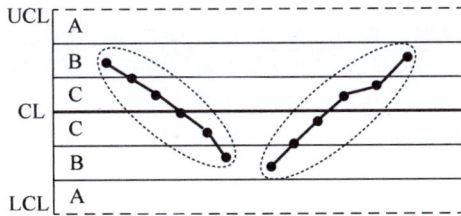

图 6-15　准则 3

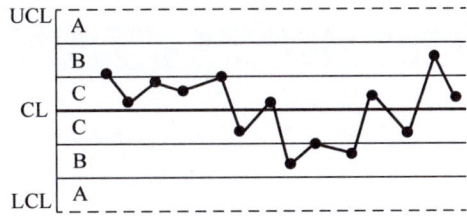

图 6-16　准则 4

准则 5：连续 3 点中有 2 点落在中心线同一侧的 B 区以外，如图 6-17 所示。

准则 6：连续 5 点中有 4 点落在中心线同一侧的 C 区以外，如图 6-18 所示。

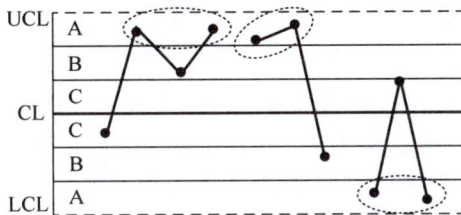

图 6-17　准则 5

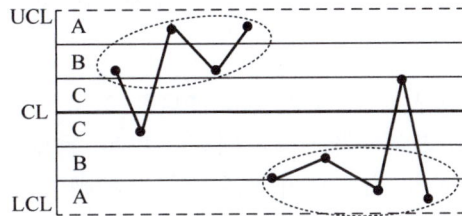

图 6-18　准则 6

准则 7：连续 15 点落在中心线两侧的 C 区以内，如图 6-19 所示。

准则 8：连续 8 点落在中心线两侧且无 1 点在 C 区以内，如图 6-20 所示。

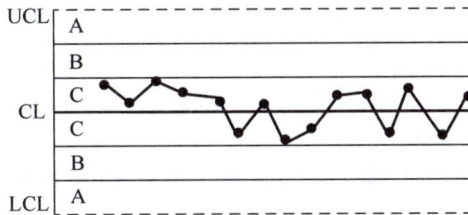

图 6-19　准则 7

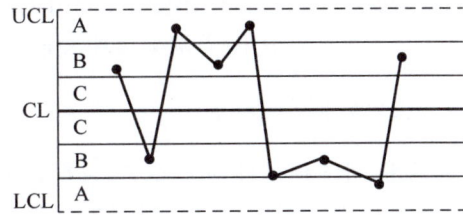

图 6-20　准则 8

3. 判异准则小结

为便于查阅，将控制图判异准则总结如表 6-13 所列。

表 6-13　判异准则小结

序号	判　异　准　则	针　对　对　象	控制图上的控制范围
1	点出界	界外点	控制界限以外
2	链长≥9	参数 μ 的变化	控制界限内全部

155

续表

序号	判 异 准 则	针 对 对 象	控制图上的控制范围
3	连续 6 点倾向	参数 μ 随时间的变化	控制界限内全部
4	连续 14 点中相邻点交替上下	数据分层不够	数据分层不够
5	连续 3 点中 2 点落在中心线同一侧 B 区外同一侧	参数 μ 的变化	控制图 A 区
6	连续 5 点中 4 点落在中心线同一侧 C 区外	参数 μ 的变化	控制图 B 区
7	连续 15 点落在中心线两侧的 C 区内	参数 σ 变小或数据分层不够	控制图 C 区或数据分层不够
8	连续 8 点落在中心线两侧且无一点在 C 区内	数据分层不够	数据分层不够

从表 6-13 可见，判异准则 1、2、3、5、6、7 的控制范围已经覆盖了整个控制图，判异准则 4、8 用以判断数据分层问题。其实，数据分层问题绝不止于表 6-13 中所提到的这两三种，故可断言，表 6-13 中的 8 种判异准则不可能用以判断常规控制图所有可能发生的异常情形；当然，出现判别不了的情形的可能性是相当小的。

视频讲解

控制图的绘制

6.6.6　控制图的绘制

在控制图中，常用的典型控制图是均值—极差图，即 $\overline{X}$-R 图，下面以 $\overline{X}$-R 图为例来说明控制图的绘制过程。

1. 收集数据

按照控制图判稳准则的要求，数据的收集组数应不低于 25 组，每组内部数据不少于 2 个，收集过程中要确保人、机、料、法、环处于相对稳定状态。

2. 计算所需统计量

统计量是用于计算控制界限的量，控制图类型不同所需计算的统计量也不同。对于计量值 $\overline{X}$-R 控制图来说，需要计算的统计量有：子组的平均值，数据总平均值（子组平均值 $\overline{X}$ 的平均值）$\overline{\overline{X}}$，子组极差值 R（子组内最大值与最小值之差）以及子组极差的平均值。

3. 计算控制界限

由于控制图是以"3σ 原则"为基础所构建，所以尽管不同类型控制图控制界限的计算公式不同，但是基本都遵循"3σ 原则"，即：中心线 CL 为 μ 表示样本均值，上控制界限 UCL 为 $\mu+3\sigma$，下控制界限 LCL 为 $\mu-3\sigma$。在应用时，如果参数均已知，直接代入公式 $\mu\pm3\sigma$ 即可，若参数未知则需要进行估计,具体估计公式参照国标查找(见表 6-14),公式中的系数可从常规计量控制图控制界限系数表(见表 6-15)中查出。

表 6-14 常规计量控制图控制界限公式表

统计量	标准值未给定		标准值给定	
	中心线	UCL 与 LCL	中心线	UCL 与 LCL
$\overline{X}$	$\overline{X}$	$\overline{X} \pm A_2 \overline{R}$	X_0 或 μ	$X_0 \pm A\sigma_0$
R	$\overline{R}$	$D_4 \overline{R}, D_3 \overline{R}$	R_0 或 $d_2\sigma_0$	$D_2\sigma_0, D_1\sigma_0$

X_0、R_0、μ、σ_0 为标准值,系数可由表 6-15 中查得

表 6-15 常规计量控制图控制界限系数表

子组大小 n	均值控制图			极差控制图						
	控制界限系数			控制界限系数					中心线系数	
	A	A_2	A_3	D_1	D_2	D_3	D_4	d_3	d_2	$1/d_2$
2	2.121	1.880	2.659	0	3.686	0	3.267	0.853	1.128	0.8865
3	1.732	1.023	1.954	0	4.358	0	2.574	0.888	1.693	0.5907
4	1.500	0.729	1.628	0	4.698	0	2.282	0.880	2.059	0.4857
5	1.342	0.577	1.427	0	4.918	0	2.114	0.864	2.326	0.4299
6	1.225	0.483	1.287	0	5.078	0	2.004	0.848	2.534	0.3946
7	1.134	0.419	1.182	0.204	5.204	0.076	1.924	0.833	2.704	0.3698
…	…	…	…	…	…	…	…	…	…	…

4. 绘制控制图

依据计算得到的控制界限数值,在坐标轴上绘制出 CL、UCL、LCL。有时为了更精确地控制过程的变化,还要在 $\pm\sigma$、$\pm 2\sigma$ 处增加辅助控制界限,然后选取每个子组作为一个样本点,将子组的均值按时间顺序标记在控制图中,彼此间用实线段相连。

6.6.7 控制图的应用实例

$\overline{X}$-R 控制图是计量值控制图中最常用的一种质量控制工具。它是由均值控制图($\overline{X}$ 控制图)和极差控制图(R 控制图)联合使用的。正态分布 $N(\mu, \sigma^2)$ 的总体参数有均值 μ 和标准差 σ,均值控制图用来控制 μ 的变化,极差控制图用来控制 σ 的变化。这样,应用均值—极差控制图就完全可以对计量型数据的异常波动进行控制了。

【例 6-5】 选取某部第四季度飞机完好率数据 90 个,按时间先后排列,3 个数据分为一组,共 30 组,如表 6-16 所列。试用 $\overline{X}$-R 控制图对飞机完好率做简要分析。

表 6-16　某部第四季度飞机完好率数据表

子组号	飞机完好率/%			均值	极差	子组号	飞机完好率/%			均值	极差
	X_1	X_2	X_3	$\overline{X}$	R		X_1	X_2	X_3	$\overline{X}$	R
1	88.4	88.1	87	87.83	1.40	16	92.1	92.1	92.3	92.17	0.20
2	89.2	89.2	87.7	88.70	1.50	17	92.4	93.4	93.9	93.23	1.50
3	84.7	84	84	84.23	0.70	18	93.6	85.4	84.5	87.83	9.10
4	83.9	84.2	87.2	85.10	3.30	19	86.4	86.7	89.5	87.53	3.10
5	89.6	89.6	89.4	89.53	0.20	20	89.3	89.4	91.4	90.03	2.10
6	88.7	88.8	88.8	88.77	0.10	21	88.8	88.7	90	89.17	1.30
7	88.8	88.7	88.7	88.73	0.10	22	88.3	88.5	85.6	87.47	2.90
8	90.9	93.2	90.7	91.60	2.50	23	86.6	86.6	88.9	87.37	2.30
9	90.3	91	91	90.77	0.70	24	88.3	86.6	90.5	88.47	3.90
10	91.8	93.1	92.9	92.60	1.30	25	88.1	90.2	90.5	89.60	2.40
11	90.5	92.2	92.2	91.63	1.70	26	88.7	86.7	84.5	86.63	4.20
12	93.5	93.5	93.3	93.43	0.20	27	84.7	87.5	89.3	87.17	4.60
13	93.6	92.8	93.5	93.30	0.80	28	89.5	85.7	87.1	87.43	3.80
14	93.5	93.4	93.4	93.43	0.10	29	86.4	85.3	84.7	85.47	1.70
15	93.5	93.3	93.4	93.40	0.20	30	86.2	84.7	85.3	85.40	1.50

1. 计算统计量

计算每个子组的均值：$\overline{X} = (X_1 + X_2 + X_3)/3$，结果显示为表 6-16 中 $\overline{X}$ 列。

计算每个子组的极差：$R = \max(X_i) - \min(X_i)$，结果显示为表 6-16 中 R 列。

计算 30 个子组的总均值：

$$\overline{\overline{X}} = \frac{1}{30}\sum_{i=1}^{30}\overline{X}_i = 89.27$$

计算 30 个子组极差的均值：

$$\overline{R} = \frac{1}{30}\sum_{i=1}^{30}R_i = 1.98$$

2. 计算控制界限

根据表 6-14 给出的公式，可分别计算出 $\overline{X}$ 图和 R 图的控制界限，公式中系数 A_2、D_4 可从常规计量控制图控制界限系数表（见表 6-15）中查出。

对于 $\overline{X}$ 图，有

$$\mathrm{CL}_{\overline{X}} = \mu = \overline{\overline{X}} = 89.27 \tag{6-4}$$

$$\mathrm{UCL}_{\overline{X}} = \overline{\overline{X}} + A_2\overline{R} = 89.27 + 1.023 \times 1.98 = 91.29 \tag{6-5}$$

$$\text{LCL}_{\overline{X}} = \overline{\overline{X}} - A_2\overline{R} = 89.27 - 1.023 \times 1.98 = 87.24 \qquad (6\text{-}6)$$

对于 R 图,有

$$\text{CL}_R = \mu_R = \overline{R} = 1.98 \qquad (6\text{-}7)$$

$$\text{UCL}_R = D_4\overline{R} = 2.574 \times 1.98 = 5.10 \qquad (6\text{-}8)$$

$$\text{LCL}_R = D_3\overline{R} = 0 \times 1.98 = 0 \qquad (6\text{-}9)$$

3. 绘制控制图

根据所计算的 $\overline{X}$ 图和 R 图的控制界限,分别建立两张图的坐标系,并对各子组数据统计量、样本号相对应的数据,在控制图上打点、连线,即可得到 $\overline{X}\text{-}R$ 控制图,如图 6-21 所示。

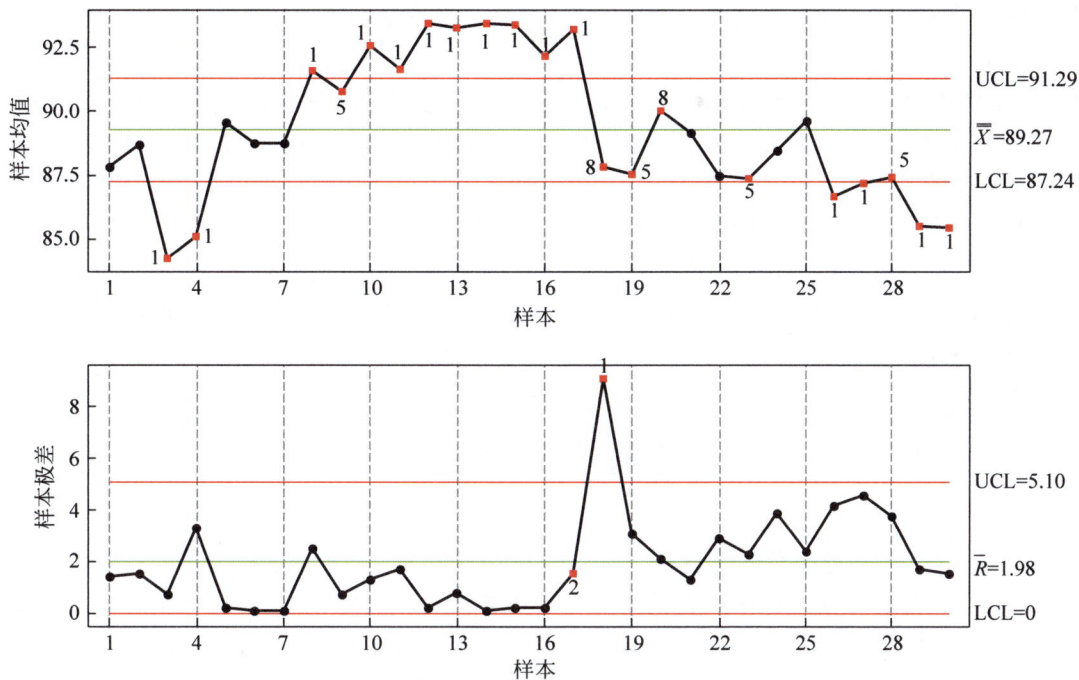

图 6-21　某部第四季度飞机完好率 $\overline{X}\text{-}R$ 控制图

4. 结果分析

(1) 图中样本组(3、4、26、27)低于控制下界限,样本组(8、10~17)高于控制上界限。依据控制图原理,只要样本落在控制界限外,过程即判为异常,在实际应用时,应当具体情况具体分析。作为飞机完好率,显然其百分比越高越好,也就是控制上界限没有意义,样本组(8、10~17)超过了控制上界限,说明这些时段飞机完好率很高,是所期望的。

(2) 从整个控制图来看,前面一段时间(样本组 1~17)整体呈现出一种上升的趋势,但是在样本组(3、4)上出现了波动,对应的样本极差值比较大。经过分析,该样本组正好对应10月初飞机换季的时间段,换季期间飞机的完好率相对偏低,符合实际情况,如果要避免大的波动出现,应采取特定检查或分批实施换季等措施。

(3)样本组(5~17)对应的时间段,飞机完好率百分比比较高,极差值波动小、相对稳定。一方面反映了飞机换季结束,整体性能高,另一方面反映了飞机完好率控制得好,质控人员应该认真总结这段时间内保证飞机完好率的经验,继续予以保持。

(4)样本组(18、19)对应的时间段,任务重、训练频率高,因此控制图上出现明显的转折,对应样本组内部极差值非常大。

(5)样本组(20~25)对应的时间段,虽然飞机完好率也在控制界限内,但大部分处于平均水平(控制图中心线)以下,而且波动也偏大,放任发展下去,飞机完好率会越来越差,将直接影响战斗力水平。质控人员应及时查找原因,适当提议增加检修频率,采取措施使飞机完好率百分比有所提升。

(6)样本组(26~30)对应的时间段,飞机完好率低于控制下界限。临近年末,天气寒冷、飞行任务少、年底检查较多、人员管理相对松散等因素的存在,使得完好率一直处于比较低的一个水平。

监控飞机完好率是控制图在装备质量控制中最典型的应用,利用控制图不仅可以对过程的稳定性进行评价,还可以预测过程的发展趋势,看似受控的过程,经过分析,会发现一些不易察觉的问题,在这些问题刚刚露出苗头,还没造成严重后果时,应及时纠正,避免事故的发生,做到防患于未然。

思考与讨论题

1. 抽查50个某型航空电子设备,其故障时间如表6-17所列。根据统计的故障数据,利用直方图分析分析该航空电子设备的寿命分布规律。

表 6-17　某型航空电子设备的故障时间　　　　　　　(单位:h)

16	33	57	73	95	113	131	148	167	212
261	281	306	327	352	381	411	438	499	522
549	578	604	650	683	738	775	813	889	936
993	1055	1097	1173	1254	1310	1378	1480	1572	1667
1743	1863	1999	2108	2260	2409	2624	2969	3572	4187

2. 为了找出引起某型飞机重大质量安全问题的主要因素,对近10年36起重大质量安全问题按4个方面进行了分类统计,如表6-18所列。利用排列图分析造成重大质量安全问题的主要原因。

表 6-18　某型飞机电子设备故障统计表

原　　因	重大质量安全问题频数	故障频率/%	累计故障频率/%
制造质量	20	55.6	55.6
维护责任	8	22.2	77.8
空勤操纵	5	13.9	91.7
翻修质量	3	8.3	100.0
总计	36	100.0	

3. 统计某型飞机近 3 年记录的机载电子设备故障有 150 次，按各装备分类的主次表如表 6-19 所列。利用统计分析软件绘制排列图并分析造成机载电子设备故障的主要原因。

表 6-19　某飞机电子设备故障统计表

机载电子设备	故 障 频 数	累计故障频数	故障频率/%	累计故障频率/%
电台	40	40	26.7	26.7
高度表	32	72	21.3	48.0
护尾器	20	92	13.3	61.3
无线电罗盘	18	110	12.0	73.3
信标机	16	126	10.7	84.0
应答机	10	136	6.7	90.7
雷达	8	144	5.3	96.0
其他	6	150	4.0	100.0

4. 为某翻修厂研究年度送修飞机架数与每年飞行时间的相关关系而收集的数据如表 6-20 所列。画出其散点图并分析其相关关系，若线性相关，则给出其线性方程。

表 6-20　飞行时间与送修飞机数统计表

序号	飞行时间 $X/10^4\text{h}$	送修飞机数 Y/架	序号	飞行时间 $X/10^4\text{h}$	送修飞机数 Y/架
1	8.0	90	11	17.0	220
2	9.0	110	12	18.4	200
3	10.0	130	13	19.0	210
4	10.5	120	14	20.0	265
5	11.0	115	15	21.0	283
6	12.5	170	16	22.0	265
7	13.7	150	17	23.7	260
8	14.0	190	18	25.7	340
9	15.4	165	19	26.0	320
10	16.0	185			

5. 某部为分析机械故障与气象条件间的关系，得到以下统计数据，如表 6-21 所列。试根据此组数据判断机械故障与月平均湿度是否独立。

表 6-21　机械故障与平均湿度的统计数据

月份	1	2	3	4	5	6	7	8	9	10	11	12
机械故障	72	51	65	118	97	59	81	59	67	107	85	79
平均湿度	57	63	59	67	66	58	74	78	82	76	75	59

6. 对某型飞机某机件全部加改装,要求其关键部位的配合间隙在 6.400~6.470mm 之间。试作 $\overline{X}$-R 控制图,对其加改装过程进行控制。统计数据如表 6-22 所列。

表 6-22　某机件关键部位配合间隙分组列表

序号	数据值$(X-6.4)/10^8$mm					均值	极差
	X_1	X_2	X_3	X_4	X_5		
1	47	32	44	35	20	35.6	27
2	19	37	31	25	34	29.2	18
3	19	11	16	11	44	20.2	33
4	29	29	42	59	38	39.4	30
5	28	12	45	36	25	29.2	33
6	40	35	11	28	33	29.4	29
7	15	30	12	33	26	23.2	21
8	35	44	32	11	38	32.0	33
9	27	37	26	20	35	29.0	17
10	23	45	26	37	32	32.6	22
11	29	44	40	31	18	32.4	26
12	31	25	24	32	22	26.8	10
13	22	37	19	47	14	27.8	33
14	37	32	12	38	30	29.8	26
15	25	40	24	50	19	31.6	31
16	7	31	28	18	32	23.2	25
17	38	0	41	40	37	31.2	41
18	35	12	29	48	20	28.8	36
19	31	20	35	24	47	31.4	27
20	21	27	38	40	31	31.4	19
合　计						594.2	537

7. 简述质量管理 7 种工具的特点与应用场合,并针对航空维修保障中的实际问题如何选择恰当的工具进行分析讨论。

言治骨角者，既切之而复磋之；

治玉石者，既琢之而复磨之；

治之已精，而益求其精也。

——《论语集注》

朱 熹①

第7章　精益六西格玛管理

📖 知 识 目 标

- ⊕ 理解六西格玛管理的科学内涵、组织结构和改进模式。
- ⊕ 掌握六西格玛管理的主要特点。
- ⊕ 理解精益管理的基本思想、原则。
- ⊕ 了解精益生产、精益维修的基本思想。
- ⊕ 理解精益六西格玛管理的内涵、体系。
- ⊕ 了解精益六西格玛管理在装备维修保障中的应用。

🔧 能 力 目 标

- ⊕ 初步掌握应用六西格玛管理思想的能力。
- ⊕ 初步掌握应用精益管理思想的能力。
- ⊕ 初步掌握运用六西格玛管理方法进行项目改进。

---

① 朱熹(1130—1200)　南宋理学家、教育家。字元晦，一字仲晦，号晦庵，别称紫阳，谥号文。博极群书，广注典籍，对经学、史学、文学、乐律以及自然科学有不同程度贡献。在哲学上发展了"二程"关于理气关系的学说，集理学之大成，建立了完整的理气一元论思想体系，世称"程朱学派"。著有《四书章句集注》《周易本义》《诗集传》《楚辞集注》。后人编纂有《晦庵先生朱文公文集》和《朱子语类》等。《论语集注》是朱熹诠注《论语》的经典之作。

思政育人目标

◇ 树立"六西格玛管理"思想，培养追求完美的质量品质。

◇ 树立"精益管理"思想，培养精益求精的大国工匠精神。

◇ 学习先进质量管理案例，激发报国强军的家国情怀和使命担当。

精益六西格玛管理是精益思想与六西格玛管理的结合，它是将解决"浪费"和"速度"问题的精益生产管理与解决"缺陷"和"波动"问题的六西格玛管理有机结合起来的一种综合方法，是一种基于数据，以客户要求为驱动的管理方法，同时关注消除浪费和降低变异。目的是通过整合精益生产与六西格玛管理，吸收两种生产模式的优点，弥补单个生产模式的不足，达到更佳的管理效果。本章主要介绍六西格玛管理、精益管理、精益生产、精益六西格玛管理及其在装备维修保障中的应用。

7.1　六西格玛管理

六西格玛（6σ，Six Sigma）原是统计学中的标准差的概念，但是现在质量管理中的六西格玛概念早已超出了其最初统计学上的意义。它事实上指的是一整套管理方法，不仅是指过程或产品业绩的一个统计量，更是指质量管理改进趋于完美的一个目标，是系统解决问题的方法和工具，是基于数据的一种决策方法。

7.1.1　六西格玛管理概述

1. 六西格玛管理的起源

六西格玛管理作为一种持续改进产品和服务质量的方法，最早起源于美国摩托罗拉（Motorola）公司。20世纪70年代后期，在日本企业的强大攻势下，几乎所有美国企业都面临着巨大的竞争压力。在这种形势下，摩托罗拉公司在首席执行官鲍勃·高尔文（Bob Galvin）的领导下从1980年开始了其"质量振兴计划"，内容包括加快产品开发、大幅度提高产品质量及通过调整生产过程来降低成本等，希望以此来提升企业的竞争力，从而能够和竞争对手抗衡。这一计划的核心构成便是所谓的六西格玛管理活动，这一活动成为摩托罗拉公司在全公司范围内实施的质量改进活动。六西格玛管理在摩托罗拉公司的实践成果显著，该公司在1988年荣膺极负盛名的美国马尔科姆·鲍得里奇国家质量奖。

2. 国内外应用情况

摩托罗拉公司的成功引起了其他公司的注意，许多著名企业如通用电气（GE）、IBM、西门子、飞利浦、三星等公司也都纷纷开展了这一活动,相继取得了很大成绩,其中以通用电气公司的成果最为显著。六西格玛管理受到了人们的广泛关注,越来越多的组织开始了六西格玛管理的实践,几乎所有的《财富》500 强的制造型企业都陆续实施六西格玛管理战略。

思政聚焦——他山之石:【通用电气六西格玛管理】 原通用电气(GE)的首席执行官杰克·韦尔奇(Jack Welch)曾指出:"六西格玛是 GE 从来没有经历过的最重要的发展战略。""六西格玛是 GE 历史上最重要、最有价值、最盈利的事业。我们的目标是成为一个六西格玛公司,这将意味着公司的产品、服务、交易'零缺陷'。""六西格玛永久地改变了 GE。每一个人——从黑带之旅涌现出来的六西格玛狂热者到工程师、审计员和科学家以及把公司领导向新环境的高层领导者——都是六西格玛的忠实信徒。六西格玛是公司的工作方式。"

改革开放后的中国也掀起了一个引进、学习六西格玛管理的热潮。华为、海尔、格力、宝钢、本钢、太钢、中国电信、西安航空发动机有限公司、中国空空导弹研究院、中航雷达与电子设备研究院、沈阳飞机工业(集团)公司、中航陕西飞机工业(集团)有限公司、中航北京航空材料研究院、中国航天动力技术研究院、西安航天发动机厂等单位均开展了广泛的六西格玛管理项目,并取得了显著的成果。在航空维修保障领域运用六西格玛理论,对维修保障流程中关键环节的动态数据和结果差错进行实时统计,并利用数学模型,对出现差错的原因进行数据化的分析,制定相应的解决对策,消除导致误差的因素,稳定工作质量,保证维修安全。

思政聚焦——质量案例:【华为的六西格玛管理】 在华为,六西格玛不仅仅是一个方法,而且已经演变为一个管理系统,将战略管理和战略执行力有效结合,发展成为可以使组织持续改进、增强综合能力、不断提高顾客满意度及经营绩效的管理理念和方法。华为六西格玛推行委员会在公司质量运营分委员会指导下,下设六西格玛推行组、技术组两个组和讲师、评委、辅导员三个资源池,担负起公司的总体规划、部署,有效支撑持续改进项目和各级做好持续改进工作,并向客户满意与质量委员会定期汇报持续改进工作的进展。华为建立了六西格玛专家培养认证总体框架,有从黄带、绿带、黑带到大黑带的完善流程和认证机制,

每年开展六西格玛项目 800 余个,已认证绿带 4000 余人,黑带 230 余人。据不完全统计,六西格玛改进项目使华为直接收益每年超过 20 亿元。例如,为持续改善加班问题,华为与一家供应商合作,试点导入六西格玛方法论,统计分析加班分布规律,识别加班影响因素,确认业务流程和生产过程存在的问题,从而制定针对性的改进措施。图为华为多元化的员工参加培训。(资料来源:[1]《中国质量管理最佳实践集萃》编委会.中国质量管理最佳实践集萃[M].北京:中国标准出版社,2023.[2]华为官网.)

3. 美国军队应用情况

美国国防部 2002 年导入六西格玛,美国陆军武器研发与工程中心是美国陆军精益六西格玛努力的项目龙头。美国国防部命令实施六西格玛来获得最佳的成本水平。美国军方的长期战略是要成为一个自力的精益六西格玛或持续改进组织,为了配合美国军方的长期战略,美国国防部自 2007 年以来组织了多期大黑带课程培训,授予了几十名军官大黑带资格。

美国海军部队众多部门都实施了六西格玛改进活动。从 2006 年以来,已经培训了 5000 多名海员和水兵作为六西格玛绿带或黑带,共完成了 2800 多个改进项目。这些改进项目包括供应商管理、服务和后勤部门。从 2006 年到 2007 年,海军部队估计节约资金超过 4.5 亿美元,投资收益比为 1:4。美国空军已经培训了 500 名六西格玛绿带和黑带,并且航空后勤中心因为质量改进获得了两个奖项。

通过实施如六西格玛的质量改进方法,美国军方已经节约了数十亿美元,这些节约费用的增长速度会随着国防部对于质量改进活动的推广而变得越来越快。

7.1.2 六西格玛的科学解释

1. 六西格玛的统计含义

西格玛(σ)在数理统计中表示"标准差",是用来表征任意一组数据或过程输出结果离散程度的指标,是一种评估产品和生产过程特性波动大小的统计量。当 μ 固定时,σ 越大,表示 x 的取值越分散,曲线越"矮胖";σ 越小,表示 x 的取值越集中,曲线越"瘦高",如图 7-1 所示。

σ 除了表示过程围绕平均值的离散程度,还可以用 σ 的个数衡量质量水平。以正态分布为例,从一个具体分布的平均值向两侧各移动一个 σ 的距离,落入该区间的概率是 68.26%,落入各 2 个 σ 区间的概率是 95.46%,落入各 3 个 σ 区间的概率是 99.73%,落入各 6 个 σ 区间的概率是 99.9999998%。也就是说,若产品质量控制在 6σ 水平,表示产品合格率不低于 99.9999998%,即每生产 100 万个产品,不合格品数不超过 0.002 个,考虑 1.5σ 的漂移,不合格率为百万之 3.4(即 3.4ppm(proportion per million))。表 7-1 列出了不同区间的百万机会缺陷数(Defect Per Million Opportunity,DPMO)和合格品率,其中 DPMO 和

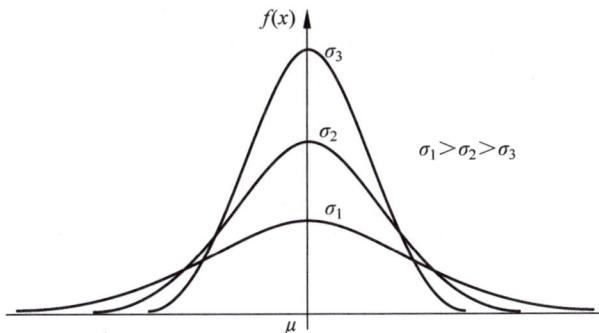

图 7-1　标准差不同的正态分布图

合格品率是在考虑平均值偏移标准中心 1.5 个 σ 的情况下计算出来的。

表 7-1　不同西格玛值下的合格品率

σ 值	DPMO 值	合格品率/%	以印刷错误为例	以钟表误差为例
1σ	691500	30.85	一本书平均每页 170 个错字	每世纪 31.75 年
2σ	308537	69.15	一本书平均每页 25 个错字	每世纪 4.5 年
3σ	66807	93.32	一本书平均每页 1.5 个错字	每世纪 3.5 个月
4σ	6210	99.38	一本书平均 30 页 1 个错字	每世纪 2.5 天
5σ	233	99.977	一套百科全书只有 1 个错字	每世纪 30 分钟
6σ	3.4	99.99966	一个小型图书馆的藏书中只有 1 个错字	每世纪 6 秒钟

　　思政聚焦——思想启迪:【如果管理水平达到 6σ 意味着什么?】 假定某型飞机一年执行战备训练任务出动 300 架次,其中 20 架次未能完成预定任务,从质量管理的角度看,该型飞机的任务完成率为 93.3%,大约为 3σ。如果该型飞机的任务完成率达到 6σ,这意味着每一百万次出动中仅有 3.4 次未完成任务,即其任务完成率可达 99.9996%,如果该型飞机每天出动一架次,这相当于每 805 年才出现一架次未完成任务的情况。所以 6σ 的管理水平几乎是完美的。

　　由于 σ 大小可以反映出质量水平的高低,所以在六西格玛管理中采用"σ 水平"的尺度来衡量过程绩效。水平越高,过程满足顾客要求的能力就越强,产生缺陷的概率就越低。六西格玛质量水平意味着差错率或不合格率为 3.4ppm。从统计意义上讲,一个过程具有六西格玛能力意味着过程平均值与其规格上下界限间的距离为 6 倍标准差。换言之,六西格玛质量是指过程控制在控制图的中心线 $\pm 6\sigma$ 范围内波动的质量。此时,过程波动减小,每 100 万次机会仅有 3.4 次落入规格界限以外。如果某产品质量水平达到 6σ,则每百万个产品的废品数少于 3.4 个,这已经达到了 99.99966% 的精度,远远超出了人们"万无一失"的

感受,几乎近于完美。因此,作为一种衡量标准,σ 的数值越小,σ 的个数越多,质量就越好。图 7-2 显示了不同质量特性正态分布曲线与质量标准组合示意图。

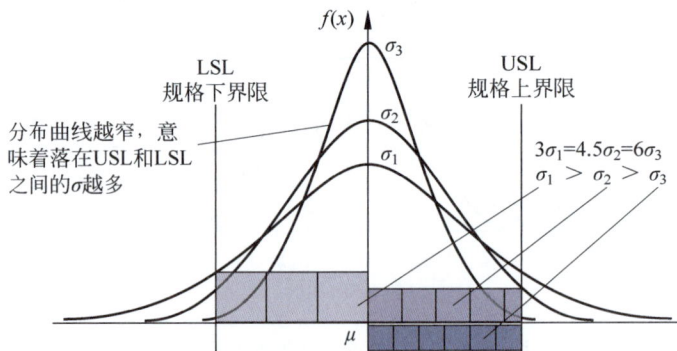

图 7-2　不同质量特性正态分布曲线与质量标准组合示意图

2. 六西格玛管理的含义

六西格玛管理是一套系统的业务改进方法,是一种旨在持续改进质量管理的流程,实现客户满意度的管理方法。它通过质量改进流程,实现无缺陷的过程设计,并对现有过程进行定义、测评、分析、改进和控制,消除过程缺陷和无价值作业,从而提高产品和服务的质量,降低成本,缩短运转周期,达到客户完全满意,增强企业的竞争力。目前,六西格玛管理已经成为一种理念、文化和方法体系的运用,它并不局限于解决质量问题,还应用于包括业务改进在内的各个方面,如时间、成本、服务等。其方法体系也不仅仅是统计技术,而是一系列的管理技术和工业工程技术的集成。

3. 六西格玛概念的延伸

(1) 六西格玛是一个质量尺度和追求目标。尽管六西格玛在统计上表示百万出错机会缺陷率为 3.4ppm,但这并不意味着六西格玛质量水准允许有缺陷,这一点和克劳士比的零缺陷管理并无本质上的冲突。六西格玛管理的本质在于通过持续改进,消除一切可能的缺陷。不要把六西格玛看成一个绝对静止的目标。西格玛水平与企业状况及质量水平密切相关,表 7-2 从一个层面上说明 6σ 已成为世界级企业的一个标志,是追求卓越的企业的一个目标。

表 7-2　西格玛水平与企业状况

σ 水平	企业等级	质量成本占销售额比例
$5\sigma \sim 6\sigma$	世界级企业水平	5%
$3\sigma \sim 4\sigma$	一般企业的水平	25%～30%
2σ 以下	较差企业的水平	35%～50%

（2）六西格玛是一种管理方法。六西格玛有两种常用方法，一种是在现有产品或流程中减少缺陷，使用 DMAIC 方法，即定义（Define）、测量（Measure）、分析（Analyze）、改善（Improve）、控制（Control）。另一种是在设计新产品或流程时，使用"DFSS"方法，即六西格玛设计（Design for Six Sigma）。

（3）六西格玛是一个卓越的管理系统。六西格玛的实质是以顾客为关注焦点、以数据为基础、以统计技术为突破口，实施对 SIPOC（供方、输入、过程、输出、顾客）的六西格玛项目以达到最佳效果。六西格玛管理系统一般包括管理子系统（MFSS）、过程子系统（PFSS）和计划子系统（DFSS）。

（4）六西格玛是一种文化境界。它强调以顾客满意为宗旨，以持续改进为策略，以统计数据为依据，以全员参与为方式。从某种意义上讲，六西格玛已成为一种新的质量文化或企业文化。①管理"量化"文化。传统企业管理定性研究多，定量研究少，决策或效果的判断，量化的因素不够，"拍脑袋"的比重较大。这不是因为没有认识到"量化"的重要性，而是"量化"过程难度大，要求工作更精细。同时这个过程专业性很强，需要所有的成员都要掌握相应的知识。六西格玛中有很多诸如 Minitab 等工具可以进行量化的分析工作。②效率文化。六西格玛在测量阶段即开始研究流程中的非增值环节。其目的是提高效率，避免无意义的流程浪费，六西格玛能将效率文化体现到每一项具体的工作中去。③自我超越的文化。六西格玛超严质量水平和追求完美的理念，需要通过建立共同远景、团队学习和系统思考，这一过程是创建学习型组织、使企业克服智障、永葆青春活力的一条很好的路径，对于个人还是企业，都是一次实现自我超越的机会。

思政聚焦——思想启迪：【管理的三个层次】质量管理也可分三个层次，初级（物理）：关注的是产品本身，围绕产品实施控制。中级（事理）：关注上升到体系、程序、流程、法规、制度层面。高级（人理）：关注的是人，强调质量意识、质量培训和质量文化。物是可以控制和管理的，但人是不能够被控制的，人需要文化进行管理与统一。

思政聚焦——质量案例：【厦航——文化助力质量战略】文化是实现质量效益的发展动能，文化是凝聚企业中每一个个体价值观与企业整体价值观和谐统一的软实力。厦航在长期的发展过程中，形成了"爱企如家"的质量文化；在厚重的质量氛围中，形成人人重质量、人人讲质量的"质量自觉"。厦航以"家"文化来成就企业质量文化。企业真心对待员工，关心爱护员工，使员工感受到家的温暖，

而员工更加自觉自发地爱企如家，真心真情服务旅客，自觉将"诚信、坚毅、和谐、精进"的企业价值观落到实处。2016 年，厦航荣获我国质量管理领域的最高荣誉——第二届中国质量奖。（资料来源：[1]《中国质量管理最佳实践集萃》编委会.中国质量管理最佳实践集萃[M].北京：中国标准出版社，2023.[2]厦航官网.）

7.1.3 六西格玛管理的特点

1. 强调以顾客为中心,实行对顾客的真正关注

六西格玛管理的根本宗旨是"以顾客为关注焦点",把对顾客的关注看作是至高无上的,强调通过满足并超出顾客的期望和需求,不断提高顾客的满意度。六西格玛管理无论是改进模式还是设计模式都是以顾客满意和过程增值为追求目标的。各个企业在质量领域需要改进的内容可以涉及方方面面,企业只能以有限的人力、物力、财力去应对这种改进。那么必须抓住对顾客满意和过程增值最为敏感、最为有效的项目进行实践。这就是所谓的"顾客质量关键特性"。这种特性的界定和优化成为六西格玛管理的最丰富的源泉和动力。

思政聚焦——质量案例:【华为"以客户为中心"质量管理模式】华为业务遍及 170 个国家和地区,为全球 30 多亿人提供服务。华为致力于把数字世界带入每个人、每个家庭、每个组织,构建万物互联的智能世界。"为客户服务是华为生存的唯一理由;顾客需求是华为发展的原动力。"这是华为一直以来的认识,也是华为企业战略的核心。长期以来,华为始终围绕"以客户为中心"这一核心价值观,持续开展自我批判,在全公司强化以客户为中心的思想。华为通过管理者质量问责制,构建公司自上而下重视质量的文化氛围,真正做到以客户为中心。华为坚持开放式敏捷创新模式,快速高效地打造有竞争力的产品和解决方案,为客户创造价值。此外,华为在各领域全面开展长期的持续改进工作,提升公司的管理水平和质量管理能力。2016 年,华为凭借"以客户为中心"的华为质量管理模式荣获我国质量管理领域的最高荣誉——第二届中国质量奖。图为在海拔两千多米的北京海坨山山顶,华为维护团队不畏严寒对网络进行维护测试,确保高清视频直播质量。(资料来源:[1]《中国质量管理最佳实践集萃》编委会.中国质量管理最佳实践集萃[M].北京:中国标准出版社,2023.[2]华为官网.)

2. 强调质量改进的效益,实行零缺陷管理

六西格玛管理进行质量改进的主要目标有两个:一是提高顾客满意度。通过提高顾客满意度来占领市场、开拓市场,从而提高组织的效益;二是降低资源成本。通过降低资源成本,尤其是不良质量成本损失从而增加组织的收入。这与传统的质量改进通过减少缺陷来降低质量成本不同,六西格玛管理是强调通过"零缺陷"的管理,在控制质量成本的同时还要增加收入,即从降低成本和增加收入两条途径进行质量改进活动。六西格玛管理十分重视对业务流程中的非增值环节的分析,力求减少非增值活动,追求"零缺陷"的目标。这是基于到达六西格玛水平时,百万单位不合格率仅为 3.4,这比三西格玛水平提高了两万倍以上。所以六西格玛管理提出了极高的质量标准,即追求"零缺陷"。

思政聚焦——质量强国:【**航天二院追求"一次成功"的矩阵式质量管理模式**】中国航天科工集团第二研究院(以下简称"航天二院")创建于 1957 年,现为中国空天防御技术总体研究院,是中国导弹工业的摇篮、中国航天事业的中坚力量。航天二院追求"一次成功"的矩阵式质量管理模式的实施,最终是要实现"设计一次到位,制造一次合格,验证一次成功,产品交付后全寿命周期稳定,产品质量和服务质量持续提高"。航天二院秉承"国家利益高于一切"的核心价值观,坚持"科技强军、航天报国"的神圣使命,通过构建以单位管理质量体系为横向、以航天工程项目产品保证为纵向,以航天产品作为"连接点"和"落实点",将"一次成功"的理念和实现"一次成功"的质量方法有机编织成系统性矩阵布局,所实施的一系列技术和管理活动,以最终保证工作质量和产品质量符合要求为目标。该模式的核心是"全过程体

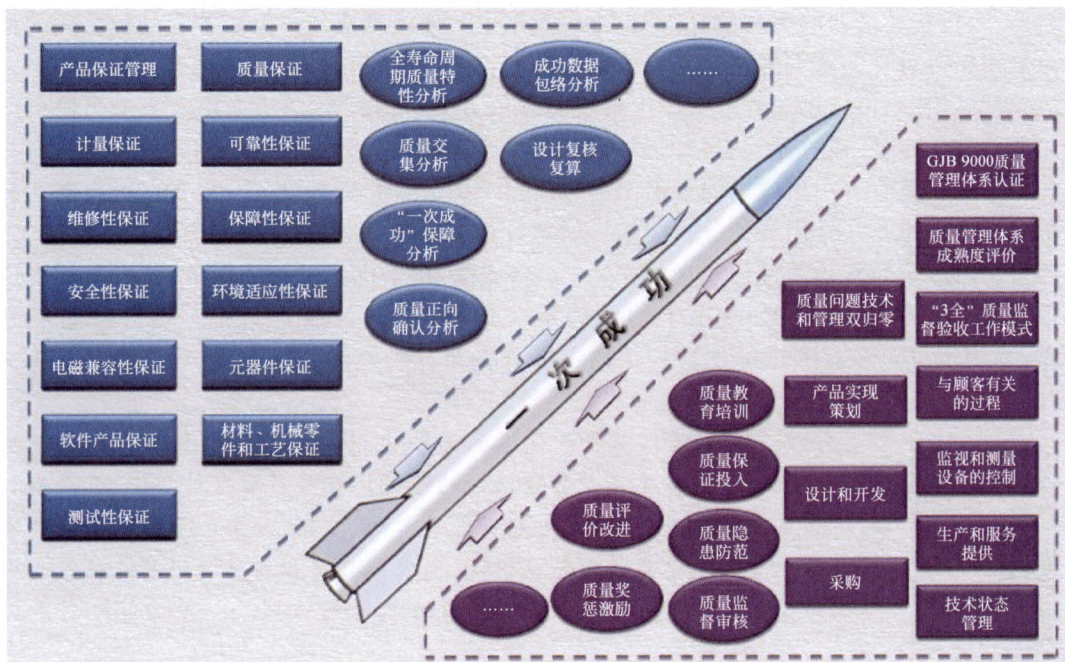

系活动"和"全方位产品保证",全面提升企业质量管理的系统预防能力和过程控制能力,以筑牢企业质量发展的基石,打造质量发展的引擎。

2016年,航天二院凭借追求"一次成功"的矩阵式质量管理模式荣获我国质量管理领域的最高荣誉——第二届中国质量奖。航天二院先后荣获中国质量奖、全国质量奖卓越项目奖、全面质量管理推进40周年杰出推进单位、QC小组国际金奖等。面向未来,航天二院始终坚持强军首责,坚持系统观念,深耕主责主业,提升供给能力,提升产业链供应链现代化水平,争当原创技术策源地和现代产业链链长,努力成为具有全球竞争力和品牌影响力的防务装备体系整体解决方案提供商和产品供应商,全面增强竞争力、创新力、影响力、控制力、抗风险能力,加快建成支撑世界一流军队建设的世界一流航天安全防务研究院,为我国全面建成社会主义现代化强国、实现第二个百年奋斗目标,以中国式现代化全面推进中华民族伟大复兴贡献力量。(资料来源:[1]《中国质量管理最佳实践集萃》编委会.中国质量管理最佳实践集萃[M].北京:中国标准出版社,2023.[2]中国航天科工集团第二研究院官网.)

3. 强调用数据说话,注重统计工具的应用

用数据说话是六西格玛管理的一个显著特点。强调"用数据说话""依据数据进行决策""改进一个过程所需要的所有信息,都包含在数据中",使管理成为一种可测量的数字化的科学。六西格玛管理的基本思路就是以数据为基础,通过数据揭示问题,并把揭示的问题引入到统计概念中去,再应用统计方法提出解决问题的方案。其核心是建立输入变量与输出变量之间的数学模型,通过输入变量的分析和优化,改善输出变量的特性。

目前在实施管理中所应用的技术工具包括三个层次:①基本技术。主要包括新老7种图形分析等技术。②常用统计分析技术。如统计过程分析(SPC)、统计过程诊断(SPD),用于度量、分析、判断和诊断过程质量的变化;田口方法,用于优化过程的设计,使过程能力达到最优水平;风险分析技术,用于辅助确定改进项目,制订改进目标;质量功能展开(QFD),用于将顾客需求正确地转换为内部工作的要求。③软技术。主要有管理企业文化,团队工作法,员工动员与授权,沟通与反馈等。

知识链接: 美国质量管理专家戴明说过,除了上帝,其他人要用数据说话!说明了数据是质量管理活动的基础。在质量管理过程中,需要有目的地收集有关质量数据,并对数据进行归纳、整理、加工、分析,从中获得有关产品质量或生产状态的信息,从而发现产品存在的质量问题以及产生问题的原因,以便对产品的设计、生产工艺进行改进,以保证和提高产品质量。

4. 强调项目驱动，实现对产品和流程的突破性质量改进

六西格玛管理方法的实施是以项目为基本单元，通过一个个项目的实施来实现。通常项目是以黑带为负责人，牵头组织项目团队通过项目的成功完成来实现产品或流程的改进。同时，六西格玛项目的一个显著特点是项目的改进都是突破性的。通过这种改进能使产品质量得到显著提高，或者使流程得到改造，从而使组织获得显著的经济利益。实现突破性改进是六西格玛管理的一大特点，也是组织业绩提升的源泉。

5. 强调规范化，遵循 DMAIC 的改进方法

六西格玛管理有一套全面而系统地发现、分析、解决问题的方法和步骤，这就是DMAIC 改进方法。DMAIC 代表着六西格玛改进的五个阶段，即：D（Define）——项目定义阶段；M（Measure）——数据收集阶段；A（Analysis）——数据分析阶段；I（Improve）——项目改进阶段；C（Control）——项目控制阶段。

6. 强调技术的掌握，注重管理专家的作用和骨干队伍的建设

六西格玛管理对数据及数据处理以及管理的系统性和科学性要求很高，运用的方法和技术也比较复杂，而且开展六西格玛管理一般采用自上而下的活动方式，以跨越部门、跨工序的团队组织形式进行活动，因此，实施六西格玛管理的主力是掌握多学科专门知识，熟知六西格玛管理理论和实务的专家型人才。同时，六西格玛管理方法比较强调骨干队伍的建设，其中，倡导者、黑带大师、黑带、绿带是整个六西格玛队伍的骨干。对不同层次的骨干进行严格的资格认证制度。如黑带必须在规定的时间内完成规定的培训，并主持完成一项增产节约幅度较大的改进项目。

思政聚焦——质量案例：【美的集团的"5 全 5 数"智能质量管理模式】美的集团股份有限公司（以下简称"美的集团"）成立于 1968 年，经过 50 多年发展，已成为一家集智能家居、工业技术、楼宇科技、机器人与自动化、数字化创新五大板块为一体的全球化科技集团。迄今，美的集团在全球拥有约 200 家子公司、35 个研发中心和 35 个主要生产基地，业务覆盖200 多个国家和地区。美的集团建立了以人为本的职业管理体系，大力引入行业顶尖人才和全球领军人物，截至 2021 年，拥有院士 2 人，博士、硕士等行业顶尖人才 5500 多人，海内外核心技术人员 18000 多人，其中外籍资深专家 500 多人。美的集团创始人何享健说"宁可放弃一百万的利润，也不放弃一个对企业有用的人才"。美的集团秉承"科技尽善，生活尽美"的发展愿景，传承"为人类创造美好生活"理念，围绕"科技领先、用户直达、数智驱动、全球突破"四大战略主轴，运用数字化智能运营系统和创新管理技术与方法，通过"5 全"经营创新和"5 数"管理创新拉通供需两侧，实现端到端全价值链业务场景的智能分析、智能预警、智能管控、智能预测和智能决策，构建了独特的"5 全 5 数"智能质量管理模式。2021 年，美的集团正是凭借"5 全 5 数"智能质量管理模式荣获我国质量管理领域的最高荣誉——第

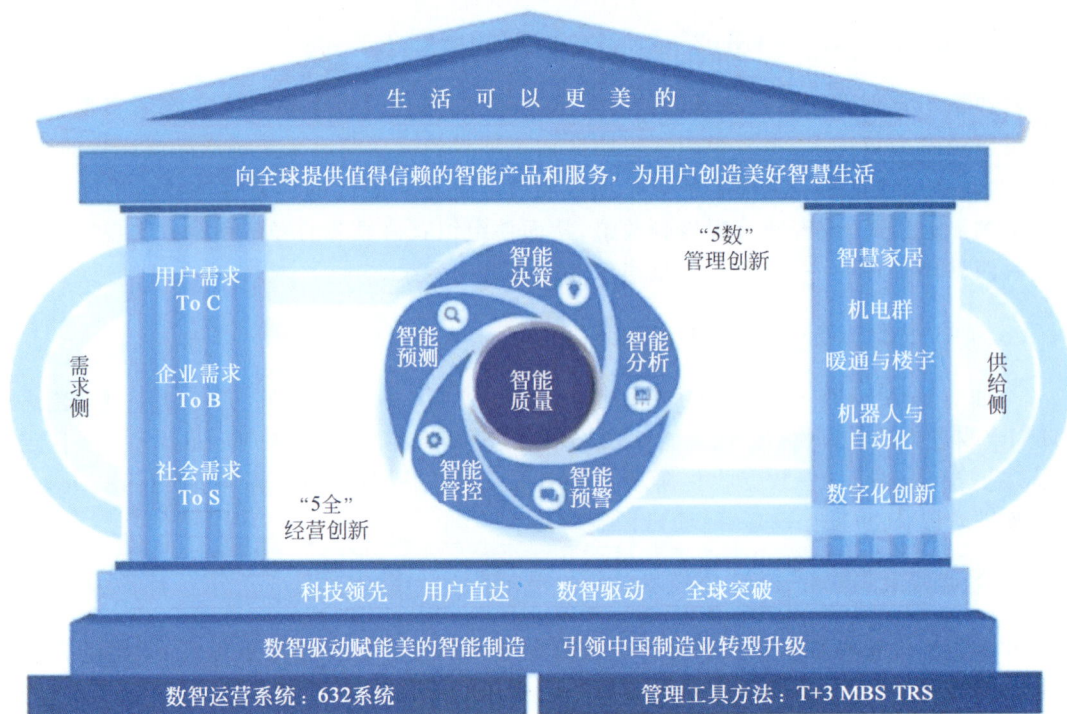

生活可以更美的

向全球提供值得信赖的智能产品和服务，为用户创造美好智慧生活

用户需求 To C

企业需求 To B

社会需求 To S

需求侧

"5全"经营创新

智能决策

智能预测

智能分析

智能质量

智能管控

智能预警

"5数"管理创新

智慧家居

机电群

暖通与楼宇

机器人与自动化

数字化创新

供给侧

科技领先　用户直达　数智驱动　全球突破

数智驱动赋能美的智能制造　引领中国制造业转型升级

数智运营系统：632系统　　　管理工具方法：T+3 MBS TRS

四届中国质量奖。（资料来源：[1]《中国质量管理最佳实践集萃》编委会.中国质量管理最佳实践集萃[M].北京：中国标准出版社，2023.[2]美的集团官网.）

7. 强调主动管理，实施无边界合作

主动管理（Proactive Management）意味着在事件发生之前，预测问题、数据、状况等的变化方向和趋势，提前采取前瞻性、预防性的控制、纠偏措施，来保证生产过程朝着预期的目标发展。六西格玛强调要进行预防性的积极管理，积极管理意味着设定并跟踪有挑战性的目标，建立清晰的优先顺序，对采取预防措施和事后解决问题的人都给予同等程度的奖赏，挑战传统的、静态的、被动的、消极的做事方法。无边界合作也叫全面合作，主动管理重视消除部门及上下级间的障碍，促进组织内部横向和纵向的合作，通过无边界合作完成六西格玛项目，因此六西格玛扩展了合作机会。

知识链接："无边界"是通用电气成功的秘诀之一。杰克·韦尔奇（Jack Welch）致力于消除部门及上下级间的障碍，促进组织内部横向和纵向的合作。这改善了过去仅仅是由于彼此间的隔阂和企业内部部门间的竞争而损失大量金钱的状况，这种做法改进了企业内部的合作，使企业获得了许多受益机会。

8. 强调追求完美,但容忍失败

六西格玛管理的实质就是要在努力提供完美的、高水平服务的同时,努力降低企业的不良质量成本。完美的服务就是要朝着 3.4ppm 的方向努力,为此要进行探索,要采取一些措施对企业生产、服务系统进行改进甚至进行全新设计,要建立六西格玛企业文化等。在追求卓越的过程中,不见得每一种方法、手段、措施都非常正确和有效,有可能有些尝试是失败的。六西格玛管理强调要追求完满,但也能坦然接受或处理偶发的挫败,从错误中总结经验教训,进行长期的、持续的改进。

思政聚焦——质量案例:【格力电器的"完美质量"管理模式】珠海格力电器股份有限公司(以下简称"格力电器")成立于 1991 年,1996 年在深圳证券交易所挂牌上市。质量是企业赖以生存和发展的核心命脉,是消费者的生命,亦是企业的生命。没有质量作为保证,企业就不可能长久持续地发展下去,就不可能获得消费者的青睐和满意。格力电器自成立起,就将质量作为企业生存和发展的根本大计。先进质量管理方法、理论的引入、实践、总结、创新一直伴随着格力电器的成长与发展。格力电器在导入、推广、实践全面质量管理、精益六西格玛管理、卓越绩效模式的过程中,逐步形成了独具特色的集成化质量管理体系和掌握核心科技的自主创新工程体系,创建了"让世界爱上中国造"格力"完美质量"管理模式。该模式是以振兴中国制造为使命,以完美质量为终极目标,通过顾客需求牵引,独创 D-CTFP 质量技术创新循环和质量预防五步法,结合目标管理、组织系统、技术系统、标准系统、信息系统优化资源整合,建立高效机制支撑。D-CTFP 质量技术创新循环,是由顾客需

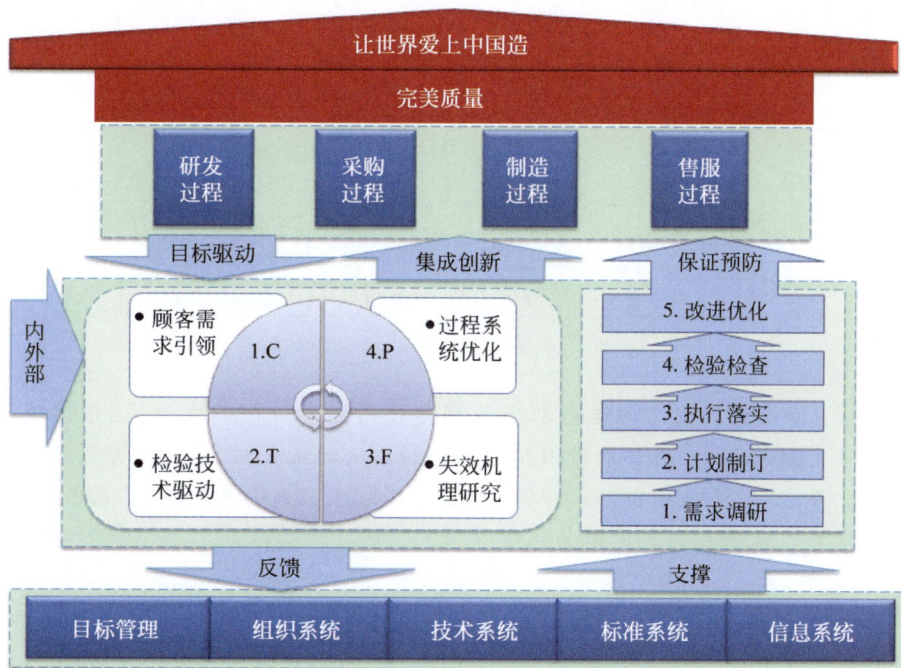

求引领(Customer Orientation)、检验技术驱动(Test Technology Drive)、失效机理研究(Failure Mechanism Analysis)及过程系统优化(Process System Optimization)四个环节组成的递向驱动循环。质量预防五步法是以质量目标驱动进行正向质量策划,按照"需求调研—计划制订—执行落实—检验检查—改进优化"顺序开展,系统持续改进,最终保证产品质量。2018年,格力电器凭借"让世界爱上中国造"格力"完美质量"荣获我国质量管理领域的最高荣誉——第三届中国质量奖。2021年,格力电器宣布家用空调实行"十年保修政策",从更大程度上保障消费者利益,值得一提的是,这也是迄今为止中国家用空调行业承诺的最长保修期。(资料来源:[1]《中国质量管理最佳实践集萃》编委会.中国质量管理最佳实践集萃[M].北京:中国标准出版社,2023.[2]格力电器官网.)

7.1.4　六西格玛管理的组织结构

六西格玛管理是否成功,取决于它的结构、资源和组织是否完整。界定清晰的组织结构能使六西格玛项目有限的资源得到最佳配置,专业化的队伍能推进六西格玛管理的进程。图7-3是六西格玛管理组织结构的示意图,从图中可以看出,这个组织系统由执行官、倡导者、黑带主管、黑带、绿带等组成,并分为三个层次。这是实施六西格玛管理的基本条件和必备的资源。参加六西格玛管理的成员扮演着不同的角色,这些角色在六西格玛管理实践中发挥着重要的作用。

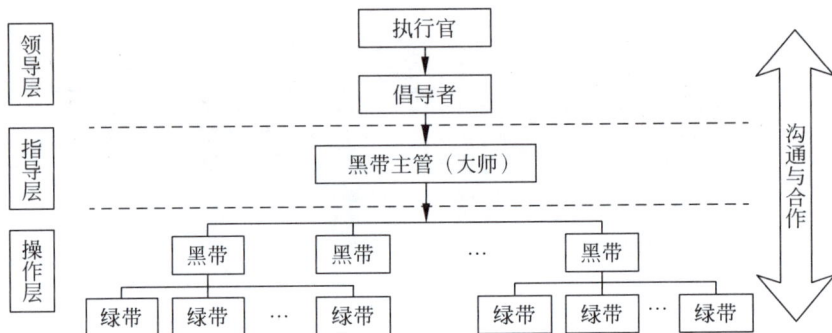

图7-3　六西格玛管理的组织结构图

知识链接:六西格玛团队的这些职务级别是借用跆拳道中的术语,这是因为跆拳道与六西格玛战略有相似之处,两者都借用脑力训练和系统的强化培训,就像跆拳道中的黑带依靠力量、速度、果断、智慧一样,六西格玛的黑带具有依赖组织的资源、自己的投入、专门知识实施各个方案并快速完成任务的能力。

1. 执行官

执行官(CEO/Implementation Leader)是推行六西格玛管理获得成功的关键因素。执

行官一般由企业最高领导人担任,其主要职责是:

(1) 确定改进企业业绩的最佳机会。

(2) 为组织设置战略和年度目标,建立实现目标的责任分工。

(3) 资源配置,建立和修改管理系统。

(4) 批准项目和确定项目的主要领导人。

(5) 支持项目的进展和监督进度。

2. 倡导者

倡导者(Champion)又称冠军、导师或盟主。发起和支持黑带项目,是六西格玛管理的关键角色。倡导者在小公司里可能是 CEO,在大公司里可能是高级副总裁,全职负责六西格玛管理的组织和推行。其主要职责是:

(1) 保证项目与企业的整体目标一致(当项目没有前进方向时,指明方向)。

(2) 使其他领导(尤其是 CEO)知道项目的进展。

(3) 制定项目选择标准,校准改进方案,特许项目展开。

(4) 为黑带团队提供或争取必需的资源。

(5) 检查各阶段任务实施的状况,排除障碍。

(6) 协调与其他六西格玛项目之间的矛盾。

(7) 评价已完成的六西格玛项目。

倡导者起着承上启下的重要作用,而倡导者往往又是接受培训和准备工作做得相对较少的。因此,黑带应积极争取倡导者支持,协助黑带主管加强早期六西格玛管理推行过程中的薄弱环节。

3. 黑带主管

黑带主管(Master Black Belt)又称为黑带大师。黑带主管是六西格玛的全职管理人员。在绝大多数情况下,黑带主管是六西格玛分析工具和流程改进方面的专家,通常具有工科或理科背景,或者具有相当高的管理学位。黑带主管与倡导者一起协调六西格玛项目的选择和培训,在有挑战性或非同寻常的状况下向黑带与项目团队提供指导和咨询。其主要职责是理顺关系,组织项目实施,执行和实现由倡导者提出的"该做什么"的工作。一般每 10～15 个黑带需要一个黑带主管。其具体的职责为:

(1) 接受六西格玛管理的专业训练。

(2) 指导若干个黑带,发挥六西格玛的专业经验。

(3) 扮演变革推进者角色,引进新观念与新方法。

(4) 执行及管理六西格玛培训。

(5) 与倡导者共同协调各种活动,确保完成项目。

(6) 协助黑带向上级提出报告。

黑带主管的工作是保证黑带及其团队保持在正确的轨道上,能够顺利地完成他们的工作;具体指导和协助黑带及其团队在六西格玛改进过程中完成每个步骤中的关键任务。通常,黑带主管为团队在收集数据、进行统计分析、设计试验、与关键管理人员沟通等方面提供建议和帮助。

4. 黑带

黑带(Black Belt)是企业推行六西格玛管理中最为重要的一个角色,是组织有效行动并使情况发生扭转的团队领导人。黑带的选择直接关系到六西格玛改进活动的成功与否,因此六西格玛黑带应具备以下能力:卓越的领导力和一定的项目管理技巧。在六西格玛团队建设的过程中,应包括团队使命、基础、目标、角色及职责等要素,同时应做好团队激励及团队培训等。通常黑带的任期为两年左右,在任期内需完成一定数量的六西格玛项目。黑带是六西格玛方法的实践者,决定着"该怎么做"。其具体职责是:

(1) 在倡导者及黑带主管的指导下,界定六西格玛项目。

(2) 带领团队运用六西格玛方法。

(3) 拥有适宜的人际关系及组织技巧,让团队始终保持高昂的士气与稳定的情绪。

(4) 开发并管理项目计划,必要时建立评价制度,监督资料收集和分析。

(5) 选择指导并使用最有效的工具和技术。

(6) 担任与财务部门间的桥梁,核算项目节约的成本和收益。

(7) 让所有与过程相关的人员知道项目的经济效益。

(8) 项目完成后提出项目报告。

(9) 指导和培训绿带。

六西格玛项目所要解决的是对企业发展来说十分关键或重大的问题,而问题的答案不是现成的,需要通过六西格玛项目找到解决问题的最佳方案,这就要求黑带具备解决复杂问题的能力。黑带必须掌握依据数据做出决策的科学方法,不仅要能熟练地应用统计技术,还要在项目实施的每一个阶段,根据具体问题对如何应用这些工具方法做出正确的选择。

5. 绿带

绿带(Green Belt)是企业内部推行六西格玛管理众多具体项目的负责人,作为兼职人员,通常为企业各基层部门的骨干或负责人。绿带是项目任务执行的先锋,协助整个项目按计划进行。绿带是六西格玛的骨干力量。85%的六西格玛项目可以由绿带来完成。绿带通常负责他们自己的项目,把六西格玛管理的新概念和工具用到企业日常活动中去,但有时候他们会在某个项目中为黑带提供支持。绿带是六西格玛活动中人数最多的,也是最基本的力量。成功的绿带是继续发展成为黑带的理想人选。其主要的职责是:

(1) 提供与过程有关的专业知识。

(2) 与非团队成员的同事进行沟通。

（3）收集资料。

（4）接受并完成所有被指派的工作项目。

（5）执行改进计划。

（6）参加会议和活动。

7.1.5　六西格玛改进模式

六西格玛管理不仅是理念,同时也是一套实现业绩突破的管理方法。它将理念变为行动,将目标变为现实。这套方法就是六西格玛改进模式 DMAIC,它是在 PDCA 循环的基础上,形成的个性化改进模式,它已经成为世界上持续改进的标准流程。

DMAIC 代表着六西格玛改进的 5 个阶段。DMAIC 是指由定义（Define）、测量（Measure）、分析（Analyze）、改进（Improve）、控制（Control）5 个阶段构成的过程改进方法,一般用于对现有流程的改进,包括制造过程、服务过程以及工作过程等。

1. 定义阶段

定义阶段的主要内容是界定核心流程和关键顾客,确认顾客的关键需求,识别需要改进的产品或流程,决定要进行测量、分析、改进和控制的关键质量因素（Critical to Quality, CTQ）,将改进项目界定。定义阶段是六西格玛项目 DMAIC 流程的第一阶段。其主要任务包括:找出业务机会,制定团队宪章,明确过程并绘制过程图,明确快速取胜的过程和过程整理,将顾客的需求转化为顾客的关键需求并起草团队准则。

2. 测量阶段

测量阶段的主要内容是找出关键测评量,为流程中的瑕疵建立测量基本步骤。人员必须接受基础概率与统计学的训练及学习统计分析软件与测量分析课程。为了不造成员工的沉重负担,一般让具备六西格玛实际推行经验的人带着新手一同接受训练,帮助新手克服困难。对于复杂的演算问题,可借助自动计算工具,减少复杂计算所需的时间。测量阶段的主要任务包括:明确输入、处理、输出等指标,起草操作和测评计划,采集并分析数据,确定是否存在特殊的原因,确定西格玛水平,收集其他基准业绩数据。

3. 分析阶段

分析阶段是 DMAIC 各阶段中最难以预见的阶段。在分析阶段,探究误差发生的根本原因,同时找出并确认本团队应该重点分析的问题;确定波动源和导致顾客不满的潜在失效模式。分析阶段的主要任务是:整理过程,整理数据并找出具体问题,起草问题陈述,找出根本原因,确认和分析根本原因,运用统计分析,检测影响结果的潜在变量,找出瑕疵发生的最主要根源。

4. 改进阶段

改进阶段的主要目标是寻找最有效的改进方案,找出提升关键指标和质量特性的最佳解决方案,然后拟定行动计划并予以执行,使过程的缺陷或变异降至最低。改进阶段的主要任务包括:进行试验设计,构思解决方案,确定解决方案的影响或好处,评估并选择解决方案,起草过程图和粗计划,起草并讲解纲要,与所有利益相关方沟通解决方案。

5. 控制阶段

控制阶段的主要任务是确保所做的改善能够持续下去,使改善成果体制化,通过有效的检测方法维持过程改进的成果,并寻求进一步提高改进效果的持续改进方法。在六西格玛项目中,控制阶段是它能长期改善品质与控制成本的关键步骤。控制阶段的主要任务包括:起草试运行计划和试运行解决方案,确认由于解决方案触及根本原因而产生的西格玛水平的改进,确定实现目标必需的其他解决方案,找出类似的情况,对机会进行标准化处理,将解决方案融入日常工作过程并对之进行管理,集中学到的经验,明确团队下一步的行动及针对其他机会的计划。

在六西格玛的改进过程中,每个阶段都有一系列工具和技术支持该阶段目标的实现。图 7-4 列出了每个阶段使用的典型工具和技术。由于六西格玛工具箱是开放性的,因此,图中所列出的工具和技术仅供参考。

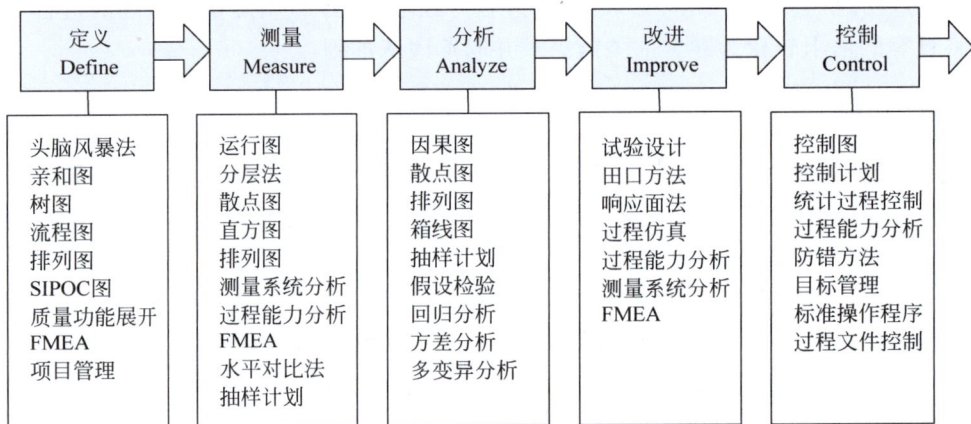

定义 Define	测量 Measure	分析 Analyze	改进 Improve	控制 Control
头脑风暴法	运行图	因果图	试验设计	控制图
亲和图	分层法	散点图	田口方法	控制计划
树图	散点图	排列图	响应面法	统计过程控制
流程图	直方图	箱线图	过程仿真	过程能力分析
排列图	排列图	抽样计划	过程能力分析	防错方法
SIPOC图	测量系统分析	假设检验	测量系统分析	目标管理
质量功能展开	过程能力分析	回归分析	FMEA	标准操作程序
FMEA	FMEA	方差分析		过程文件控制
项目管理	水平对比法	多变异分析		
	抽样计划			

图 7-4　六西格玛 DMAIC 各阶段的工具和技术

7.1.6　六西格玛设计模式

六西格玛依靠传统的 DMAIC 改进流程最多只能将质量管理水平提升到大约 5σ 的水平。如果想继续改进质量水平,就必须在产品设计的时候就全面考虑客户的需求、原材料的特性、生产工艺的要求、生产人员的素质等各个方面的要素和条件,从而使产品设计达到 6σ 水平,于是六西格玛设计便应运而生。

六西格玛设计(Design for Six Sigma,DFSS)就是按照合理的流程、运用科学的方法准确理解和把握顾客需求,对新产品、新流程进行健壮设计,使产品或流程在低成本下实现六西格玛质量水平。同时使产品或流程本身具有抵抗各种干扰的能力。六西格玛设计就是帮助实现在提高产品质量和可靠性的同时降低成本和缩短研制周期的有效方法,具有很高的实用价值。通过六西格玛设计的产品或流程的质量水平甚至可达到七西格玛水平。六西格玛设计是六西格玛管理的最高境界。低成本(Cost Down)、高可靠性(High Reliability)、"零缺陷"(Zero Defect),是当今高级六西格玛管理的发展方向。

1. 常用六西格玛设计模式

DFSS 目前还没有确定的模式,但常用的模式有:DMADV,指的是定义、测量、分析、设计、验证;DMADOV,即在 DMADV 流程中增加了"优化"环节,是 DMADV 流程的发展;DCCDI,指的是定义、顾客、概念、设计,实现;DMEDI,指的是定义、测量、研究、概念、实现;IDDOV,指的是识别、定义、研发、优化、验证;DCOV,指的是定义、概念设计、优化、验证。

(1) DFSS 第一步的目的是定义和开发产品的顾客需求,将顾客的需求转化为设计,并论证和确定要开展的六西格玛设计项目,为以后的工作提供明确的方向。在产品开发过程中,分析顾客需求并将关键顾客需求融入产品设计中,是产品生命周期最前端的过程,所以这一阶段是最重要的。

(2) DFSS 的第二步是并行设计产品和过程。首先要选择产品或者过程的概念,利用创造性的方法确定可行的概念,采用系统设计的方法,通过创造性的思维和自顶向下的设计,形成一个可以实现顾客需求的方案,然后选择新产品及其过程。工程师必须考虑并行的产品和过程设计,利用并行工程的思想并行设计产品和过程,其目的是能够在产品设计的最初阶段就考虑到与最终产品有关的所有因素,并能够同时完成或部分完成其中某些过程的设计,如制造过程、检验过程、装配过程等。这样才能使得产品设计一次达到最佳,完全消除在传统的线性工程中由于反复修改直至完善所造成的增加成本、延误交货期等现象。并行设计还能够在改善产品设计过程的同时实现生产过程设计的最优化,为产品质量控制提供保证。

(3) DFSS 的第三步是优化,其目标是达到质量、成本和交付时间之间的平衡。设计首先应该是稳健的,在六西格玛设计中,这是最重要的特征。DMAIC 模型着重于现有流程的改进,而 DFSS 着重于预防和稳健性。

(4) DFSS 的第四步是评价设计产品和过程并验证设计是否满足顾客需求。通过实时处理进行控制和调整,使得工程师能够识别并预防失效;通过潜在的失效模式和功能变异性的减少来改进产品与过程;通过建立、测试并固定原型,进行试生产,来验证设计和过程的能力与产品的稳健性、可靠性;在验证阶段,通过小子样统计过程控制和验收试验规程(Acceptance Test Procedure,ATP)等方法进行制造质量的验证,通过仿真试验、可靠性试验、寿命试验、鉴定试验等方法进行六西格玛设计产品的验证和确认,以及通过平均故障时间(Mean Time Between Failure,MTBF)和信噪比(Signal to Noise Ratio,SNR)等统计指标及六西格玛设计计分卡等考察产品的质量可靠性水平,并通过请顾客试用来验证六西格玛设计是否达到希望的目标。

(5)DFSS的第五步是根据评价结果制定过程工具、测量和流程控制计划,给出设计验证计划和报告,这是DFSS的最后一个步骤。旨在维持流程的绩效水平以满足客户需求,并不断促进流程的改进。当然,最优化的方案还应当通过技术状态控制的方法固化下来,以保证设计的产品在后续的加工过程中完全符合顾客的需求。

2. 六西格玛设计与六西格玛改进的区别

DMAIC和DFSS的区别在哪里呢?为什么要应用DFSS?区分两者的方式是通过确定六西格玛行为发生在产品生命周期的什么阶段及其着重点。一方面,DAMIC侧重于主动找出问题的起因和源头,从根本上解决问题,但它并不注重产品或流程的初始设计,强调对现有流程的改进,即针对产品或流程的缺陷采取纠正措施,通过不断改进,使流程趋于"完美"。然而通过DMAIC对流程的改进还是有限的,即使发挥DMAIC方法的最大潜力,产品的质量也不会超过设计的固有质量。另一方面,DMAIC重视的是改进,对新产品几乎毫无用处,因为新产品需要改进的缺陷还没有出现。DFSS既不是DMAIC流程的延伸,也不是一种完全不同的方法,它是六西格玛业务改进方法的另一种实现形式,是在设计阶段而非质量控制阶段乃至生产阶段来预防缺陷。要想突破"5σ墙",开展六西格玛设计是一个重要途径。

因为只有在开发过程中努力消除产品的潜在缺陷,才能提高产品抵御各种干扰的能力,减少质量波动,实现六西格玛的质量指标。DFSS是在设计阶段就强调质量,而不是等设计完成之后再通过"试错法"来试图提高质量、达到目标,这样就节省了大量的成本和时间,通过这种方式得到稳固的、内在的质量是其他任何体系所无法得到的。因此,DFSS比六西格玛改进具有更加重要的意义和更大的效益。尤其在引进新产品和新流程的过程中,DFSS才是最佳的方法,因为DFSS设计的目标就是新产品和新流程。

7.2 精 益 管 理

精益生产的管理方式称为精益管理,随着精益生产拓展到整个产品价值流,精益管理也不再限于生产管理,而是拓展到研发、设计、技术、供应、设备、销售等各个层面。

7.2.1　精益管理概述

1. 精益生产

精益思想最初来源于 20 世纪 50 年代日本丰田汽车公司的丰田生产方式,后经美国学者研究,提出了精益生产(Lean Production,LP)的概念。丰田生产方式的基本思想就是根据节约的思想,杜绝一切浪费。Lean 在英文中有"瘦的""节约的"意思,这正体现了丰田生产方式的核心所在。精益生产中的"精"表示精良、精确、精美,"益"包含利益、效益等,"精益"二字突出了这种生产方式的特点。精益生产就是及时制造,消灭故障,消除一切浪费,向"零缺陷""零库存"进军。1996 年,沃麦克(J. P. Womack)和琼斯(D. T. Jones)在《精益思想》一书中正式提出了精益思想的概念,并且在这一核心思想的指导下创造出一系列的管理技术与方法。从此,精益生产方式由经验成为理论,精益思想也作为一种普遍的管理哲理在各个行业中传播和应用。

当前对精益生产的理解有广义和狭义之分,狭义的精益生产就是生产系统的精益化,广义的精益生产超越了生产系统,其实就是企业的精益管理。

知识链接:【精益生产方式的产生】20 世纪初,从美国福特汽车公司创立第一条汽车生产流水线以来,大规模的生产流水线一直是现代工业的主要特征。大规模生产方式是以标准化大批量生产来降低生产成本、提高生产效率的。但是第二次世界大战以后,社会进入了一个市场需求向多样化发展的新阶段,相应要求工业生产向多品种、小批量的方向发展。为了适应这样的时代需求,由日本丰田汽车公司首创的精益生产,作为多品种、小批量混合生产条件下的高质量、低消耗生产的方式在实践中被摸索、创造出来了。1950 年,日本的丰田英二考察了美国底特律福特公司的汽车厂,当时这个厂每天能生产 7000 辆轿车,比日本丰田公司一年的产量还要多。但丰田公司却没有简单地照搬福特公司的生产模式,战后日本经济萧条、缺少资金和资源,不可能全面引进美国成套设备来生产汽车。丰田公司认为"那里的生产体制还有些改进的可能",为此丰田公司的大耐野一进行了一系列的探索和实验,提出了解决问题的方法。经过 30 多年的努力,丰田公司终于形成了完整的丰田生产方式,变成世界汽车之王,日本其他的汽车公司和行业也纷纷采用这种组织管理方式,使日本经济得到飞速发展。日本的汽车工业超过了美国,产量达到了 1300 万辆,占世界汽车总量的 30% 以上。日本的汽车工业综合了"单件生产方式"和"大量生产方式"的优点,沃麦克等人将其取名为"精益生产方式"。

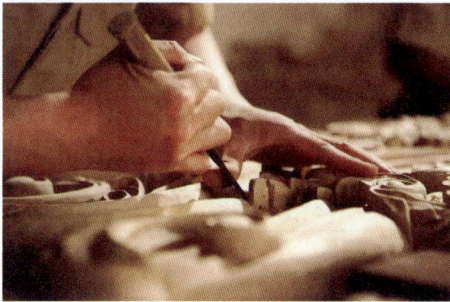

思政聚焦——大国工匠：【中国传统工匠精神——"精益求精""敬业专一"】传统工匠精神的核心是"精益求精""敬业专一"。"精益求精"一词源自朱熹对《诗经》的注释。《诗经·卫风·淇奥》中有"如切如磋，如琢如磨"的诗句，"切磋琢磨"就是指工匠们把骨头、象牙、玉石、石头等加工制成器物的动作和方法。《尔雅·释器》解释为："骨谓之切，象谓之磋，玉谓之琢，石谓之磨。"朱熹进一步解释："言治骨角者，既切之而复磋之；治玉石者，既琢之而复磨之；治之已精，而益求其精也。""精益求精"描述了制作骨角牙器、玉器、石器的工匠的工作状态与精神面貌，这种工作状态与精神面貌也是其他高质量手工产品得以产生的最佳描述与概括，因而成为工匠精神的核心内容。"敬业"一词出自《礼记·学记》："古之教者，家有塾，党有庠，术有序，国有学。比年入学，中年考校。一年视离经辨志，三年视敬业乐群，五年视博习亲师，七年视论学取友，谓之小成。""敬业"原指对待学业的态度，后扩展到对待职业的态度。朱熹注："敬业者，专心致志以事其业也。""敬业专一"就是以敬畏、专心致志的态度对待自己的职业。中国传统工匠精神实质上是一种工作价值观，也是一种人格理想的实现。（资料来源：[1]梅其君."物勒工名"与传统工匠精神[J].孔学堂，2021（2）：68-74.[2]梅其君，韩赫明，陈凡.中国传统工匠精神：基本内涵、文化特征与本质[J].科学技术哲学研究，2022，39（6）：120-125.）

思政聚焦——质量案例：【华为的精益管理】2005年华为制造部导入精益管理理念，通过十余年如一日的精益持续改善，将制造业务化繁为简，让现场管理从"管好"转变为"好管"甚至"免管"。制造部也派出内部精益专家指导合作厂、原材料供应商、海外供应中心等领域推行改善，使这些合作部门也深入理解到"精益"的推广价值。华为还在研发领域应用精益方法帮助商用版本项目，通过多路径假设创意，在早期邀请少数天使客户进行项目验证，减少研发探索验证成本和低价值需求研发的浪费，实现商用版本项目新特性的研发成功。华为构建了一整套车规制造质量管理体系和完备的生产系统，通过了 IATF 16949、VDA 6.3、TISAX、ISO 26262 等行业第三方及客户认证。图为华为动力总成全流程中一个流程的精益自动化线。（资料来源：[1]《中国质量管理最佳实践集萃》编委会.中国质量管理最佳实践集萃[M].北京：中国标准出版社，2023.[2]华为官网.）

2. 精益维修

精益维修(Lean Maintenance,LM)是精益思想在维修行业的实践中不断应用、总结而发展形成的。它以精益思想为指导,综合运用各种维修技术,涉及管理、物流、生产和维修等活动;通过一系列的原则、概念和技术,发现和消除维修过程中的各种"浪费",创造更多维修的"价值"。因此,精益维修与传统的事后维修、预防性维修和以可靠性为中心的维修一样,是一种维修思想,它综合了以上几种维修思想,以现有维修技术为支撑,并突出了消除浪费和创造价值在维修活动中的地位。

精益维修还突出了维修人员在维修活动中的主导作用,将其定位为维修企业最具价值的资产。当前精益维修多应用于工厂等生产设备的维修,而在工程机械维修中尚处于起步阶段,亟须在现有航空维修思想和技术基础上,深入分析航空维修的特点和存在的问题,在精益思想的指导下,开展航空维修的精益维修实践和理论研究。

在理论研究方面,美国全寿命工程公司(Life Cycle Engineering Inc.,LCE)、田纳西(Tennessee)大学的商务管理学院、可靠性中心和美国维修和可靠性协会(Society of Maintenance & Reliability Process,SMRP)都开设了相关的培训课程。2004 年 2 月,LCE 出版了《精益维修》一书,汇总了关于精益维修的形成背景、基本理论和一些支撑技术的文章,成为精益维修研究的阶段性成果。在精益维修实践领域,除了一些大型制造企业外,美国国防部对"精益维修"的重视与推广也促进了该理论的应用。美国空军后勤中心、海军陆战队后勤部、海军航空兵的中继级维修站等单位都实行了"精益维修"模式,并取得了显著的效果。

7.2.2　精益管理的基本原则

根据沃麦克和琼斯的理论,精益管理可概括为 5 个原则,如图 7-5 所示。

一是精确地确定特定产品的"价值"(Value)。精益思想认为价值只能由最终用户来确定,且价值也只有由具有特定价格、能在特定时间内满足用户需求的特定产品(商品或服务,或者是商品和服务两者的结合)来表达时才有意义。

二是识别出每种产品的"价值流"(Value Stream)。价值流是指从原材料转变为成品、并赋予它价值的全部活动。精益思想识别价值流的含义是指在价值流中找到哪些是真正增值的活动、哪些是可以立即去掉的不增值的活动。精益思想将所有业务过程中消耗了资源而不增值的活动叫作浪费。识别价值流就是发现浪费和消灭浪费。

三是使价值不间断地"流动"(Flow)。精益思想将过程中所有的停滞都视为浪费,强调使创造价值的各个步骤流动起来,实现价值的不间断流动。由于根深蒂固的传统观念和做法,如部门的分工、大批量生产等阻断了本应流动起来的价值流。因此,精益思想提出要重

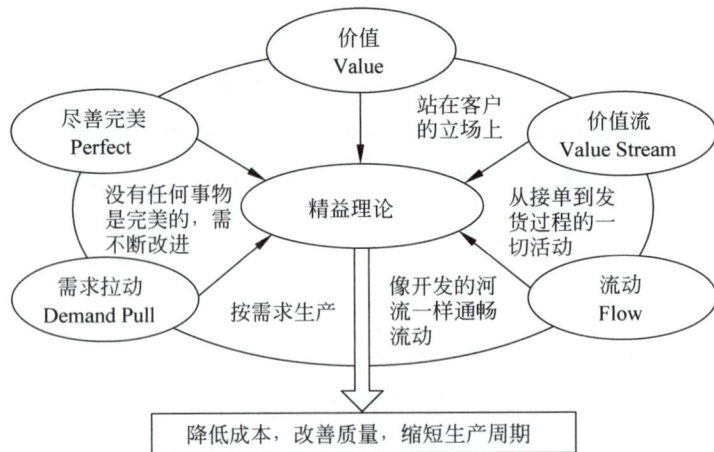

图 7-5　精益管理的基本原则

新定义职能部门和企业的作用,要从"部门"转化为"生产团队",考虑每位员工对价值流的贡献。为每种产品建立精益程序,从"批量"转化到"流动"。

四是让用户从生产者方面"拉动"(Pull)价值。"拉动"就是按客户的需求投入和产出,使用户在他们需要的时间得到需要的东西。拉动原则将生产和需求直接对应,这样企业就具备了当用户一旦需要,就能立即进行设计、计划和制造出用户真正需要的产品的能力,实现直接按用户的实际需要进行生产。

五是永远追求"尽善尽美"(Perfect)。上述 4 个原则相互作用对原始价值链进行改进,改进的结果是价值流动的速度显著加快,而这样就必须进一步找出更隐藏的浪费,做进一步的改进。采用精益思想的过程是一个永远追求尽善尽美的过程。正如沃麦克反复阐述的精益制造的目标是:"通过尽善尽美的价值创造过程(包括设计、制造和对产品或服务整个生命周期的支持)为用户提供尽善尽美的价值。"

这 5 个基本原则给出了精益思想的内涵:以满足市场需求为出发点,以人为中心,以简化为手段,消除一切浪费,通过不断改进来追求尽善尽美。

思政聚焦——质量案例:【美的精益业务系统】美的精益业务系统 MBS 是美的集团独有的一种业务模式,致力于为全球客户提供高品质、短交期、低成本的产品和服务。美的精益业务系统 MBS 是以拉动为主轴,以战略部署、人才育成和日常管理为核心的精益管理体系。在为美的智能制造打下坚实的精益基础的同时,专注于提升全价值链的卓越运营效率。(资料来源:美的集团官网.)

7.2.3　精益生产体系与支撑技术

1. 精益生产体系及其特征

改善过程需要综合应用现场管理、设施布置与优化、人因工程、作业研究、质量控制与保证、流程管理与控制、现代制造技术等一系列方法与工具，因此精益生产是一个包含了多种制造技术和管理技术的综合体系。该体系由 5S 管理、全员生产维护（Total Productive Maintenance，TPM）、目视管理、标准作业、均衡生产等基础性管理活动，以及准时化（Just in Time，JIT）和自働化（Jidoka）两大支柱构成。精益生产的特征可以总结为：以用户为上帝，以人为中心，以精简生产过程为手段，以产品的"零缺陷"为最终目标。

知识链接："准时化（JIT）和自働化（Jidoka）"是贯穿精益生产方式（丰田生产方式）的两大支柱。准时化：就是在通过流水作业装配一辆汽车的过程中，所需要的零部件在需要的时刻，以需要的数量，不多不少地送到生产线旁边。自働化：不是单纯的机械"自动化"，而是包括人的因素的"自动化"。

（1）以用户为上帝。企业要面向用户，保持与用户的密切联系，真正体现用户是上帝。不仅要向用户提供服务，而且要了解用户的要求，以最快的速度和适宜的价格，以高质量的适销新产品去抢占市场。

（2）以人为中心。现代企业要不断追求技术进步，但更要以人为中心，大力推行更适应市场竞争的小组工作方式。让每一个人在工作中都有一定程度的制订计划、判断决策、分析复杂问题的权利，都有不断学习新生产技术的机会，培养职工相互合作的品质。同时对职工素质的提高不断进行投资，提高职工的技能，充分发挥他们的积极性与创造性。此外，企业一方面要为职工创造工作条件和晋升途径，另一方面又要给予一定的工作压力和自主权，以同时满足人们学习新知识和实现自我价值的愿望，从而形成独特的、有竞争意识的企业文化。

（3）以精简为手段。精益生产将去除生产过程中的一切多余的环节，实行精简化。在组织结构上，纵向减少层次，横向打破部门壁垒，将多层次、细分工的管理模式转化为分布式平行网络的管理结构。在生产过程中，采用先进的设备，减少非直接生产工人，使每个工人的工作都真正对产品进行增值。精简还包括在减少产品的复杂性的同时，提供多样化的产品。采用成组技术是实现精简化和提高柔性化双重目标的关键。

（4）以"零缺陷"为目标。精益生产所追求的目标不是"尽可能好一些"，而是"零缺陷"，即最低的成本，最好的质量，无废品，"零库存"与产品的多样化。当然，一个企业不可能完全达到这样的境地，但永无止境地去追求这一目标，将会使企业发生惊人的变化。

2. 精益生产管理工具及支撑技术

（1）支持精益生产基础的管理工具。①标准作业。是指在生产过程中，以人的操作为中心,去掉浪费的动作,把有价值的作业编排成有效的操作顺序,使之与设备布局以及节拍时间相吻合。经过对作业方法的研究后制定标准作业程序(Standard Operating Procedure,SOP),包括对有关设施、环境、材料、负荷、动作等进行标准化。②均衡生产。生产的均衡化是实现精益生产的最重要的前提条件。均衡化生产要求的是生产数量的均衡和产品种类的均衡。均衡还包括工时、设备负荷的全部均衡。

(2) 自働化及其支持技术。自働化(Jidoka),也被称为"智能自动化"(Intelligent Automation)、"与人结合的自动化"(Automation with a Human Touch)。自働化的主要理念是:应该在作业流程中及时进行源头质量管理,在发生异常或质量缺陷时必须用有效的方法立即探测到,并立即使生产暂停,使员工可以立即解决问题,避免异常扩大或质量缺陷进入到下游流程。运用自働化可以达到"人机分离",实现"少人化"和"异常管理",实现就地品质管理。支持自働化的主要技术有:防错装置、安东系统(ANDON)等。

知识链接:【"自働化"概念的由来】Jidoka 这个概念来源于 20 世纪初丰田集团创始人丰田佐吉(Sakichi Toyota)的发明。他发明了一台织布机,这台机器能够在任何一根纺线断了之后,立刻停机。在这个发明之前,当织布机的线断了之后,机器会织出一堆有缺陷的织品,因此每台机器都需要有一个工人来看管。丰田佐吉的革新,使得一个工人可以控制多台机器。在日语里,Jidoka 是一个由丰田佐吉创造的发音,是与日语词汇"自动控制"几乎完全相同的单词,但是增加了人性化和创造价值的内在含义。"働"字是日文汉字中的"工作",现在汉语中并不用这个字。单人旁表示"人",而"動"表示"动作",合在一起就表示"将人的智慧应用到工作上"。

(3) 准时化生产及其支持技术。准时化生产(Just in Time,JIT)具体包括以下几个方面的工作:工序流水化,即要实现连续流生产或一个流生产;减小批量,均衡生产。这需要对生产组织方式进行变革;根据需要的数量决定节拍,按节拍连续流动生产;后工序拉动,改变过去上道工序生产结束后将半成品交给下道工序的推动式生产,而改由后道工序在需要的时候,向前道工序领取的拉动式生产。这需要建立看板管理、安东系统等,需要实现"零缺陷"。支持准时化生产的技术包括快速换型(SMED)、U 型生产单元、多功能看板拉动生产等。

知识链接:【准时化生产的提出】准时化生产又被译为实时生产或即时生产,简称 JIT 系统,1953 年由日本丰田公司的副总裁大野耐一(Taiichi Ohno)提出。因准时化生产起源于日本的丰田汽车公司,因而曾被称为"丰田生产方式"(Toyota Production System,TPS),后来随着这种生产方式的独特性和有效性,被越来越广泛地认识、研究和应用,人们才称为 JIT。

7.2.4　精益管理在装备维修保障中的应用案例

1. 美国海军陆战队的精益后勤

美国海军陆战队是美军重要作战力量之一,拥有陆军的绝大多数地面装备。海军陆战队希望借助精益思想,在维修企业和供应商之间,沿着价值流的形成过程,建立一种频繁的、小规模的随机补给机制,或者说建立一种拉式系统,实现精益后勤的目标。海军陆战队后勤司令部把精益后勤的度量指标确定为:①增加装备的可用度和完好性;②实现装备维修的更大的敏捷性,具备快速适应战场情况和改编的能力;③减少装备的全寿命周期费用,力争使采办费用减少 28%,使用费用减少 12%,后勤保障费用减少 60%。为了同时满足上述三个目标,需要在其后勤保障体制内建立一个跨越企业范围的装备全寿命周期管理系统。

海军陆战队精益后勤的实施过程中,有很多可用的工具和备选方案。如基于能力的维修、承包商后勤保障、点到点运输服务、六西格玛技术、供应链理论、约束理论、ISO 9000 认证、精益生产、全资产可视化等。经过评审,1998 年 Albany 维修中心开始用精益思想和约束理论进行装备维修过程的改进;2003 年 Barstow 维修中心借鉴 Albany 维修中心的经验,也开始应用精益思想和约束理论改进装备维修过程。精益思想给海军陆战队的装备维修带来了巨大的变化。根据 Essex 基地的数据统计,美国海军陆战队的主要装备维修时间在实施精益维修后都有了大幅缩短。精益维修前后部分装备维修时间的变化情况如表 7-3 所列,精益维修前后部分装备维修时间的对比如图 7-6 所示。

表 7-3　精益维修前后美国海军陆战队部分装备维修时间的变化数据统计

装备类型	精益维修前 平均修复时间/天	关键线路长度/天	精益维修后 平均修复时间/天
MK48	167	52	58
MK48 能源车	—	11	26
LAV-25	212	99	120
LAV-AT	200	100	142
LAV-C2	147	99	118
LAV-L	190	100	128
LAV-25	212	99	120
LAV-AT	200	100	142
LAV-C2	147	99	118
LAV-L	190	100	128
LAV-M	158	92	117
LAV-R	194	106	154
MK14 拖车	56	23	30
MK15 拖车	229	70	94

续表

装备类型	精益维修前 平均修复时间/天	关键线路长度/天	精益维修后 平均修复时间/天
MK16 拖车	126	23	41
M9315 吨抢救船	113	49	80
M936 抢救船	278	60	—
M970 燃料补给船	282	77	122
AAV-P7 *	66	66	68
AAV-C7 *	66	66	72
M105 拖救船	46	16	25
7.5 吨起重机	175	47	69

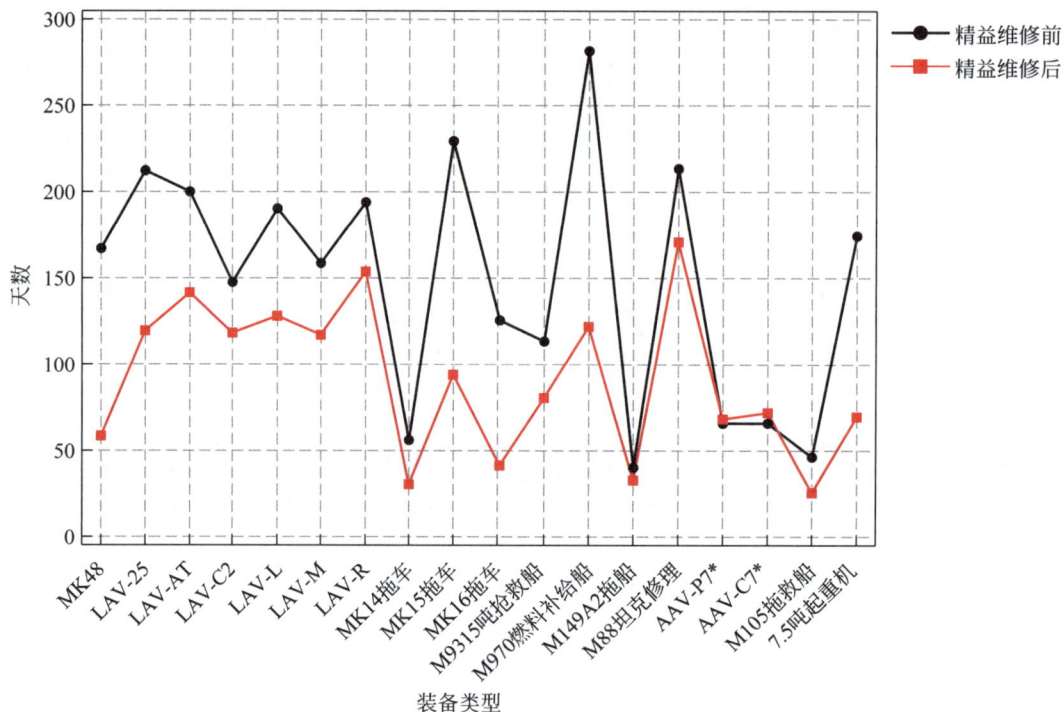

图 7-6　精益维修前后部分装备维修时间的对比

2. 美国空军后勤司令部基地级维修的精益转化

鉴于精益理论在美国空军各个维修基地的广泛应用,美国空军后勤司令部希望通过对装备维修保障目标的分解和基地级维修未来状态的规划,引导各维修基地向着精益维修的方向转化,同时利用精益工具把装备的生产和生产保障过程集成在一起。

在对精益维修的实现目标和基地级维修的未来状态进行明确规划的基础上,美国空军后勤司令部提出了精益维修的实施计划,该实施计划首先是建立精益示范车间,利用集成的方式,对下列车间内容进行了标准化:维修过程、策略、培训、度量和技术解决方案。然后通过自适应循环,对上述内容进行螺旋式发展,并逐渐向其他车间、基地推广。

实行精益维修前,F-15 的维修一直采用多任务流程,所有待修的飞机都竞争同样的有限资源,如工具、备件、技术人员和保障设备,并且对飞机的维修过程没有一个标准的工作流程描述。

F-15 实行精益维修的目标是实现对所有机械技师的同步技术支持;稳定飞机的在修天数,增强对交货日期的预测性;改进维修过程和维修质量;建立对飞机维修过程中各种应急性额外工作的处理方法。

为了实现上述目标,美国空军改变了传统的多任务流程维修模式,重点开展了以下三个方面的工作:首先,维修基地对 F-15 的现有维修过程进行了价值流分析(如图 7-7 所示),明确维修的价值增值活动和非增值活动;其次,根据价值流分析的结果,确定了维修周期内需要改进的事件列表以及这些改进事件的完成时间;最后,注重应用先进的技术、工具和方法。在改进过程中,所使用的技术方法包括了工作流技术、标准化工作、6S 技术、现场教育以及全面生产维护(Total Productive Maintenance,TPM)等常见的精益维修工具集。

经过一年的改进,F-15 的在修时间从 2003 年的 120 天下降到 2004 年的 111 天,下降了8%;一次性交工的准时率从 42% 提高到 83%,提高了 98%。在试验的基础上,美国空军根据维修过程中暴露出来的问题,按照精益思想,进一步协调各改进事件之间的关系,对改进效果进行了集成,并形成自适应循环的标准化业务过程,目前 F-15 的维修周期时间已缩短为 77 天。下一步,维修基地将按照精益维修的思想,协调各个改进事件之间的关系,对改进效果进行集成,并形成自适应循环的标准化工作过程。

3. 应用案例分析

通过上面的案例可以看出,美军的装备维修,除了技术先进以外,组织和管理观念上也相当先进,尤其善于借鉴各种先进的管理思想,并结合装备维修实践进行改进。美军开展的精益维修,有很多鲜明的特点。

(1)注意到了装备维修与大规模生产之间的差别。和精益生产比较,军用装备的维修目标、度量方法、组织实施过程等宏观规划方面都有众多约束条件,如必须在整个国家装备管理体制下运行,计划性和控制性较强。另外,在具体的技术细节上,在 F-15 的部件修理过程价值流分析中,理论上的供应商被定义为故障装备,而把修竣装备作为客户的需求,从而建立了一个由故障装备和修竣需求共同作用的推拉系统,这种价值流的定义方法显然也具有鲜明的维修特色。

(2)注重实效。《精益思想》的作者丹尼尔.T.琼斯曾经说过,提出一种崭新的管理理念并不是最困难的事情,最困难的事情是去寻找那些按照这些理念运行的公司,并用他们的实际效果来证明这种理念。用事实和数据说话,是很多先进理念盛行世界的原因。以上案例

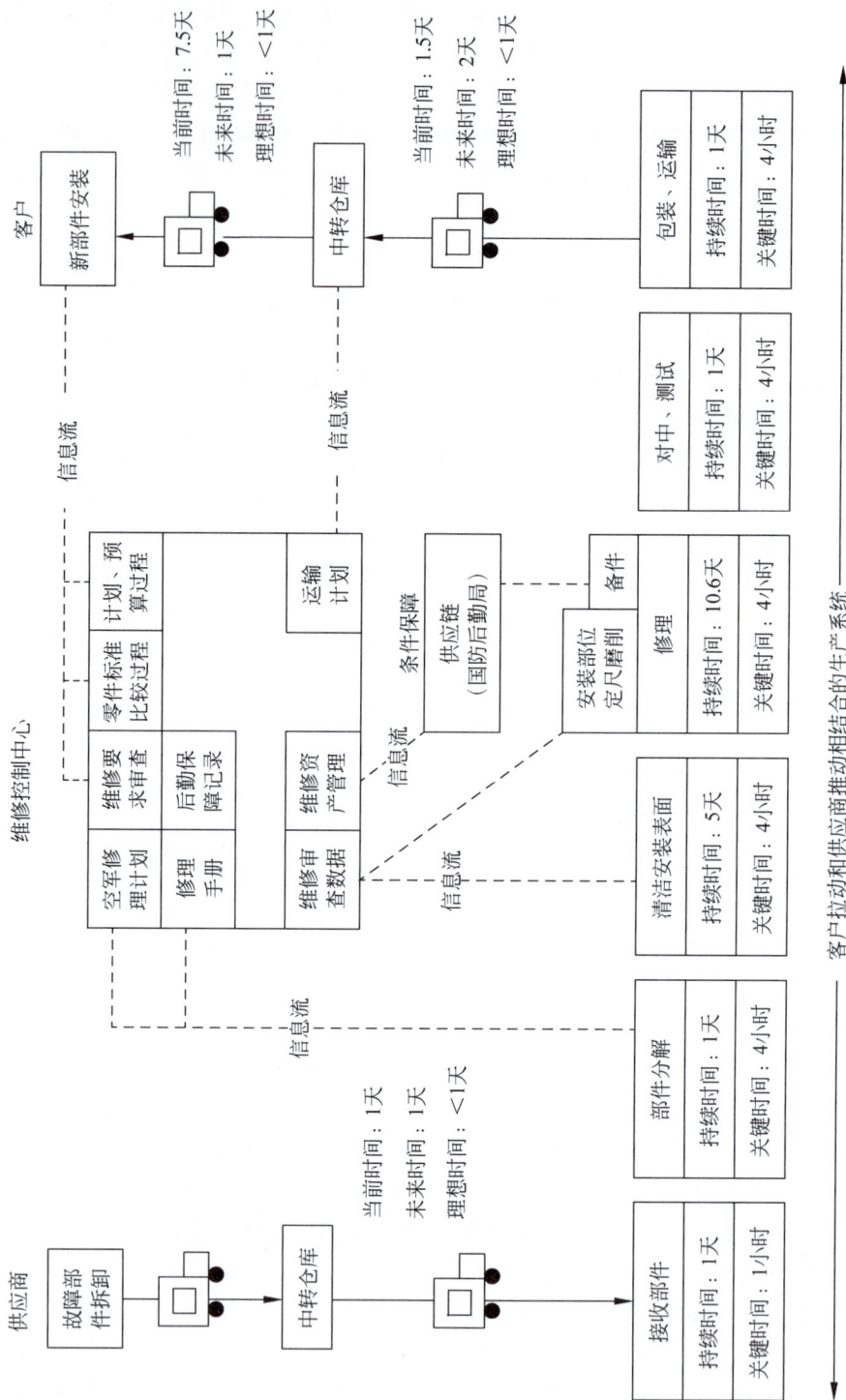

图 7-7 F-15 某部件维修过程价值流分析示意图

客户拉动和供应商推动相结合的生产系统

中,几乎所有推行精益维修的美军单位,都列举了翔实的数据,证明了在装备的维修领域推广精益维修的可行性和效果。

(3) 充分发挥信息技术的优势。在 F-15 的部件修理过程价值流分析中,几乎每一个管理行为和维修操作行为,都有与维修管理控制中心的信息流联系。另外,为了证明精益维修的效果,案例中所列出的数据都是长达数年的历史数据。无论是信息流对维修过程的控制还是数据的存储,都说明了美军在维修中充分运用信息技术的优势。

精益维修的出现不仅代表了精益理论的日趋完善,也反映了人们对精益理论从实践(精益生产)到理论(精益思想)再到实践(精益企业、精益维修、精益物流)的认识过程。美军在装备维修领域开展精益维修的案例表明:在军事装备领域,有组织、有计划地推进先进维修理论的应用,不仅可以提高保障系统的效能,带来战斗力的显著增长,而且可以丰富理论研究的成果,为这些理论的持续发展提供实践基础。

近几年,我国的维修理论研究在跟踪欧美等国家发展动态的基础上,取得了一定的成果,形成了较为丰富的体系。但是,在理论与维修实践的结合方面,我们做得还远远不够,大多数维修理论,只限于某个行业应用,没有取得应有的效益。加强对外军先进维修保障理论应用案例的研究,则可以弥补这一不足,为引导我军装备维修理论的发展和维修管理体制优化提供良好借鉴。

7.3　精益六西格玛管理

质量是促进国防科技工业持续健康发展的重要推动力,也是确保武器装备研制生产和发展的关键。为了在降低成本、提高速度的同时提供高质量、高可靠性的产品,越来越多的管理者开始关注"精益的速度"与"六西格玛的质量"的融合问题——精益六西格玛。这种新的管理模式兼顾速度、成本与质量,这一点是以往任何一种管理方法都不能做到的。精益六西格玛在国内外的研究和应用使得它在军工领域进行推广应用具有重要的价值。

7.3.1　精益六西格玛管理概述

1. 精益思想及其不足

精益思想的优点是最大限度地消除浪费和降低库存以及缩短生产周期,力求实现低成本准时生产的技术理论。它的指导思想是,从顾客实际需求出发,精确地确定顾客价值,识别和优化产品价值流,并通过顾客需求拉动生产,追求完美。其最终目的是通过流程整体优化,均衡物流,高效利用资源,消灭一切库存和浪费,达到用最少的投入向顾客提供最完美价值的目的,即持续不断地追求"尽善尽美"和"精益求精"。

精益思想的不足:一是解决问题时更多地依赖专家经验或直觉,不能使用量化的方法与专业工具管理流程,难以解决复杂的系统问题,不易做出科学、准确和高效的决策;二是缺乏系统的人才培养机制;三是追求短期效益,对业务波动处理不力。

2. 六西格玛管理及其不足

六西格玛管理是建立在测量、试验和统计学基础之上的管理方法,是以全面满足顾客需求为关注焦点的现代质量管理模式。从实质上讲,它是一种从全面质量管理方法演变而来的高度有效的企业流程设计、改善和优化技术,并提供了一系列同等地适用于设计、生产和服务的新产品开发工具。六西格玛管理方法的重点是将所有的工作作为一种流程,采用量化的方法分析流程中影响质量的因素,找出最关键的因素加以改进,从而达到更高的客户满意度。现在六西格玛已经逐步发展成为以顾客需求为主体来确定企业战略目标和产品开发设计的标尺,是一种通过使用数据和流程分析来减少过程变差和缺陷来改进业务流程,从而增加客户满意度和利润的管理方法、管理哲学。

六西格玛管理的不足:一是对提高流程运营效率、运转速度和缩短提前时间等重视不够;二是过多强调六西格玛管理中倡导者、黑带等领导人员的作用,不重视全员参与;三是为稳定流程,过度强调规范化、标准化,缺少创新和变革。

3. 精益六西格玛管理及其技术体系

精益六西格玛(Lean Six Sigma,LSS)是精益思想与六西格玛管理的结合,它是将解决"浪费"和"速度"问题的精益生产管理与解决"缺陷"和"波动"问题的六西格玛管理有机结合起来的一种综合方法,是一种基于数据,以客户要求为驱动的管理方法,同时关注消除浪费和降低变异。目的是通过整合精益生产与六西格玛管理,吸收两种生产模式的优点,弥补单个生产模式的不足,达到更佳的管理效果。精益六西格玛不是精益生产和六西格玛的简单相加,而是二者的互相补充、有机结合。精益思想强调时间,六西格玛强调质量,二者的有机结合,意味着做得更快、更好。将精益生产与六西格玛结合起来,通过提高客户满意度、降低成本、提高质量、加快流程速度和改善资本投入,实现企业经济效益最大优化。

精益思想和六西格玛就如同一个工具箱中的扳手和钳子,精益思想用于减少浪费,六西格玛用于减少偏差,同时拥有两者才能发挥最大效益。可见,精益思想和六西格玛是相互促进,相互补充的。

知识链接:【六西格玛管理与精益生产的辨析】共同点:都是质量改善的方法,都重视改变思想观念和行为方式,都关注顾客满意、顾客驱动,都关注财务成果,都追求持续改进,都需要高层的全力支持,都强调全员参与和团队合作,都注重人员、系统和技术集成。不同点:文化起源不同——前者起源于

美国文化氛围,后者起源于日本文化环境;解决问题的着眼点不同——前者着眼于解决质量"波动"问题,后者着眼于消除"浪费"问题;解决问题的方法不同——前者是"数据"驱动的问题解决方法,后者是"观察"驱动的问题解决方法;应用的人员范围不同——前者是精英文化(强调复杂的统计技术支持,须经过严格系统的理论技术培训才能掌握),后者是群众文化(比较直观,消除浪费人人皆可以做,群众基础更好一些)。(资料来源:亓四华.六西格玛管理概论[M].2 版.合肥:中国科学技术大学出版社,2017.)

　　精益六西格玛项目主要针对复杂问题,需要把精益生产和六西格玛的理论、方法和工具结合起来。传统六西格玛项目主要解决与变异有关的复杂问题;而精益六西格玛项目解决的问题不仅包括传统六西格玛项目所要解决的问题,而且要解决那些与变异、效率等都有关的"综合性"复杂问题。精益六西格玛技术体系如图 7-8 所示。

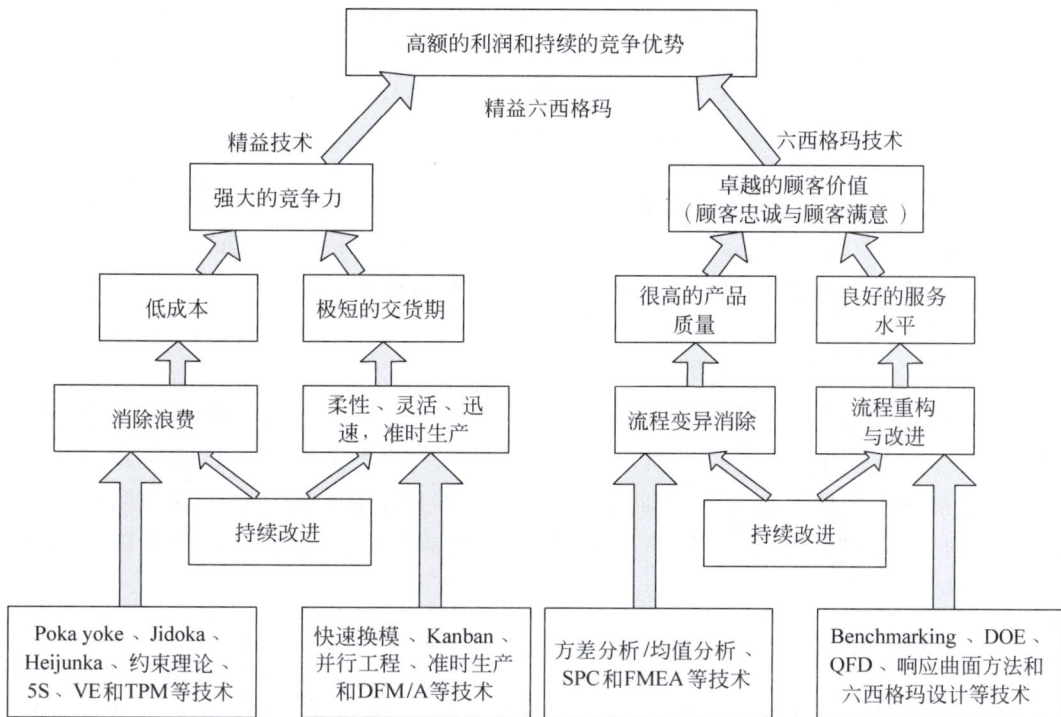

图 7-8　精益六西格玛技术体系

　　作为世界上最为先进的管理模式之一,精益六西格玛管理已被广泛应用于工业制造、航空航天等行业。21 世纪初,美军率先将精益六西格玛管理应用于装备维修保障中,并取得了巨大的成功。2006 年,美国国防部在各军种实践活动的基础上,又将精益六西格玛管理作为推行持续过程改进战略的总体方法,在整个国防部范围内大力推行,精益六西格玛管理已经成为美军变革和业务转型的重要支撑。

7.3.2　精益六西格玛在装备维修保障中的实施流程

精益六西格玛实施流程把精益生产思想和六西格玛的 DMAIC 模式结合起来，互相补充，协同运作，其实施流程模式如图 7-9 所示。

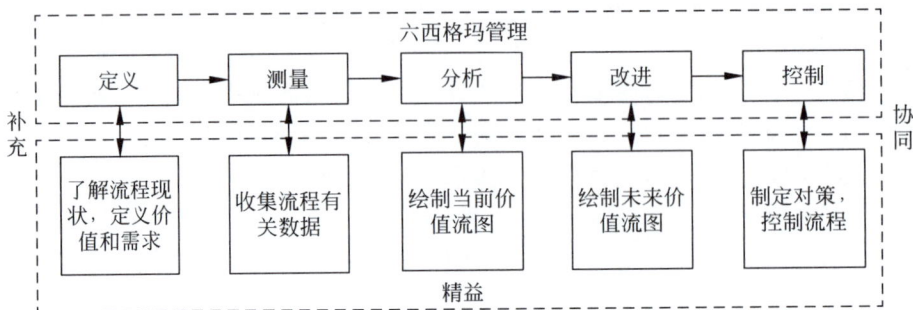

图 7-9　精益六西格玛的实施流程

精益六西格玛项目主要是针对复杂问题，采用新的"定义（Define）—测量（Measure）—分析（Analyze）—改进（Improve）—控制（Control）"实施流程，称为 DMAIC II。它与传统的 DMAIC 过程的区别是它在实施中加入了精益的哲理、方法和工具。

1.　定义阶段（D 阶段）

用精益思想定义价值，根据作战或训练任务，确定装备维修的任务量，定义装备维修保障需求，对装备维修保障系统即装备维修任务分工、装备维修机构设置、装备维修业务流程、装备维修资源配置和装备专业训练进行分析，寻找装备维修过程中的时间浪费和非增值部分，提出流程框架，在此框架下，结合六西格玛工具，定义装备维修保障中需要改进的项目。

2.　测量阶段（M 阶段）

把精益生产时间分析技术与六西格玛管理工具结合，测量整个装备维修过程中管理的现状，定义维修过程的特性，测量装备维修过程现状（包括各装备维修环节或维修动作需要的时间），分析测量系统，评价装备维修过程的能力。

3.　分析阶段（A 阶段）

运用六西格玛技术与精益流动原则结合，分析装备维修过程中出现的变异和浪费的现象。例如，装备排队等待维修力量的时间浪费以及装备在运送过程中的时间浪费等并对装备维修流程进行分析，查找浪费根源或变异根源，确定流程及关键输入因素。

4. 改进阶段（I 阶段）

以流动和拉动为原则，运用两种模式中的所有可以利用的工具对流程进行优化、重排、删除、简化、合并，同时改进具体装备维修流程的稳健性和过程能力。

5. 控制阶段（C 阶段）

建立基于精益六西格玛的装备维修保障活动运作规范，实施装备维修流程控制，验证测量系统，验证过程及其能力；除了完成六西格玛管理控制内容外，还要对精益六西格玛在装备维修保障实施过程中产生的新问题进行总结，以便在下一个循环对系统进行进一步的完善。以价值为中心，以流程管理为立足点，关注整个系统，装备维修保障中的精益六西格玛研究还要秉承持续改进的理念，不断改进、不断完善管理理念，使装备维修能力呈渐进式、螺旋式上升。

精益六西格玛在装备维修保障实施的流程中各阶段用到的工具说明如表 7-4 所列。

表 7-4　精益六西格玛各阶段工具

阶　　段	工　　具
定义阶段	问题/目标陈述、项目识别工具、排列图、KANO 分析、价值链分析、头脑风暴、平衡记分卡、价值流图、资源分析、流程图
测量阶段	测量系统分析、过程能力分析、动作分析、时间测量、顾客满意度、全局设备效率、流程提前期、节拍、循环效率、能力利用率、数据收集表
分析阶段	方差分析、多变异分析、失效模式与影响分析（FMEA）、回归分析、相关性分析、残差分析、5W1H、新老七种工具、流程图、价值流图
改进阶段	头脑风暴、关键路径、全面生产维护、试验设计、甘特图、基准分析、相似性、改善策略、力场分析、均衡化技术、优化技术、创造性思维、质量功能展开
控制阶段	控制图、防错方法、看板、现场 5S、可靠性试验、标准化技术、可视化技术、交互审核、单件流

7.3.3　精益六西格玛在装备维修保障中的应用案例

鉴于精益六西格玛在世界一流跨国企业所取得的良好效果，美军也积极进行精益六西格玛实践。美国陆军的装备研究开发和工程中心 2003 年引进六西格玛，2004 年转向精益六西格玛，是美军最早推行精益六西格玛改革的单位。2006 年 5 月，美国国防部颁布《持续过程改进转型指南》，指导持续过程改进工作和精益六西格玛方法的设计与管理。2007 年 3 月，美国国防部副参谋长要求在全军上下都要运用持续过程改进（CPI）/精益六西格玛（LSS），并下设了新的 CPI/LSS 办公室来监察执行情况。下面分别介绍美国陆军、海军、空军实行精益六西格玛的情况。

1. 美国陆军应用情况

美军主要采用三级装备维修保障作业体制,包括基层级、中继级和基地级,部分军种的一些新型装备采用了二级装备维修保障作业体制,在取消中继级维修的基础上进行了改进。基地级维修既包括对武器装备、武器装备部件(如发动机)、子部件(如发动机叶片)和独立组件实施修理与改造,也包括对整套武器系统(如飞机、舰船)进行彻底检修。对武器装备(尤其是长期工作于腐蚀性环境下或恶劣环境下的装备)实施的去腐蚀、结构修复等任务也是基地级维修的重要任务,以及安装延长武器系统寿命或改进武器系统性能的升级包。目前,基地级维修存在问题较多,主要表现在以下两个方面:一是维修复杂,周期较长;二是美军现阶段以及未来的需求与大修基地维修能力存在矛盾。为此,美国国防部提出在基地级维修中大力推行精益六西格玛管理。

美国陆军在装备维修工作中推广精益六西格玛取得了突出成效,节省了大量开支:美国陆军装备司令部在 2005 财政年度节省资金 1.1 亿美元;2007 美国军方运用精益六西格玛节省资金约 2 亿美元。美军装备保障方面通过实施精益六西格玛,提高了保障效益。

安尼斯顿陆军基地位于亚拉巴马州,是美国陆军 5 个大型修理保障基地之一,享有"世界坦克再制造中心"的美誉。安尼斯顿陆军基地运用精益六西格玛,使得 M1 艾布拉姆斯主战坦克的拆卸流程时间从 260 小时降低到 230 小时,效率提高了 12%。在 M2 型机枪组装线上将整批处理过程改变成连续单件流程操作,消除无用的工作环节,使单件武器的组装时间从 2.5 人·时减少到 1 人·时,需要人数从 18 人减少到 15 人,每月的产量从 50 件增加到 100 件,2006 年节省了 110 万美元经费。2006 年,该基地通过实施精益六西格玛管理,减少了 90 万个直接工时。

红河维修基地实施精益六西格玛以后,对高机动多用途轮式车辆修理流程进行了优化,形成了一套高效的修理工作程序。从 2004 年一周只能检修 3 辆发展到 2008 年每天能完成 32 辆检修任务,且检修费用由原来每辆 8.9 万美元降到 4.8 万美元。该基地利用精益六西格玛开展燃料的循环利用,节省 3.7 万多加仑的燃油,价值 8.5 万美元。

通过实施精益六西格玛,科库珀斯克里斯蒂基地的 T700 发动机的大修时间缩短了 64%;发动机的平均大修间隔从 309 小时延长至 900 小时;在实施精益六西格玛前,大修后的发动机只有 40% 能一次性通过试车,现在发动机大修首次试车通过率可达 90%。

2. 美国海军应用情况

2006 年 5 月,美国海军推出了采用精益六西格玛(LSS)的"空速"计划,来加快业务过程改进。到目前为止,海军陆战队及海军其他单位已培训 500 名黑带和 1500 名绿带的 LSS 项目负责人,他们已参与了 2800 个计划项目,并得到平均 1∶4 的投资回报。在 2006 年,海军空战中心除每年节约 1769 万美元外,而且还消除了不必要业务开支约 1463 万美元;英格兰贝岛航空中继级维修基地(AMID)修理 J52 飞机发动机时间由原来的 468 小时降到

233 小时,显著地节约了库存和修理的费用。在 2006 年前 2 个月,航空中继级帕图森特河 (Patuxent River)维修基地,已经减少 10％备件库存,相应增加 166 小时维修工时。

3. 美国空军的应用情况

美国空军按照发展规划,将在四五年内裁减约 4 万人。人力资源的减少意味着工作必须更加敏捷和精益。美国空军高层领导已经决定利用精益六西格玛来完成这项任务。因此,美国空军成立了新的计划办事处负责“21 世纪空军敏捷行动”(AFSO21),任命专门负责人。美国空军已经完成了“21 世纪空军敏捷行动”几个成功的案例:空军军用物资司令部已经实施了 AFSO21,修复了 100 架战斗并机已投入飞行,而且缩短 C-5 修理时间约 50％;美国空军驻欧洲司令部实施 AFSO21 后,减少大约 16％的电话接线人员,节约司令部经费约 240 万美元;空军采办也开始运用精益六西格玛理念融入他们的日常工作当中,将签订合同过程分解为价值流图,确定不能增值步骤并删除,不断地完善和优化业务流程。

从美军实施精益六西格玛取得的成绩来看,虽然军事方面有其特殊性,如必须在整个国家装备管理体制下进行,计划性和控制性较强等,但在军事装备领域,有组织、有计划地推进精益六西格玛应用是可行的,它可以提高保障系统的效能,带来战斗力的显著提高。

4. 对我军实施精益六西格玛的启示

通过上述美国各军种成功运用精益六西格玛的事例可以看出,精益六西格玛兼容并蓄了现代管理的思想和方法,反映了现代管理的发展趋势,是节约军队保障费用的有效方法,极大地加快了美军后勤保障转型的步伐。吸收先进的管理方法,借鉴外军装备建设的经验和理论,是充实和丰富我军的装备工作理论重要的研究方法。

(1)实施精益六西格玛的关键是应得到部队各级领导强有力的支持和参与。从美国各军种实施的过程中可以看出,为了确保成功,美国国防部成立了 CPI/LSS 高级指导委员会,各局和诸兵种还组成了多个小组,并定期向 CPI/LSS 高级指导委员会报告最新的进展情况。因此,实施精益六西格玛不仅要求管理层积极支持、参加精益六西格玛的培训和项目工作,而且要求领导者必须建立相应的管理组织体系、制定激励政策和配置资源等一系列措施,以便明确管理的组织机构及各机构的职能权责,从组织上、制度上、人力和物力上保证改进目标的实现。

(2)实施精益六西格玛的落脚点是全体官兵都应该参与。精益六西格玛不仅是现代化管理的思想和方法,也是一种管理文化,这种文化是通过全体官兵参加精益六西格玛改进项目体现出来的。而且,官兵参与还包括官兵广泛接受精益六西格玛理念和方法的培训,官兵能主动地发现过程中存在的问题和改进机会等。

(3)实施精益六西格玛要不断强调连续的教育和培训。近年来,美军在《持续过程改进转型指南》指导下,建立了现役人员 CPI/LSS 训练大纲,已经训练了 6000 名来自各个级别和地区的军官,来满足各单位精益六西格玛工程项目的需要。因此,我军运用精益六西格玛，可以培训和配置一定比例的军官作为全职黑带、绿带、倡导者等执行人员，而且黑带人员应该从本单位未来军官中挑选，其中大黑带人员负责各个层次人员的培训，黑带、绿带是推广精益六西格玛的主力军。由于精益六西格玛项目是由黑带领导实施的，所以选择最优秀的军官接受黑带的培训和认证，并作为全职的黑带，全身心地投入到与装备维修策略相关的改善项目中，才能取得预期的效果。

（4）实施精益六西格玛需要建立一套适合军队管理的良好激励机制。企业可以给执行精益六西格玛项目的人员发放丰厚的经济奖励，以鼓励他们在优化流程、节约资源和增强企业竞争力方面做出贡献。军队由于自身的特殊性，不能采取企业的做法，这就需要建立一种适合军队管理的良好激励机制，鼓励官兵在实施精益六西格玛中积极参与。

（5）灵活、辩证地运用精益六西格玛。精益六西格玛是在企业中发展起来，而军营的文化背景、竞争机制以及组织结构等与企业完全不同，将精益六西格玛应用于军事领域必然要做出适当的调整和改变。在部队，军官在各自岗位上频繁地轮换是一种很平常的现象，某个军官运用精益六西格玛所建立的流程和理念可能因其调走被他人所代替而中断。因此，部队运用精益六西格玛时，应该认真考虑军队轮换频繁等实际情况。在军事上运用精益六西格玛值得注意的另一个问题是要熟悉军事行动的特殊性。因为精益六西格玛最初是为生产装备系统而设计的，生产的需求是可知或可预测的，而人们将它从工厂用到作战、装备和后勤保障时，外界信息（供应和环境等）的不确定性会导致作战需求、后勤和装备需求的不确定性。如果过激地运用精益六西格玛去压缩库存，将严重地削弱战备能力甚至付出生命的代价。因此，在平时战备和战时保障工作中，运用精益六西格玛在不同的军事领域要有选择性和针对性。

思考与讨论题

1. 简述六西格玛管理的科学内涵和主要特点。
2. 如何理解"六西格玛是一个质量尺度和追求目标"？
3. 如何理解"六西格玛是一种文化境界"？
4. 谈谈你对六西格玛管理"强调以顾客为中心，实行对顾客的真正关注"的理解。
5. 在大数据时代，谈谈六西格玛管理强调"用数据说话"的重要性。
6. 何为"无边界合作"？谈谈你的理解。
7. 六西格玛管理"强调追求完美，但容忍失败"，这似乎是个悖论：如何追求完美还能容忍失败？谈谈你的理解。
8. 简述六西格玛管理团队成员的组成及各自主要任务。
9. 简要说明 DMAIC 的流程及各个阶段常用的工具和技术。
10. 六西格玛改进模式包括哪些阶段？

11. 简要分析六西格玛设计与六西格玛管理的异同。

12. 简述精益管理的基本思想和基本原则。

13. 简述精益生产、精益维修的基本思想。

14. 举例说明精益管理在装备维修保障中的应用。

15. 简述精益思想和六西格玛管理的不足之处。

16. 简要辨析六西格玛管理与精益生产。

17. 简述精益六西格玛管理的内涵。

18. 美军精益六西格玛实践对我军有何启示？

19. 查阅文献资料,分析讨论六西格玛管理发展趋势和存在问题。

20. 查阅文献资料,收集开展精益六西格玛管理的典型案例,并讨论其经验做法。

图难于其易，为大于其细。

天下难事，必作于易；

天下大事，必作于细。

——《道德经·六十三章》

老子①

第8章　航空维修保障精细化管理

📖 知 识 目 标

◈ 理解精细化管理科学内涵和基本思想。

◈ 理解航空维修保障精细化管理基本内涵和主要特征。

◈ 熟悉航空维修保障精细化管理的必要性和可行性。

◈ 掌握航空维修保障精细化管理基本程序和实施方法。

◈ 了解精细化管理在装备维修保障中的应用。

🔧 能 力 目 标

◈ 掌握应用精细化管理思想的能力。

◈ 初步掌握开展航空维修保障精细化管理工作的能力。

---

① 　老子　春秋时期思想家，道家创始人。一说即老聃，姓李名耳，字聃；一说即太史儋，或老莱子。《老子》亦称《道德经》《老子五千言》，为道家的主要经典。相传春秋末期老子著。基本上保留了老子本人的主要思想。《史记·老子韩非列传》："老子乃著书上下篇，言道德之意五千余言。"老子思想对中国哲学发展具有深刻影响，其思想核心是朴素的辩证法。

思政育人目标

⊕ 树立"精、准、细、严"的精细化管理思想,培养"精益求精"的科学态度,养成"严格要求、遵章守纪、迅速准确、细致周到"的工作作风。

⊕ 自觉传承和弘扬中国传统精细化管理思想,增强文化自信和民族自豪感。

⊕ 学习先进质量管理案例,激发报国强军的家国情怀和使命担当。

　　航空维修保障工作是一项复杂的系统工程,能否有序、高效地组织和管理维修保障工作,直接关系到飞机准备质量、保障效能和飞行安全。航空装备维修保障实施精细化管理,目前还是一项开创性、探索性工作。因此,研究探索精细化管理在航空维修保障中的应用,是实现航空维修保障精心维护、精益维修、精细管理、精确保障的一条科学途径。本章主要介绍精细化管理的基本概念,以及航空维修保障精细化管理的必要性、可行性、基本程序和实施方法。

8.1　精细化管理概述

　　春秋时期思想家、道家创始人老子曰:"天下难事,必作于易;天下大事,必作于细。"其中的"道",就是"精细化管理"。现代意义上的精细化管理(Fine Management)是源于发达国家的一种管理理念和管理方法,它是社会化大生产和社会分工细化对现代管理的必然要求。精细化管理的思想已被国内外企业界广泛接受,成为企业日常管理工作的一个基本意识。与此同时,精细化管理也受到了各国军队的高度重视。

8.1.1　精细化管理的起源

　　精细化管理作为一种管理理念,其起源可以追溯至美国弗雷德里克·温斯洛·泰勒(F. W. Taylor)的工时研究。泰勒是西方古典管理理论主要代表人物,科学管理运动的创始人,被管理界誉为"科学管理之父"。1911 年,泰勒发表了《科学管理原理》(*The Principles of Scientific Management*)一书,其核心内容是如何提高劳动生产效率,强调工作步骤和工作方法的标准化、定量化,强调对工人的培训和训练。该书可以看作是世界上第一本精细化管理著作,标志着一个管理新时代的到来,它的出现使管理真正成为一门科学并得到发展。

　　作为现代工业化时代的一个管理概念,"精细化"最早是由日本丰田公司在 20 世纪 50 年代提出的,它以避免浪费为着眼点,设法消灭不能给产品或服务的最终用户带来好处的所有活动,并持续不断地寻找并贯彻改进的方法。之后,精益生产方法随着日本经济的崛起而走向世界。从 20 世纪 90 年代起,我国学者开始对精细化管理进行研究,进入 21 世纪,从民企到国企,再从国企到政府部门,精细化管理得到不断深入研究与应用,全面质量管理、零缺陷管理、精益生产方式、六西格玛管理、流程再造、供应链管理、精细管理工程等概念、理论应运而生,不少企业和政府部门在推行精细化管理方面取得了成功。

从精细化管理的形成与发展看,由最初泰勒的"科学管理"、戴明的"质量管理"、丰田公司的"精益生产",到精细化管理以及流程再造、精益思想、约束理论等演变,究其本质都拥有一个共同的灵魂——科学与效率、系统与细节、质量与效益。所不同的是,泰勒由于时代的局限只注重到工人的现场操作,戴明扩大到质量的每一根神经末梢,丰田生产方式则延伸到了企业的生产系统,而后来的发展都在试图使精细化管理理论贯穿于管理的全部系统。

思政聚焦——微言大义:【中国古代精细化管理思想】不矜细行,终累大德。——《尚书·旅獒》;图难于其易,为大于其细。天下难事,必作于易;天下大事,必作于细。——老子《道德经·六十三章》;千丈之堤,以蝼蚁之穴溃;百尺之室,以突隙之烟焚。——《韩非子·喻老》;致广大而尽精微,极高明而道中庸。——《礼记·中庸》;不积跬步无以至千里,不积小流无以成江海。——《荀子·劝学篇》;泰山不让土壤,故能成其大;河海不择细流,故能就其深;王者不却众庶,故能明其德。——李斯《谏逐客书》;道自微而生,祸自微而成。——欧阳询《艺文类聚》;言治骨角者,既切之而复磋之;治玉石者,既琢之而复磨之;治之已精,而益求其精也。——朱熹《论语集注》;其心不敢失于一物之细,而后可以胜天下之大。——顾炎武《日知录》。

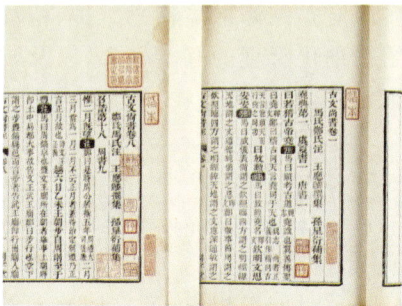

思政聚焦——质量故事:【一根小白毛,为何让钱学森如获至宝?】首次"两弹结合"试验筹备期间,周恩来总理来到试验基地,提出了"严肃认真,周到细致,稳妥可靠,万无一失"的十六字方针。作为项目主要负责人的钱学森,也曾多次来到基地,亲自检查导弹的研制情况,并反复强调,一根没有焊好的电线,一个不合格的元器件,都有可能造成严重的事故,决不能有任何疏忽。

1966年10月下旬,"两弹结合"试验发射任务已进入倒计时阶段。一天,在进行弹体内外检查时,操作员王长山突然发现弹体内部24号插头第五节点内有一根长约5毫米的小白毛。对于导弹这个装有成千上万个零部件的庞然大物来说,一根又细又短的小白毛看似微不足道,不用放大镜甚至难觅其踪影。但王长山牢记钱学森的叮嘱:坚决不能留一丁点隐患,一定要确保试验任务万无一失!于是,王长山像绣花姑娘一样,一遍又一遍尝试用镊子夹,然而由于小白毛太小,根本夹不出!他再用细铁丝挑,但铁丝硬度不够,还是取不出。最后,他灵机一动,找来一根猪鬃,前前后后花去两个多小时,总算将这根可能产生安全隐患的小东西"请"了出来。王长山这一举动,惊动了正在发射场做紧张筹备工作的钱学森。钱老弄清楚来龙去脉后,郑重地把这根小白毛要了去,小心翼翼包好,对大家说:我要把它带回北京,这是作风细致的典型,每个人特别是做技术工作的同志,都应该从中受到教育。很快,这根小白毛被带到了北京中南海,被带到了中央专委会议上。周恩来总理看到这根小白毛后,非常感动,当即指示,要把这种精神在整个试验场进行宣传表彰。不久,东风试验基地火线文工团以小白毛的故事为原型,创作出话剧《一丝不苟》,在参试人员中引起热烈反响。从此,小白毛的故事成为"严慎细实、精益求精"精神的象征,被广为传颂。图为"两弹结合"试验中王长山检查导弹弹体。(资料来源:沈斌,刘殿如,兰宁远.马兰基地与酒泉卫星发射中心:"两弹一星"伟业背后的故事[J].党建,2023(6):64-66.)

思政聚焦——质量案例:【海尔质量观——"零缺陷、精细化"】从 30 多年前"砸冰箱"开始,海尔就树立了"零缺陷、精细化"的质量意识,不断搭建全面质量管理体系。海尔一直坚持让用户来定义质量,因此海尔的很多质量标准都高于行业标准。从中国电冰箱史上第一块"质量金牌"到家电行业第一个"国家质量奖",再到 2013 年获得首届中国质量奖。这

不仅是国家和用户对海尔产品的最高认可,也是海尔人坚持"零缺陷、精细化"匠心品质的最好证明。在质量"零缺陷"的目标驱动下,2022 年海尔智家升级质量文化理念,成立用户体验委员会,更加关注用户体验,基于用户痛点改善提升产品质量,推进数字化质量转型。(资料来源:[1]《中国质量管理最佳实践集萃》编委会.中国质量管理最佳实践集萃[M].北京:中国标准出版社,2023.[2]海尔官网.)

8.1.2　精细化管理的基本概念

1. 基本内涵

精细化管理是一种管理理念和管理技术,是通过规则的系统化和细化,运用程序化、标准化和信息化的一种管理理念和管理技术手段,使管理各单元精确、高效、协同和持续运行。"精"——精者,去粗也,就是要聚精汇要,抓住管理环节的核心关键;"细"——细者,入微也,就是要致细增益,抓住工作流程的规范执行;"化"——化者,教行也,就是要通过规则的系统化,运用程序化、标准化和信息化的手段,使组织管理各单元精确、细致、高效、协同和持续运行。这种管理是建立在常规管理的基础上,以精益求精为行动的价值取向,以精心细致

为管理的基本要求,通过建立科学的量化标准、合理的工作流程、规范的操作程序、严密的过程监控,将任务和责任具体化、明确化、程式化,从而实现管理各单元简捷、高效、精确、可靠。

思政聚焦——思想启迪:【"管"与"理"的辩证统一】所谓"管"就是监督和控制,所谓"理"就是指导和服务。其实管理是"管"和"理"的统一体,"理"是"管"的途径,"管"是"理"的目的,它们是一对矛盾的、有机的统一体。就管理的过程而言,"理"比"管"更重要。现在的问题是,人们往往只知道"管",而漠视了"理","管"还是采用权力方式的强行约束和控制,结果往往适得其反。管理过程应该更注重"理",高明的管理应该是寓"管"于"理"之中,这就是"管"与"理"的辩证法,这就是管理的方法论,精细化管理更是如此。(资料来源:张楠,张学锋,姚晓军.航空装备维修保障精细化管理理论研究与创新实践[M].北京:国防工业出版社,2014.)

理解精细化管理的内涵,应从以下几个方面把握。

(1)精细化管理是一种科学管理的方法,是科学管理发展的高级阶段,建立在科学的量化标准、工作程序细化、工作过程可控的基础上,达到各项工作可操作和易执行的目的。

(2)精细化管理是一种管理理念,更是一种文化,也是一种艺术。它体现了组织者对管理的完美追求,是组织严谨认真、精益求精思想的贯彻。

思政聚焦——思想启迪:现代管理学认为,科学化管理有三个层次:第一个层次是规范化,第二个层次是精细化,第三个层次是个性化。如果说管理的科学性是强调管理是一个求真的过程,管理的艺术性是一个求美的过程,那么管理的道德性是一个求善的过程,从本质上说,管理是一个求真、求美、求善的过程。

思政聚焦——思想启迪:【"文化"的由来】"文"和"化"最早见于《周易·贲卦》:"刚柔交错,天文也;文明以止,人文也。观乎天文,以察时变;观乎人文,以化成天下。"其实这句话中"文""化"二字虽未连用,但已经含有今天所说"文化"中"以文化人"的含义。西汉以后"文"和"化"合并成一个词,西汉经学家、目录学家、文学家刘向《说苑·指武》:"圣人之治天下也,先文德而后武力。凡武之兴,谓不服也;文化不改,然后加诛。"晋代典籍《补亡诗·由仪》:"文化内辑,武功外悠。"南齐文学家王融《曲水诗序》:"设神理以景俗,敷文化以柔远。"在此"文化"是指中国古代封建王朝所施的文治和教化的总称。在管理学的意义上,"文化"是观念、态度、道德、修养、品行、知识和能力等深层次的人文因素的总和。一流的管理靠文化,建立具有行业特色的文化是培树先进的管理理念的有效途径。例如,美国空军精细化管理,强调的是将"持

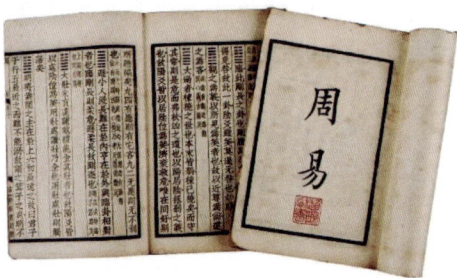

续变革、改进优化、效率效益"等管理理念融入空军的文化之中,打造具有科学精神和追求卓越的空军文化。(资料来源:[1]陈至立,等.辞海(彩图本)[M].7 版.上海:上海辞书出版社,2020.[2]黄寿祺,张善文.周易译注[M].上海:上海古籍出版社,2016.)

(3) 精细化管理强调规则意识。规则包括程序和制度,它要求管理者实现从监督、控制为主的角色向服务、指导为主的角色的转变,更多关注被服务者的需求。

思政聚焦——古为今用:【中国古代精细化思想——注重规则、法仪】 战国时思想家、政治家、教育家孟子有言:"离娄之明、公输子之巧,不以规矩,不能成方圆。"战国末思想家韩非子有言:"巧匠目意中绳,然必先以规矩为度……法不阿贵,绳不挠曲。""无规矩之法、绳墨之端,虽王尔不能以成方圆。""故欲成方圆而随其规矩,则万事之功形矣。而万物莫不有规矩。""抱法处势则治,背法去势则乱。"春秋战国之际思想家、政治家墨子有言:"天下从事者,不可以无法仪。无法仪而其事能成者,无有也。""百工为方以矩,为圆以规,直以绳,衡以水,正以县。无巧工不巧工,皆以此五者为法。"春秋初期著名政治家管子认为:"尺寸也、绳墨也、规矩也、衡石也、斗斛也、角量也,谓之法。""不明于法,而欲治民一众,犹左书而右息之。"明代政治家张居正说:"天下之事,不难于立法,而难于法之必行;不难于听言,而难于言之必效。"

启示: 当前航空装备管理的法规应该说是健全的,为什么落实不好?航空装备管理绝不缺少制定法规的组织者,缺少的是精益求精的执行者;绝不缺少各类管理制度,缺少的是对规章制度条款不折不扣地执行。说到底执行不力,就是管理不到位,管理不到位就是缺乏规则意识。(资料来源:[1]杨伯峻.孟子译注[M].2 版.北京:中华书局,2019.[2]张觉,等.韩非子译注[M].上海:上海古籍出版社,2016.[3]张永祥,肖霞.墨子译注[M].上海:上海古籍出版社,2016.[4]谢浩范,朱迎平.管子译注[M].上海:上海古籍出版社,2020.)

(4) 精细化管理研究的范围是组织管理的各单元和各运行环节,更多的是在原有管理基础上的改进、提升和优化。推行精细化管理就是把各管理的环节有机连接起来,在现有管理制度的基础上进行细化,形成一个完整的管理体系。

(5) 精细化管理的目的是基于组织战略清晰化、内部管理规范化、资源效益最大化的基础上提出来的,它是组织个体利益和整体利益、短期利益和长期利益的综合需要。战略是宏观的,但战略从细节中来,到细节中去。战略是一个过程,既然是过程,那么就需要在如何制定战略以及如何执行战略等方面,做好每一个细节。

思政聚焦——微言大义: 美国著名管理学家弗里蒙特·卡斯特认为:"管理作为协调组织中各个子系统以及个人之间的关系使之达到和谐的一种手段,其目的就是要使组织内部以及组织与外界环境之间的关系达到最大的一致性。"作为系统管理学派的主要代表人物,卡斯特主张:要用系统理论的范畴和原理来全面分析和研究管理问题;把系统理论和管理理论结合起来,通过系统来管理,以提高管理效率。

法国思想家、文学家、哲学家伏尔泰说过:"使人疲惫的不是远方的高山,而是鞋子里的一粒沙子。"宏观一定要从微观中来,再回到微观中去。

(6)精细化管理最终的解决方案只能是通过训练提升管理成员素质的方式来实现。认真可以把事情做对,用心能把事情做好,如果责任感缺位,就不会在乎细节,也看不到细节,更无法做好细节,落实细节体现修养,细节源于态度,细节体现素质。

(7)精细化管理不是一场阶段性的运动,而是一个永续前进的过程,是自上而下积极引导和自下而上自觉响应的常态式管理模式。

2. 核心要义

精细化管理的核心要义或主要精髓可以用"精、准、细、严"四个字来概括,其核心要义如图 8-1 所示。"精"——精益求精,追求最好,不仅把工作做精,还要把工作做到极致,挑战极限。"准"——准确的信息与决策,准确的数据与计量,准确的时间衔接和正确的工作方法。"细"——工作细化、操作细化、管理细化、考核评估细化,特别是执行细化。"严"——严格执行标准和制度,严格监管,严格控制偏差。这是使精细化变为事实的关键性条件,体现为执行过程之中和监督检查的力度。"精、准、细、严"这四个字囊括了精细化管理过程的各个环节。"精"是目标,要求最好;"准"是决策,要求准确;"细"是细化,要求重视细节;"严"是控制偏差,要求一丝不苟。这四个字是精细化从理念变为事实的关键的四个字,也就是说,推行精细化管理,必须扎扎实实地在这四个字上下功夫。总之,精细化管理强调过程管理,是以规范为前提、以系统为保证、以信息化为标准,其精髓是"精、准、细、严",重点是提升和强化执行力,最终目的是确保各项工作质量、安全标准的落实。

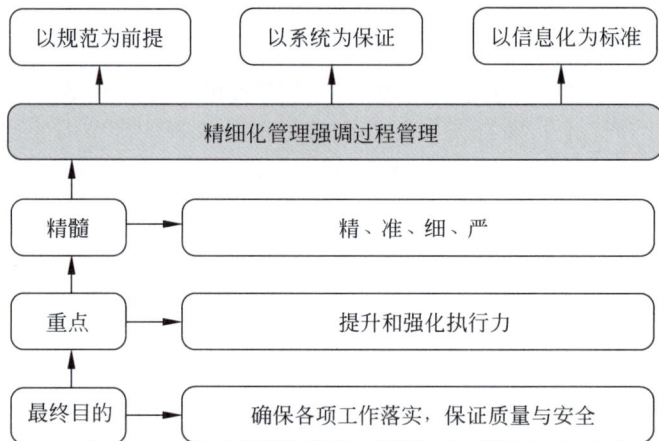

图 8-1　精细化管理核心要义示意图

知识链接:【精细化、精益化的辨析】精细化管理强调过程和细节,把细节管住,把过程管住,保证处于受控状态。精益化管理是对丰田管理模式的一个概括,精益化强调的是结果,投入最后都能够得到收益。精细化管理和精益化管理不存在高低之分,它们是从不同的层次、从不同的角度提出的问题。(资料来源:王瑛,张凤鸣,杨少华,等.航空装备维修精益维修理论与实践[M].北京:国防工业出版社,2017.)

8.1.3　精细化管理的基本思想

精细化管理的基本思想,简言之,就是把复杂的问题简单化,把简单的问题流程化,把流程的问题定量化,把定量的问题信息化,把信息的问题可控化,从系统和细节的角度出发,系统思维、细节展开,一环套一环,一化接一化,环环紧扣,逐级改善,精准细致,精益求精,从而实现精细化管理。这一思想的核心是用规章制度和质量标准规范人的行为,强化制度意识、标准意识、质量意识,把经验转变为规则,将规则训练成习惯,从"人管人"向"制度管人""流程管事"转变,最终实现管理模式"从经验到规范、从规范到精细、从精细到高效"的转变,使全体人员在明确的质量标准、完备的规章制度、规范的工作流程控制下,养成一种自觉按职责分工、按流程执行、按标准工作、按规章办事的良好习惯和优良作风。

1. 复杂问题简单化:从复杂到简单——目标分解

简单化就是化繁为简的过程,大道至简,精于心,简于形。复杂问题简单化就是直指问题实质、抓住问题本质。现代管理学家彼得·德鲁克曾说过:"系统地简化是人类进步的基础。"爱因斯坦曾说过:"科学的原则就是最简单性的原则。"奥卡姆剃刀定律也认为:把事情变复杂很简单,把事情变简单很复杂。精细化管理不是复杂化,不是繁琐化,只能是简单化。简单化的关键就是要把复杂问题的需求进行细化分解,然后再一个一个地去分而治之、逐个解决。

2. 简单问题流程化:从无序到有序——流程设计

流程是一组将输入转化为输出的相互关联或相互作用的活动。流程化就是给组织及组织成员提供准确的流程、程序。简单问题流程化是系统优化的首要要求。现代各行各业都是一个系统组织,强调各部门、各环节、各成员、各工作单元之间要有序衔接配合,协同作业,从而提高组织的整体效能。进行精细化管理,只有将简单问题流程化,找出各个关键点相互间的有机联系,厘清整体流程的各个衔接点,才能实现各方人员协同配合、各种资源优化配置等细节问题,提高组织系统的结构性效率。

3. 流程问题定量化:从定性到定量——标准制定

定量化是指在对管理的各个环节进行定性分析基础上,综合运用统计分析技术、建模模拟技术等量化分析方法,建立科学的量化标准。现代管理学家彼得·德鲁克说:"没有定量,就没有管理。"定量化是精细化管理中的一个重要环节,也是标准化的前提。精细化管理与传统管理一个显著的差别就是数字化和量化。将流程问题定量化,制定出量化指标,进行标准化、数字化改造,是精细化管理的必由之路。

思政聚焦——古为今用:【中国古代精细化思想——注重量化、运筹】《史记·高祖本纪》:"运筹策帷帐之中,决胜于千里之外。"中国古代先贤就已充分认识到量化分析的重要性,并善于将定性定量分析结合起来。春秋末思想家、兵家奠基人孙武《孙子兵法·形篇》:"兵法:一曰度,二曰量,三曰数,四曰称,五曰胜;地生度,度生量,量生数,数生称,称生胜。"孙武把战争胜负的因素,用"度""量""数""称"的范畴加以阐述,根据敌对双方土地面积大小的"度",得出物产资源多少的"量";根据双方物产资源多少的"量",计算能动员和供给兵卒众寡的"数";根据双方人力众寡的"数",就可以判断军事实力强弱的"称";根据双方实力强弱的"称",就可以得出孰胜孰负的结论。再比如:《孙子兵法·计篇》:"夫未战而庙算胜者,得算多也;未战而庙算不胜者,得算少也。多算胜,少算不胜,而况于无算乎!"春秋初期著名政治家管仲《管子·七法》:"不明于计数,而欲举大事,犹无舟楫而欲经于水险也。""遍知天下,审御机数,则独行而无敌矣。"战国时期政治家商鞅《商君书·去强》:"数者,臣主之术而国之要也。故万国失数而国不危,臣主失数而不乱者,未之有也。""强国知十三数……欲强国,不知国十三数,地虽利,民虽众,国愈弱至削。"(资料来源:[1]郭化若.孙子译注[M].上海:上海古籍出版社,2016.[2]李山,轩新丽.中华经典名著全本全注全译丛书:管子[M].北京:中华书局,2019.[3]石磊.中华经典名著全本全注全译丛书:商君书[M].2版.北京:中华书局,2022.)

4. 定量问题信息化:从弹性到刚性——制度固化

信息化是采用智能化信息技术手段,推进信息化生产力发展的过程。从规则的角度来说,信息化的作用就是使流程和程序固化。只有实现了信息化,精细化管理才能真正实现,同样,只有实现了精细化,信息化才能完成。

5. 信息问题可控化:从准确到可控——持续改进

精细化管理的核心功能之一就是控制工作质量,确保工作质量按照组织要求完成,使组织管理在一个稳定的基础上进行改善和提高。只有信息反馈及时、准确,而且可以控制,才能做到正确决策和持续改进。

8.1.4 精细化管理的应用情况

目前,精细化管理的思想已被企业界广泛接受,成为企业日常管理工作的一个基本意识。不仅是企业界,各类非营利组织如医院、院校、政府机关等也把精细化管理作为提高工作质量的一种理论,运用到工作中指导自己的工作实践,提升日常管理水平。2009 年起,我国民航开始推行精细化管理,并取得了明显效果。

与此同时,精细化管理也受到了各国军队的高度重视。2006 年,美国空军启动了"21 世纪精细化管理计划";同年,印度空军"精益后勤"改革开始试行;2009 年,以色列国防军在空军装备维修领域实施代号为"收获季节"的"十年增效计划";英国皇家空军也着手推行了名为"前方精益计划"的精细化管理改革,等等。这些国家的空军在推进转型建设的过程中,不约而同地选择了精细化管理作为缩短业务周期、节约使用能源、提高战斗力的重要举措。特别是 2008 年,美国空军又提出了精细化管理的最新构想,发布了《21 世纪美国空军精细化管理手册》,作为开展持续流程改进的指导性文件,将精细化管理融入空军的整体建设中,旨在保持其空军在天空、太空、网空的非对称优势与作战能力,同时也标志着美国空军的精细化管理进入了一个新的发展阶段。美国军方称:"该方法已经提升到空军战略高度,成为空军完成使命任务的重要方法之一。"实践表明精细化管理的确是一种增强工作执行力、提高工作质量与效益的科学管理模式,能真正实现从经验型到科学型、随意化到规范化、外延式到内涵式,归根结底是粗放管理到精细管理的根本转变,从而产生出巨大的经济效益和深远的社会效应。

思政聚焦——他山之石:【美国空军 21 世纪精细化管理案例】"他山之石,可以攻玉",对美国空军精细化管理进行案例分析,对于借鉴其有益经验,促进我军管理实现由粗放型管理向精细化管理转变,具有重要意义。美国空军 21 世纪精细化管理主要分三个阶段进行。第一阶段:重点放在培训空军 21 世纪精细化管理各个过程改进组成部分的空军领导(工具及配合方法),以及改进工作流程。第二阶段:全面推行空军 21 世纪精细化管理。包括空军官兵培训,使他们空军的战略合作伙伴。第三阶段:强化持续改进空军内部工作流程的概念,将同样的过程改进推广至空军的战略合作伙伴。

启示:一是不断寻求变革是美军保持绝对军事优势的一贯做法;二是围绕人员、组织和工作模式的持续改进是美国空军精细化管理的核心;三是注重科学设计是美国空军精细化管理落到实处的有效保证;四是始终瞄准效率效益最优化是美国空军精细化管理的不懈追求;五是美国空军推行航空装备维修保障精细化管理的做法值得学习借鉴。(资料来源:[1]王瑛,张凤鸣,杨少华,等.航空装备维修精益维修理论与实践[M].北京:国防工业出版社,2017.[2]张楠,张学锋,姚晓军.航空装备维修保障精细化管理理论研究与创新实践[M].北京:国防工业出版社,2014.)

8.2 航空维修保障精细化管理的内涵与特征

航空维修保障精细化管理是精细化管理理论在航空维修保障工作中的应用与深化，为了更好地开展航空维修保障精细化管理工作，我们首先要清楚其基本内涵和主要特征。

8.2.1 航空维修保障精细化管理的基本内涵

航空维修保障精细化管理是指综合运用精细化管理的理论、工具与方法，以精益维修、精准控制、精细维护、精确保障为理念，以持续提升体系保障能力为根本目的，对航空维修保障全系统、全过程、全要素实施科学管控的管理实践活动。

全系统包括维修保障管理、维修保障作业、维修保障训练和质量安全管控等领域。全过程是指贯穿于航空装备从列装到退役的整个寿命周期，涵盖管理活动展开的计划、执行、检查和处理的各主要环节。全要素则包括维修保障人员、保障装备、备件、维修保障信息和保障设施等方方面面。精细化中的"精"是原则要求，"细"是途径方法，只有把航空维修保障精细化管理贯穿全系统、全过程、全要素，进而查找出制约体系保障力提高的关键细节，才能制定出具体可行的制度措施，实现管理出精品的自然结果。即：围绕"物有标准、事有流程、管有系统、人有素养"的目标，依据法规制度、依据质量标准，通过健全装备和人员岗位能力标准、建立维修工作流程、拓展信息系统管理功能、培养精准细实作风，管住工作流程定制、管住质量安全过程监控、管住维修行为规范，力求精确掌握飞机状态、精确调配保障资源和精确控制保障流程，让符合标准的人员在正确的时机、用适用的工具、按科学的流程实施维修保障，真正做到简捷、高效、安全、可靠，最终达到"个人维修零差错""单位保障零事故"的目标。

8.2.2 航空维修保障精细化管理的主要特征

1. 管理活动的流程化

在航空装备维修保障精细化管理活动中，流程化主要表现在三个方面：一是流程性的组织架构，即组织的层级结构与流程的层级结构相适应，职责分工与流程代表的工作相一致；二是管理的着力点聚焦于流程的持续改进和整合优化，从而减少浪费、提高业务流程的运行效率；三是以建立标准化的流程作为落脚点。实践证明，伴随维修保障管理活动的深入,流程已不仅作为一种工作交流沟通的语言、一种工作模式,同时也是持续有效改进工作的有力抓手。

2. 管理手段的信息化

信息化是精细化管理的重要特征之一,它强调通过快速、准确、真实的信息流动,优化信息采集、存储、分析与传递流程,从而强化信息沟通,消除部门壁垒,促进协同配合,使管理计划制定的依据更充分,内容更系统、更务实,使决策指令的发出更及时、更准确、更具针对性。

3. 过程管控的精确化

在航空维修保障领域,过程管控的精确化主要表现在三个方面:一是在管控要素和管控环节的确定上,强调采用细化、量化与系统优化相结合的方法,对维修保障管理与作业活动的全过程进行全面客观准确的分析,抓住关键要素与关键环节;二是在管控方式的选择上,强调采用标准化、规范化的控制流程,以及科学的控制标准,确保管控效果持续稳定;三是在管控结果的处理上,强调具体问题具体分析,及时监督反馈,固化成功经验,纠正管控偏差,为后续的改进措施制定做好准备。

4. 资源配置的集约化

在经济管理领域,集约化的"集"就是指集中,集中人力、物力、财力等生产要素进行统一配置;"约"是指在集中统一配置生产要素的过程中,以节俭、约束、高效为价值取向,通过精确控制达到降低成本的目的,确保核心力量集中使用,使竞争优势得到快速巩固和持续增强。在航空维修保障精细化管理实践中,资源配置的集约化主要体现在三个方面:一是在资源流动上,在特定时期或不同阶段,管理着力点不同,资源投放的数量、类型和时机就不同,要体现出"集"的要求;二是在资源使用上,强调以最少的投入换取最大的回报,体现"约"的要求;三是在资源总体配置上,"集"和"约"是有机融合的,不能为了"集"淡化资源属性,为了"约"刻意减少资源投放,结果对质量、安全以及整个系统运行造成负面影响。

8.3　航空维修保障精细化管理的程序和方法

航空装备各系统各专业各工作千差万别,推行精细化管理的具体程序和方法也不尽相同。但基本程序的四个方面是共同的,即弄清问题、选准方法、强化执行、持续优化。同时,细化、量化、流程化、标准化、协同化等基本方法也具有广泛的适用性。

8.3.1 航空维修保障精细化管理的基本程序

1. 明确问题

推行精细化管理,这是信息时代装备管理的客观要求。但在具体推行中,不能是简单的复制,而应该是发现问题、研究问题、通过推行精细化管理有效解决问题。一要敢于揭示问题,二要善于追寻问题的深层原因。事情的存在和发展都有其内在的原因,而且原因的背后还有原因。这就需要我们顺藤摸瓜,找到根本的原因。

思政聚焦——他山之石:《美国空军 21 世纪精细化管理》中有这样一个例子:

问:为什么飞机放飞晚了?

答:因为加油分队行动迟缓。

问:为什么加油分队行动迟缓?

答:因为加油分队的一个士兵腿骨骨折去了医务室。

问:为什么这个士兵腿骨骨折了?

答:因为机库航油泄漏,他滑倒了。

问:为什么机库航油会泄漏?

答:因为设备垫圈老化,漏油了。

问:为什么维修部门不更换垫圈?

答:因为维修部门的预算被削减,他们把预防性维修向后拖延了 6 个月。

启示:这个方法是著名的"五个为什么"法,通过这一类的方法,不断地追问,寻找到问题产生的真正原因,才能准确定位发展的瓶颈,为找到解决的有效办法奠定基础。

2. 选准方法

就精细化管理来说,方法可分为四个层次:第一层是理念层,即"精、准、细、严";第二层是基本方法层,如细化、量化、流程化、标准化、协同化等;第三层是操作方法技巧层,如精益管理、流程管理、流程再造等解决某一类特定问题的方法,包括操作规程,操作手册之类;第四层是方法技巧在具体问题上的综合运用。

思政聚焦——思想启迪:【有目标,更要有方法】1934 年毛泽东主席在《关心群众生活,注意工作方法》中曾说过一段名言:"我们不但要提出任务,而且要解决完成任务的方法问题。我们的任务是过河,但是没有桥或没有船就不能过。不解决桥或船的问题,过河就是一句空话。不解决方法问题,任务也只是瞎说一顿。"总之,做任何事情,作为领导者,必须能够提出明确的战略方向与工作目标,同时又要有方法与工具。因为:即便提出的目标或任务是正确的,道理讲得也很清

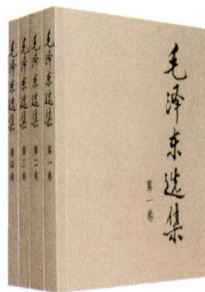

楚,但如果没有好的工作方法来实行它,也会变成空话。(资料来源:毛泽东选集:第一卷 [M].2 版.北京:人民出版社,1991.)

3. 强化执行

执行力问题是任何一个组织都无法回避的问题,执行力强的组织效率就高,执行力弱的组织效率就低。精细化管理的首要问题,是执行不到位的问题。具体来说,执行不到位的原因复杂而多样,因组织情况不同,执行者不同,领导者不同,所做的事情不同,执行不到位的具体原因各不相同,但总地来说,执行不到位的主要原因有两大方面:一是管理者方面的原因,二是执行者个人的原因。管理不到位主要是布置任务不细致、制定计划不准确、落实规范不严格,跟踪监控不严密。执行者个人的原因,包括工作态度等。而最能影响工作态度的因素,是个人与组织的合作动机,个人与组织利益的协调。需要说明的是,精细化管理的主体和工作重心是管理者,而不是执行者,执行不到位从根本上来说,是因为管理不到位。精细化管理的重点是执行的管理,通过管理的精细化带动执行的精细化,发力点在抓落实。现实装备管理中出了问题或管理不到位,首先做检查的应是管理者而不是被管理者。

思政聚焦——微言大义:战国末思想家、教育家荀子曰:"不闻不若闻之,闻之不若见之,见之不若知之,知之不若行之。"南宋理学家、教育家朱熹曰"学之之博,未若知之之要;知之之要,未若行之之实。"明代理学家、教育家王阳明认为"知者行之始,行者知之成。"德国哲学家叔本华说:"智慧只是理论而不付诸实践,犹如一朵重瓣的玫瑰,虽然花色艳丽,香味馥郁,凋谢了却没有种子。"现代管理学之父彼得·德鲁克认为:"管理是一种实践,其本质不在于知而在于行,其验证不在于逻辑而在于成果。"

4. 持续改进

推行精细化管理是一项系统工程,不可能一蹴而就、一步到位,而是一个持续改进的过程。持续改进通常有以下几种方法:

(1) PDCA 循环。PDCA 循环把一个管理过程分为计划(Plan)、执行(Do)、检查(Check)和处理(Action)四个阶段。主要用于一个组织或一项复合性大型任务的质量效益提升,这种提升方式往往体现为阶梯式的。

(2) OODA 循环。OODA 是 Observe(观察)、Orient(判断)、Decide(决策)、Act(行动)首字母的缩写。OODA 循环是一种适用于冲突管理的程序和方法。它更加关注决策,长于用程序化、标准化的决策机制来应对瞬息万变的竞争环境,提升决策的速度,特别适用于竞争性组织和处理突发事件。

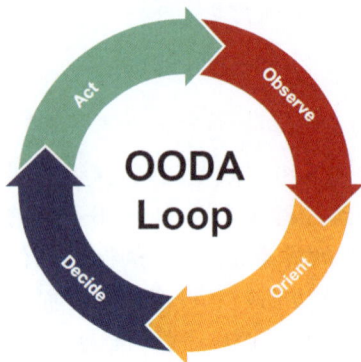

思政聚焦——思想启迪：【OODA 循环理论与中国传统军事思想】 OODA 循环理论是军事领域著名的空战战术模型,其基本观点是：武装冲突可以看作是敌对双方相互较量谁能更快更好地完成"观察—判断—决策—行动"的循环程序。OODA 循环理论是美国空军上校约翰·博伊德(John Boyd)试图解释美军的空战优势而提出的,它最初用于描述战斗机作战过程的四个阶段,后来被应用于描述一般的决策过程。"OODA 环"将决策行动过程视为由四个独立且关联的阶段构成的循环。其中,"观察"表示获取环境信息、形成态势感知；"判断"表示分析情况、做出判断；"决策"表示定下行动决心、制定决策方案；"行动"表示实施决策方案。OODA 循环模型已经被广泛应用在军事指挥决策中,被多个国家的军队写入其作战条令,并且在非军事领域也广为人知。

我国的传统军事思想中也蕴含着这些思想,可以说与 OODA 循环理论不谋而合,有异曲同工之妙。在它们所主张的军事斗争策略中,都包含有这样的内容：协调作战、兵不厌诈、动如脱兔、行云流水、攻其不备、一招制胜、上兵伐谋,等等。例如,OODA 循环的第一步是"观察",而我国汉代的兵书《三略》中亦指出"用兵之要,必先察敌情",同样强调搞清楚敌情是合理运用兵力的首要步骤。此外,《孙子兵法》中的重要作战原则——"知己知彼,百战不殆",也强调了解敌情我情是打胜仗的基本条件。OODA 循环的第二步为"判断",即指挥员需要针对所观察的情况做出合理判断,而在《宋史·岳飞传》中有"阵而后战,兵法之常,运用之妙,存乎一心"的名句,意思是指挥员面对战场实际情况,需结合自己的经验开动脑筋,做出正确的思考和判断。它强调了指挥员要善于发挥灵活性和主动性,这与博伊德的思想是一致的。对此毛泽东主席在《论持久战》中有精辟的论述："古人所谓'运用之妙,存乎一心',这个'妙',我们叫作灵活性,这是聪明的指挥员的出产品。灵活不是妄动,妄动是应该拒绝的。灵活,是聪明的指挥员,基于客观情况,'审时度势'(这个势,包括敌势、我势、地势等项)而采取及时的和恰当的处置方法的一种才能,即是所谓'运用之妙'。"此外,对于 OODA 循环中的决策和行动环节,古代军事家也提出"谋定而后动""攻其无备,出其不意"等原则,强调正确的决策是行动的前提、行动应具有突然性等。早在春秋战国时期,《管子·七法》中就提出："遍知天下,审御机数,则独行而无敌矣。"意思是掌握各国军事情报,善于把握战机、精心运用策略,这样军队就会所向无敌,更是包含了 OODA 循环的各个环节。(资料来源：[1]李山,轩新丽.中华经典名著全本全注全译丛书：管子[M].北京：中华书局,2019.[2]谢浩范,朱迎平.管子译注[M].上海：上海古籍出版社,2020.[3]毛泽东选集：第二卷[M].2 版.北京：人民出版社,1991.[4]汤罗浩,刘毅,丁兆云,等."指挥与控制原理"的课程思政实践——以"OODA 环"教学为例[J].现代职业教育,2023(7)：41-44.)

（3）DMAIC 循环。六西格玛的 DMAIC 循环由五个阶段构成：定义（Define）、测量（Measure）、分析（Analyze）、改进（Improve）、控制（Control）。它是一种适用于提升特定对象质量水平的管理程序和方法。它强调运用数理工具，通过精确计算完成对流程各环节及问题的界定和测量，提出精准得当的改进措施，使改进对象的质量呈螺旋式上升，直至达到完美。因此，它更适用于具有较高科技水平、质量管理基础，从事复杂工程管理类的组织。

PDCA、OODA 和 DMAIC 这三种循环，都经历了实践的反复检验，都是管理工作内在规律的反映，表述了对管理过程的分解方法的不同，表明了它们的侧重点也不一样，适用对象和场合当然也有差别。

思政聚焦——质量案例：【华为的持续改进——"小改进，大奖励"】华为追求持续不断、孜孜不倦、一点一滴地改进，促使管理不断改良。华为要求每个员工、每个团队、每个组织都要持续改进，持续改进已成为华为质量文化不可或缺的一部分。华为于 1993 年引进合理化建议制度，将员工潜藏的聪慧天赋激发出来。华为 2001 年发布的工作要点明确指出："小改进，大奖励"是我们长期坚持不懈的改良方针。

华为鼓励各级管理团队要引导员工立足于本职岗位的效率提升和业务绩效改进，自动自发地参与到品管圈（Quality Control Circles，QCC）活动中，积极提交改进建议，并对QCC 成果和改进建议进行评选，根据其成果和价值对员工进行激励，以形成全员参与和持续改进的良性氛围。华为开放吸纳全球优秀人才，充分激发内部人才潜力。华为在全球建立了 80 多个基础技术实验室，开展顶尖竞赛，广纳天下英才。华为员工来自全球163 个国家和地区。华为始终着眼于长期可持续发展，持续投入未来，近十年累计研发投入超过 8456 亿元，据《欧盟 2021 工业研发投入记分牌》显示，华为研发投入排名全球第二。图为华为软件精英挑战赛现场。（资料来源：[1]《中国质量管理最佳实践集萃》编委会.中国质量管理最佳实践集萃[M].北京：中国标准出版社，2023.[2]华为官网.）

8.3.2　航空维修保障精细化管理的实施方法

1. 细化——凡事成于精细

细化是指将整体任务或工作，逐层分解为不能再分或不必再分的任务/工作单元。细化是精细化的基础和基本功。全面细化包括横向、纵向、衔接和责任等方面。没有细节，无以成就大事，细节体现的是一种文明修养，体现的是一种人生的态度，体现的是一种内心的感受，展现出来的美丽可以让人铭记。

思政聚焦——机务作风：【精细化在航空维修安全管理中的应用】维修保障工作许多时候都是重复着近乎枯燥的巡检工作，然而一个螺丝的松固、一个参数的调整、一个设备的校装、一个数据的采集，处处都能折射出细节产生的效应。在维修保障工作中，从一些不经意的细节中杜绝安全与隐患就可能防止各类事故的发生，也许在飞机装备旁多站一站、听一听、看一看，就有可能避免一次重大飞行事故；从一滴漏油处警觉起来，就可能消除一个隐患，避免一次事故征候的发生，保证飞机的飞行安全。可见注重维修保障工作中的安全细节何等重要。（资料来源：张楠，张学锋，姚晓军.航空装备维修保障精细化管理理论研究与创新实践[M].北京：国防工业出版社，2014.）

2. 量化——没有量化就没有细化

量化是指标准和规则中可以用数值量或表述的量和要求，均要进行量化。精细化管理离不开量化，量化是精细化管理的一个重要内容，科学发展越成熟，对定量分析的手段依赖性越高，由定性研究到定量研究，标志着科学研究由初级水平向高级水平发展。诚如马克思所说："一种科学只有在成功地运用数学时，才算达到了真正完善的地步。"量化是细化的一个侧面，是细化的深入，通过量化达到更精确的细化，没有精确的量化，就缺乏有力的依据，没有量化就抓不到实处。量化也是实行标准化管理的重要工作，质量标准、管理标准都必须通过量化来实现。在航空维修保障中开展的油液监测、无损探伤、原位检测等工作都是量化的具体体现。

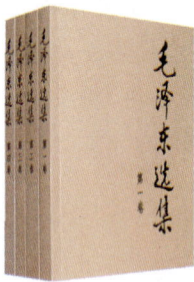

思政聚焦——思想启迪：【胸中有"数"】毛泽东主席早在1949年3月中共七届二中全会中就明确指出："对情况和问题一定要注意到它们的数量方面，要有基本的数量的分析。任何质量都表现为一定的数量，没有数量也就没有质量。我们有许多同志至今不懂得注意事物的数量方面，不懂得注意基本的统计、主要的百分比，不懂得注意决定事物质量的数量界限，一切都是胸中无'数'，结果就不能不犯错误。"这段话收录于《毛泽东选集》第四卷，文章题目为"党委会的工作方法"。（资料来源：毛泽东选集：第四卷[M].2版.北京：人民出版社，1991.）

3. 流程化——效果来自流程化的改进

流程化是指将任务或工作,沿纵向分解为若干前后相连的任务/工作单元,将作业过程细化为工序流程,然后进行分析、简化、改进、整合、优化。流程化才能精细化,现在我们对流程化的认识还比较肤浅,有些工作并没有按照流程化的程序去落实,走了很多的弯路。如我们制定的维修保障预案,有多少能符合实际需要的? 原因在于我们没有按流程的程序落实到工作的每个环节。

思政聚焦——质量案例:【航空维修保障流程优化】某部通过优化保障流程、调整保障力量、整合保障资源,维修保障管理和作业更趋精细化,有效减少了维修保障工时,提高了保障能力,机务准备时间缩短了 1 小时以上,飞行后检查由原来的 1.5～2 小时缩短到 1 小时以内,装备换季由原来的 5 天缩短到 3 天,大大减少了维修工作量,降低了劳动强度。修理厂对定检、换发等工作流程进行优化,有效缩短了飞机在厂周期,维修效率明显提高,维修停飞率下降了近两个百分点,定检、换发时间分别缩短了 20％ 和 30％。(资料来源:张楠,张学锋,姚晓军.航空装备维修保障精细化管理理论研究与创新实践[M].北京:国防工业出版社,2014.)

4. 标准化——有标准才能执行到位

标准化是指管理工作要有统一规格标准、操作标准、质量标准、数量标准、时限标准等,并且严格地执行标准。标准化是规范化的必要条件,标准化体现出严格的组织纪律,它是克服管理随意性、无序性、粗放性的有效手段,是由人治走向法制管理的必然过程。现实装备维修管理对"标准"的认识并不统一,大到装备的研制,小到飞机的具体一个部位,无不存在标准的问题。

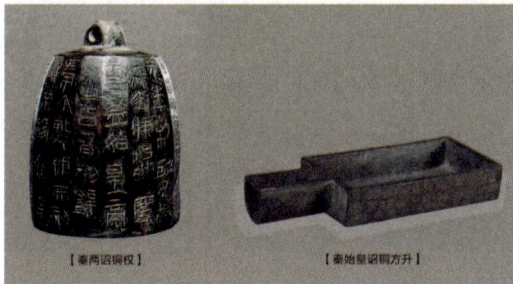

【秦两诏铜权】　【秦始皇诏铜方升】

思政聚焦——古为今用:【中国古代精细化思想——注重统一标准】在中国古代,由于生产和生活需要,从而产生了"结绳记事""滴漏计时""手捧为升""伸掌为尺""迈步立亩"等最简单的计量标准。公元前 221 年,秦始皇统一中国建立了封建王朝以后,就统一了全国的度量衡器标准,并在此基础上推行了"书同文、车同轨、统一驰道、统一货币、统一兵器"等重大变革。从现代管理的观点看,这些活动实质上就是标准化活动。这是中国标准化史上的重大进步,对中国的政治、经济和文化发展起到了重要推动作用。秦国真正独特的地方,不仅仅在于统一度量衡,更在于利用度量衡演变成一套完整的质量制度。工程浩大的秦长城、气势恢宏的兵马俑,以及至今仍在发挥作用的都江堰和灵渠,这些工程奇迹都在向人们昭示着那个曾经超越时代的帝国质量。今天,统一度量衡为秦国带来的一整套质量体系,有了一个明确的定义——国家质量基础。(资料来源:《大国质量》节目组.大国质量:世界名企版"大国崛起"[M].北京:当代世界出版社,2019.)

5. 协同化——衔接配合是提高系统效能的前提

协同化是指各个任务/工作单元之间输入输出匹配、协调、完美,链接优化,从而保证整个系统运行高效。系统工程强调各部门、各环节、各个成员和各工作单位之间,要有良好的衔接配合协同动作,从而提高整体系统的效能。可是,在现实工作中我们往往没能按照系统工程的要求,加强各单元之间的协同配合。这里面固然有体制方面的问题,更重要的是长期形成的各自为政的陋习,这已经成为一种习惯和思维,很难在短时期内转变。在装备维修保障中也存在类似问题,如飞机的加改装,从飞机出厂后就不停地改,不但影响飞机的出勤率,更重要的是飞机的技术状态不统一,电磁不兼容、线路交叉、设计不规范、临时改动多,导致飞机线路出现故障很难排查,飞机的维修性下降。设备的配置存在资源浪费的现象还比较普遍,有的修理厂车床就有十几台,闲置率有多少? 产生的效益有多少? 这些都是部门之间协调、衔接不好的事例。

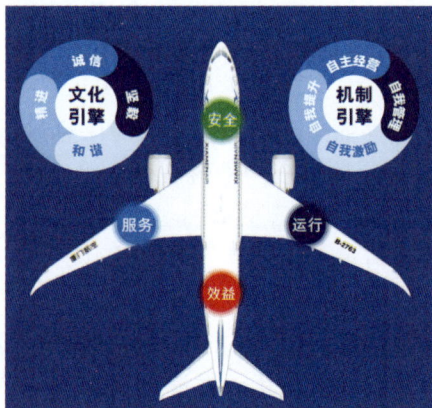

思政聚焦——质量案例:【厦航"双引擎四系统立体交互"航空质量管理模式】厦门航空"双引擎四系统立体交互"航空质量管理模式是结合飞机构造及飞行原理提出的。"双引擎"是指文化引擎和机制引擎,如同保持企业高质量、高效益发展的两台发动机,二者相辅相成。"四系统"是指"安全、运行、服务、效益"四大质量系统。"安全、效益"系统,如飞机机身,保持恒久生命力,确保厦航基业长青;"运行、服务"系统,如飞机机翼,不断产生升力,推动厦航永续经营。四大质量系统立体关联、交互作用,在"双引擎"的驱动下,推动厦航走上卓越绩效经营之路,促进形成顾客、企业、社会、相关方共赢发展的良性循环。2016年,厦航凭借"双引擎四系统立体交互"航空质量管理模式荣获我国质量管理领域的最高荣誉——第二届中国质量奖。(资料来源:《中国质量管理最佳实践集萃》编委会.中国质量管理最佳实践集萃[M].北京:中国标准出版社,2023.)

8.4　航空维修保障精细化管理的保障措施与注意问题

在航空维修保障中推行精细化管理,是航空装备维修管理的一次尝试,必然会遇到这样或那样的困难,还会有不同的声音,尤其是在精细化管理的理念还没有被大家深入了解的情况下开展这项工作,困难可能会更多。在推行精细化管理时注意把握好以下保障措施与注意问题。

8.4.1　航空维修保障推行精细化管理的保障措施

推行精细化管理是一项复杂的系统工程,其基本途径主要包括:一是建立航空维修保障精细化管理组织指导机构,这是推行精细化管理的关键;二是建立航空维修保障精细化管理法规制度体系,这是推行精细化管理的保障;建立航空维修保障精细化管理专门人才队伍,这是推行精细化管理的基础。在此基础上,还要构建完善的航空维修保障精细化管理网络信息平台,这是推行精细化管理的必要手段。

1. 建立航空装备维修保障精细化管理组织指导机构

推行精细化管理是一项复杂的系统工程,工作头绪繁、参与人员多、涉及领域广,因此,必须依托现行组织架构成立专门的组织指导机构,专责规划、处理、协调推行精细化管理的各项工作。美国空军为了将 21 世纪精细化管理融入部队日常指挥与控制链的各个环节中,成立了由空军副参谋长、重要流程负责人、一级司令部副司令以及相关部门领导共同组成的流程委员会,作为推行 21 世纪精细化管理的领导机构。

2. 建立航空装备维修保障精细化管理法规制度体系

推行精细化管理,需要建立专门的法规制度,主要包括总体规划、指导手册和体系文件三部分内容。总体规划,属于宏观层面的法规性文本,是对航空装备维修保障领域实施精细化管理进行说明。指导手册,属于中观层面的法规制度,是各级组织指导机构开展精细化管理工作的依据。体系文件,是各个工作领域的操作规程,无论是决策层、管理层,还是外场、修理厂等一线作业层面,都需要按照流程性组织运行的特点和规律对工作领域进行划分,建立起相应的体系文件;同时,还应随着航空装备的更新换代、机务人员的构成变化、装备保障模式的改革要求做出相应调整,实现动态和持续改进的精细化管理。

3. 建立航空装备维修保障精细化管理网络信息平台

推行精细化管理，需要切实发挥信息技术在管理方式变革中的推手作用，必须科学搭建航空装备维修保障精细化管理网络信息技术平台，至少应包括指令分发系统、作业管理系统、质量安全管理系统、机务训练管理系统、知识管理系统五个子系统。最终把这几个系统融入我军的通信信息基础网，实现互联互通，最大限度发挥信息平台的作用，助推航空维修保障精细化管理的高效运行。

4. 建立航空装备维修保障精细化管理专门人才队伍

精细化管理之所以能够引领组织持续改进、走向卓越，一个很重要的原因是它将运筹学、统计学、博弈论、系统工程等大量先进的学科理论引入管理活动中，从宏观决策到微观操作，将"拍脑袋""想当然"等粗放、随意的管理习惯拒之门外。精细化管理的运行，靠的是信息、数据，其庞大的工具体系中，大多具有很强的专业性，因此，推行精细化管理，必须培养建立一支具备精细化管理能力和素质的专门人才队伍，这样才能使精细化管理顺利推行。美国空军在推行 21 世纪精细化管理的过程中，为接受培训的各级人员都规定有严格的认证条件和程序，从制度上保证了培训质量。

8.4.2　航空维修保障推行精细化管理应注意问题

1. 精细化管理不是越细越好

细化并不是繁琐，而是要抓住重点，抓住关键环节。管理人员抓住关键细节，管好重点的少数细节，密切监控容易出现问题的细节。抓细节管理要分层次，不同层次抓的细节重点是不同的。精细化管理不是难点，关键在于要树立精细化管理的意识，建立起精细化管理的制度，使精细化管理成为人们的习惯，管理工作则会逐步趋向简化，达到自主管理。

2. 精细化管理是提升，而不是"脱轨"

在航空维修保障中推行精细化管理，是在现有管理条例、制度的基础上创新的管理模式，不是另起炉灶。采用精细化管理的理念方法，改进完善维修管理，提升管理水平，使航空维修保障突破传统的管理模式，用精细化管理的手段解决落实不好、执行不力老大难问题，用精细化管理促进各项法规的落实，用管理到位促进执行到位，这才是我们最终追求的目的。

3. 精细化管理是为了解放管理者而不是使管理复杂化

精细化管理的推进，一定是通过规则体系化和训练形成的习惯来保证全员的有效执行，而不是靠领导的干预和参与来解决,更不是使管理复杂化。

思考与讨论题

1. 简述精细化管理的基本内涵。

2. 结合实际工作,谈谈你对精细化管理的核心要义"精、准、细、严"是如何理解的。

3. 结合实际工作,谈谈你对精细化管理的基本思想"复杂问题简单化,简单问题流程化,流程问题定量化,定量问题信息化,信息问题可控化"是如何理解的。

4. 简述航空维修保障精细化管理的基本内涵和主要特征。

5. 谈谈你对"航空维修保障精细化管理贯穿全系统、全过程、全要素"的理解。

6. 简述在航空维修保障工作中推行精细化管理的必要性。

7. 简述在航空维修保障工作中推行精细化管理的可行性。

8. 简述航空维修保障精细化管理的基本程序。

9. 简述航空维修保障精细化管理的实施方法。

10. 简要辨析 PDCA 循环、OODA 循环、六西格玛的 DMAIC 循环等持续改进方法。

11. 简述航空维修保障精细化管理的保障措施。

12. 简述航空维修保障精细化管理的注意问题。

13. 精细化管理是不是越细越好? 为什么?

14. 查阅文献资料,讨论中国古代精细化管理思想及其主要特点。

15. 查阅文献资料,讨论中国传统军事思想中包含的 OODA 循环理论思想。

16. 查阅文献资料,讨论美国空军 21 世纪精细化管理的情况及对我军有何启示。

17. 查阅文献资料,收集开展精细化管理的典型案例,并讨论其经验做法。

黎明即起，洒扫庭除，要内外整洁。

既昏便息，关锁门户，必亲自检点。

——《朱子家训》

朱柏庐①

第9章　航空维修保障现场 6S 管理

📖 知 识 目 标

◆ 熟悉航空维修保障现场的含义以及航空维修保障现场管理的现状。
◆ 了解 6S 管理的起源与发展。
◆ 理解 6S 管理基本内容和 6S 管理各要素之间的关系。
◆ 掌握 6S 管理活动开展要点。
◆ 掌握航空维修保障现场推行 6S 管理的方法和建议。

🔧 能 力 目 标

◆ 掌握 6S 管理实施方案制定的能力。
◆ 初步掌握航空维修保障现场推行 6S 管理工作的能力。

🎓 思政育人目标

◆ 树立 6S 管理思想，培养优良的航空维修现场管理职业素养。

---

① 朱柏庐(1617—1688)　明末清初江南昆山(今属江苏)人，名用纯，字致一，自号柏庐。清初居乡教授学生。专治程朱理学，提倡知行并进。朱柏庐所著《朱子家训》亦名《朱子治家格言》，其言通俗易晓，其事亲近易行，内容是从道德观念上劝人勤俭治家、安分守己，是流传甚广的家训读本。

◈ 领悟"贵在坚持"的道理,养成良好的个人素养和工作作风。

◈ 弘扬中华优秀质量管理文化和世界先进质量管理文化。

　　航空维修保障现场管理是维修管理的重要组成部分,对现场管理需要系统的管理思想和方法。6S 管理作为一种理论方法简单、实施步骤具体、部署效果明显的现场管理活动,可以有效改善航空维修保障工作环境,提升航空机务人员素养,目前在航空维修保障工作中得到了广泛应用。本章在认识航空维修保障现场的基础上,主要介绍 6S 管理基本内容及其在航空维修保障现场管理中的应用。

9.1　认识航空维修保障现场

　　认识并了解航空维修保障现场特点,探寻航空维修保障领域发展不平衡、制约通航发展的突出问题,寻找解决现场管理存在问题的途径,是学习和实施航空维修保障现场 6S 管理的首要问题。

9.1.1　航空维修保障现场的含义

　　现场是指由人、机、物、环境、信息、制度等生产要素和质量、成本、效率、安全、员工士气等重要的管理目标要素构成的一个动态系统。航空维修保障现场是指开展航空装备维修保障工作的场地、建筑物、划定区域的统称。主要包括机库、机棚、车间、油料间、试车场、工作房、航材、弹药仓库及办公室等。典型的航空维修保障现场如图 9-1 所示。

图 9-1　典型的航空维修保障现场(图片来自互联网)

　　航空维修保障现场管理,是指运用科学的管理手段,对维修保障现场中的维修要素和管理目标要素进行设计和综合治理,达到全方位配置优化的管理方法。航空维修保障现场管理是装备使用、维修管理的重要组成部分,管理对象涉及现场维修人员、航空装备、保障设备、航空器材、工艺方法、检测方法、技术资料、法规制度、信息资源等保障要素,以及灯光、温度、气味、噪声等环境要素。维修保障现场的管理是航空装备质量、维修质量的重要保证,是航空装备效能得以最大限度发挥的关键。维修保障现场管理也是衡量航空维修管理水平的重要尺度,反映了对维修保障资源进行有效管控的能力。

9.1.2　航空维修保障现场管理现状

在当前航空维修保障环境下,维修保障现场管理受维修人员专业素质、维修流程、工艺流程、技术、责任和检测等因素影响,存在一系列问题,解决这些问题的路径和措施成为影响当前航空事业发展的重要因素。因此,厘清航空维修保障现场的特点,探寻才能使航空维修质量管理水平稳健提升。

(1)维修保障现场物品数量多。航空维修保障现场维修工作运行时,由于工作的复杂性,需要大量的维护设备、维修工具和保障车辆等,涉及的工具和仪器设备通常多达几百种。对于现场管理而言,无疑增加了管理难度和安全隐患,需要建立严格的现场物品管理秩序。

(2)维修保障人员管控难度大。航空维修保障现场涉及人员专业种类多,各专业分工不同,人员流动性大,现场人员管控压力较大。因此,如果操作人员专业能力素质不足或没有一套完备的维修管控流程,必然会增加维修保障隐患。

(3)维修保障流程规范化要求高。对于维修保障工作的内容、工作量、日常维护方法,都需要在运行之前,尤其要在工作早期建立维护程序和维护系统,规范工作流程,以满足航空维修工作复杂、多变的特点。在建立和规范维修流程时,还必须考虑维修现场的安全隐患问题。维修保障现场存在大量的用电设备、高压气瓶、易燃易爆危险品和有毒物品,工作内容涉及高空作业和吊装工序等,维修保障现场安全隐患较多。

9.1.3　加强航空维修保障现场管理途径

鉴于航空维修保障现场管理存在的问题,需要实施相关的对策措施加以强化解决,势必要在航空维修质量管理整体上下功夫,才能确保现场管理符合相关要求。

(1)加强维修保障现场指挥协调。航空维修保障现场管理人员的思想要与时俱进,合理控制维修保障现场。同时,管理人员要按照整体工作的安排,和技术人员做好交流并及时反馈意见。加强维修保障现场管理指挥协调工作对于顺利开展维修保障现场 6S 管理工作具有很大的帮助。

(2)合理安排现场人力资源。科学的管理方案需要控制数量和质量,制定出科学的量化指标。在航空维修保障现场管理中,也需要根据实际工作情况,总结实践经验,不断完善对于人员数量、工作量和工作质量的量化指标,同时建立监管和优化机制,方便更好地进行人力资源安排。同时还要注意特定岗位需要有适当的人员进行管理,岗位和人员的能力必须相匹配,使得人尽其才。

(3)规范维修保障现场资料管理。飞机在维修过程中,和飞机相关的部件和工程都需要重视,并通过更加专业的方式加以实现,也就是要通过科学的方式对技术资料进行管理和应用。技术资料的管理是航空维修质量管理工作中十分重要的一方面内容,既要做到对资料流转的控制,又要兼顾资料应用的便利性,这就需要规范资料的管理,这也是维修生产作业的重点。做好技术资料的管理,能够为飞机维修和行业发展提供保障,也是实现飞机飞行安全和生产效益的重要保障。

(4) 优化维修信息沟通途径。随着航空器越来越先进,机组队伍逐步扩大,对于维修人员来讲,维修保障现场的工作内容日益复杂,需要学习和协作的内容逐步增多。在实际工作中,因为信息沟通不畅,从而影响飞机维修效率和安全性的事件时有发生。因此,在维修作业中,做好信息的传递、沟通和展示工作,协调各组、专业人员之间的信息交流显得尤为重要。需要利用 6S 管理建立科学有效的信息传递、展示和交流方法,减少人员之间信息传递的负担。

(5) 规范设备、器材和工具管理。航空维修保障现场有大量设备、器材和工具,不光品类多、价值高、规格复杂,在数量和体积上也同样繁复,经常容易出现混淆和丢失情况。在飞机维修过程中,如果出现设备、器材和工具选择错误,就属于重大的人为责任问题,这在维修质量管理中是要极力避免的。通过 6S 管理可以建立严格的现场管理方式方法,有效提高工作效率并减少人为原因形成的安全隐患,从而保障飞机维修的安全性。

(6) 开展多级检查机制。航空装备从生产到维护运行,都需要有配套的、严格的法规和制度作保障,确保航空装备在生产和使用过程中处于安全和稳定的状态。正是由于这种对安全和稳定的极大需求,对从事航空装备维修保障人员的素质要求较高,不仅需要过硬的专业技术,同样需要良好的职业素养。为避免出现人为差错,还需要专门的检查人员,对维修保障工作进行全面的检测核查。通过 6S 管理,可以建立一套基于法规之上的,适合于维修保障实际的工作标准和制度,并合理科学地加以贯彻执行。

9.2　6S 管理概述

6S 管理是经过生产实践不断总结和发展形成的一种行之有效的现场管理理念和方法,对于航空维修保障现场管理具有很强的适用性。

9.2.1　6S 管理的基本概念

1. 6S 管理的含义

6S 管理是指对作业(生产、维修等)现场的人员、机器、材料、方法等要素进行有效整治的一种管理活动,即对现场诸要素所处状态不断进行整理、整顿、清扫、清洁、提高素养及安全的活动。由于整理（Seiri）、整顿（Seiton）、清扫（Seiso）、清洁（Seiketsu）、素养（Shitsuke）和安全（Security）这6个词的日语罗马拼音或英语的第一个字母均是"S"，故简称为"6S"。

2．6S管理的起源与发展

6S管理是由5S管理演变而来的。5S管理主要起源于日本的现场管理，5S管理在日本企业中广泛实行，并在实践中得到不断完善和提高，取得了很好的效果。1955年，日本关于5S管理的宣传口号为"安全始于整理整顿，终于整理整顿"。当时只推行了前两个S，其目的仅为了确保作业空间的充足和安全。到了1986年，日本关于5S管理的著作逐渐问世，从而对整个现场管理模式起到了促进作用，由此掀起了5S管理的热潮，并逐渐被各国的管理界所认识。6S管理就是在5S管理基础上再加上"安全"，这样更全面、更适合在我国应用与推广。6S管理的作用是提高效率，保证质量，使工作环境整洁有序，预防为主，保证安全。其核心思想是"消除（各种）浪费，提高效率"。6S管理的本质是一种执行力的企业文化，强调纪律性的文化，不怕困难，想到做到，做到做好。作为基础性的6S管理工作落实后，能为其他管理活动提供优质的管理平台。

随着人们对6S管理的不断深入认识和发展，许多企业根据自身的发展现状，在6S管理的基础上增加了其他不同要素。例如，有的公司添加了节约（Saving）称为7S，再添加上速度/效率（Speed）称为8S，甚至再添加上学习（Study）、服务（Service）、满意（Satisfaction）、坚持（Stick）、共享（Share），又形成了13S等。但是万变不离其宗，它们都是从5S衍生出来的。目前，6S管理的提法较为常见和普遍。

思政聚焦——古为今用：【从《朱子家训》看6S管理】 三百多年前明末清初的朱柏庐在《朱子家训》里记载："黎明即起，洒扫庭除，要内外整洁。既昏便息，关锁门户，必亲自检点。"这句话可引申到今天的6S管理模式的管理内容中来："黎明即起，洒扫庭除"——每天上班的时候对职场进行打扫，清理污垢，将物品摆放整齐（整理、整顿、清扫）；"要内外整洁，既昏便息"——随时保持职场的整洁，下班的时候，关闭电器开关（清洁、安全）；"必亲自检点"——养成自主管理习惯（素养）。可以说《朱子家训》是6S管理最早的启蒙思想。

启示：这句话说的是个人的修身治家，但家有大有小，如果我们把航空维修保障工作当作整理自己的家来理解这句话，就是说每天上班要对维修保障场所进行打扫，将物品摆放整齐，做好整理、整顿、清扫；之后要随时保持现场的整洁，下班的时候，要关闭门窗、设备，做好清洁、确保安全；同时还要亲自检点，养成自主管理的习惯，这是素养。显然这与6S管理中的各个要素是相通的，我们现在学习和推广6S管理，也是对中华优秀传统文化的传承与发扬。（资料来源：高庆华.卓越6S管理实战手册（图解版）[M].北京：化学工业出版社，2012.）

9.2.2　6S 管理的基本内容

6S 即整理（Seiri）、整顿（Seiton）、清扫（Seiso）、清洁（Seiketsu）、素养（Shitsuke）、安全（Safety），其基本含义和典型例子如表 9-1 所列。

表 9-1　6S 的基本含义和典型例子

中　文	日文罗马拼音/英文	精 简 要 义	典 型 例 子
整理	Seiri	要与不要，一留一弃	作业现场只放置必要物品
整顿	Seiton	定量定位，取用快捷	30 秒内可以找到需要物品
清扫	Seiso	清理扫除，美化环境	分区进行自主管理
清洁	Seiketsu	形成制度，贯彻到底	维持良好的状态
素养	Shitsuke	养成习惯，以人为本	养成良好的行为习惯
安全	Safety	安全预防，珍惜生命	消灭一切安全隐患

1. 整理（Seiri）

（1）含义：将工作场所及其周边环境中的所有物品区分为有必要和没有必要的，除了有必要的留下来，其他的都撤除并及时处理。

（2）目的：腾出空间，空间活用，防止误用，创造清爽的工作场所。比如在航空维修保障工作过程中，经常有一些残余物（如废弃的滑油、液压油、保险丝、导线包皮等）、拆下的待修品、返修品等滞留在维修现场，既占用空间又阻碍其他维修作业活动的展开，包括一些已经无法使用的工具、仪器设备等，如果不及时清除，会使得现场变得凌乱，影响正常工作的开展。

（3）整理的"三清"原则：清理、清除、清爽。①清理——区分需要品和不需要品，即将物品区分为"常用、偶尔使用和不使用"三类。②清除——清除掉不需要品，即不使用的物品清除或处理掉。③清爽——按属别管理需要品，即常用物品安置在现场，偶尔使用的物品放在固定的储存处。

思政聚焦——科学思维:【大道至简——奥卡姆剃刀定律】 12 世纪，英国经院哲学家奥卡姆（William Ockham）对无休无止的关于"共相""本质"之类的争吵感到厌倦，主张唯名论，只承认确实存在的东西，认为那些空洞无物的普遍性要领都是无用的累赘，应当被无情地"剃除"。他主张，"如无必要，勿增实体"。这就是常说的"奥卡姆剃刀"（Ockham's Razor）。这把"剃刀"曾使很多人感到

威胁,被认为是异端邪说,奥卡姆本人也受到伤害。然而,这并未损害这把刀的锋利,相反,奥卡姆剃刀经过数百年越来越快,并早已超越了原来狭窄的领域而具有广泛的、丰富的、深刻的意义。奥卡姆剃刀定律在管理中可进一步演化为简单与复杂定律:把事情变复杂很简单,把事情变简单很复杂。其本质是发现事物本质、化繁为简、提升管理效率。这个定律要求我们在处理事情时,要把握事情的主要实质,解决最根本的问题,尤其要顺应自然,不要把事情人为地复杂化,这样才能把事情处理好。

启示:纷繁复杂的管理活动,具有深刻的内部联系和客观规律。简单、简明、简捷、简约,反映了事物的本质,揭示了管理的规律。管理者应当删繁就简,突出重点,提高效率。在6S管理中,整理的目的就是要把多余不用的部分去掉,解决现场管理中最根本的问题。(资料来源:[1]陈至立,等.辞海(彩图本)[M].7版.上海:上海辞书出版社,2020.[2]李晓男,顾海洋.质量管理与控制技术基础[M].北京:北京理工大学出版社,2017.[3]奥卡姆剃刀定律[J].企业管理,2006(5):62.[4]于澄,颜萍.奥卡姆剃刀的管理学意义[J].学海,2006(6):173-176.)

2. 整顿(Seiton)

(1)含义:把留下来的必要物品分门别类摆放,排列整齐,明确数量,并加以标识,以便在需要的时候能立即找到并放回原处。

(2)目的:为了使工作场所一目了然,缩短或消除寻找物品的时间,消除过多的积压物品,这是提高维修工作效率的基础。

整顿研究的内容主要是如何科学地提高工作效率。随意、任意地摆放物品不仅不会提高工作速度,还会让工作中寻找物品的时间加倍。整顿需要思考的内容是如何让所有人都能够快速地理解并掌握物品摆放的系统,并能够遵照执行,提高效率。执行效果应该是非担当者的其他人员也能够明白要求和做法,不同的人去执行整顿工作,结果应当是一样的。

(3)整顿的"三定"原则:定位、定容、定量。

① 定位:根据物品的使用频率和使用便利性,来决定物品放置的场所。一般来说,使用频率低的远离现场,物品放置要用四角定位、行迹管理等方法将其明示。在维修保障现场,小型保障装设备,例如常用的仪表、探测仪等,要上墙上架,按使用频次将常用的放在方便取用的位置;大、重型保障装备,为防止取用时互相影响,应一字排开摆放,并配上轮子方便取用。有些常用的设备,例如更换发动机工作需要经常顶起飞机,需要使用千斤顶,因此千斤顶应选择厂房工作区墙边划定区域摆放,方便直接取用。

② 定容:用什么样的容器、货架来放。需要根据物品的不同去选择合理的容器去放置,同时标记上颜色和标志。例如,工具室摆放工具,要根据工具类型定制合适的工具箱,并

选用不同颜色区分工具类别，上架摆放；油料间储存油料样本，要选用大小合适的塑料瓶密封保存，分类存放。

③定量：确定保留在工作场所或附近物品的数量，应以不影响工作为前提，数量越少越好。例如在航空维修保障现场，像具有腐蚀性的飞机除漆剂、高压氮气瓶等有一定危险性的物品，则应在不影响工作的前提下，数量越少越好。

（4）整顿的"三易"原则：易找、易取、易放。能迅速取出、能立即使用、处于能节约时间的状态。整顿要实现最优的空间利用，最短的运输距离，最少的装卸次数和最安全的防护效果。整顿要统一规范，并且规则灵活有弹性，物品布局要美观协调，让人心情舒畅。所以整顿中放置物品需要遵守"三易"原则。

①易找：易找就是对自己想要找的物品第一时间能找到。现场做到一目了然的目的就是为了易找，方便自己。

②易取：易取就是物品第一时间找到了，又方便地拿了出来，没有阻碍。有的单位各种标识是齐全的，但是货物堆积如山，想要拿出自己需要的物品要翻箱倒柜，大大浪费了时间。物品摆放错落有序，知道从哪拿，又能方便地拿到，才真正达到了目的，有效节约了时间。

③易放：易放就是拿走的东西要方便放回去。不仅要做到自己放回时方便快速，也要为别人取放提供条件。这就要求标识、区域线等明确清楚，物品摆放整齐。

物品定置存放见图 9-2。

图 9-2　物品定置存放（图片来自互联网）

思政聚焦——科学思维：【破窗理论】 美国政治学家詹姆士·威尔逊（James Q. Wilson）和犯罪学家乔治·凯林（George L. Kelling）经过观察提出了"破窗理论"（Broken Windows Theory），也称"破窗效应"。如果有人打坏了一栋建筑上的一块玻璃，又没有及时修复，别人就可能受到某些暗示性的纵容，去打碎更多的玻璃。久而久之，这些窗户就给人造成一种无序的感觉，在这种麻木不仁的氛围中，犯罪就会滋生、蔓延。"破窗理论"更多地是从犯罪的心理去思考问题，但不管把"破窗理论"用在什么领域，角度不同，道理却相似，即环境具有强烈的暗示性和诱导性，必须及时修好"第一扇被打碎玻璃的窗户"。

启示：没有"漏洞"的时候，没有人去钻"漏洞"；而一旦有了一个"小漏洞"，就会有一群人把它变成"大漏洞"。事物都处在因果联系之中，因果联系也是普遍存在的。所以，有果必有因，要求我们增强预见性，防微杜渐。窗户被打碎，如果不及时修好，必然会产生一系列的后果，甚至有可能引发犯罪等恶果，"凡事预则立，不预则废""知因预果"有利于减轻"第一个被打碎的窗户"后产生的后果，亡羊补牢，为时不晚。推广至6S管理中，良好的工作场所，作业用的工具整整齐齐，员工就不会大声喧哗，或随地吐痰；相反，如果工作场所环境脏乱不堪，作业用的工具、材料乱丢，久而久之，随地吐痰、打闹、嬉笑等不文明的举止也会相继出现。环境是现场管理中的"第一扇易被打碎玻璃的窗户"，6S管理中整理、整顿环境十分必要。（资料来源：[1]李晓男，顾海洋.质量管理与控制技术基础[M].北京：北京理工大学出版社，2017. [2]秦小萍."破窗理论"的哲理赏析[J].中学政治教学参考，2008（12）：52.[3]破窗理论[J].中国安全生产科学技术，2017，13（4）：195.）

3. 清扫（Seiso）

（1）含义：将工作场所内能够看见与看不见的地方打扫干净，保持工作场所、环境干净、亮丽，同时点检细微之处，并防止污染的发生。

（2）目的：维持、维护仪器设备的精度和运转的稳定性，降低故障率，防止因灰尘、垃圾及油污而造成的不良，保证质量；营造清新明亮的现场环境，改善作业条件，缓解身心疲劳；防患于未然，培育认真负责的工作作风。

（3）清扫的"三扫"原则：扫黑、扫漏、扫怪。

① 扫黑：扫除垃圾、灰尘、粉尘、纸屑、蜘蛛网等。扫黑具体来说就是清扫表面的地方，例如设备表面、办公室地面、工作区域地面等。

② 扫漏：扫漏就是清扫内部的脏物，扫除漏水、漏油、漏气等。不仅要清扫表面，内部卫生也不能忽略，如抽屉内部、文件柜内部、设备内部等都是需要经常打扫的地方。另外，扫漏还要求必须查找污染源所在，发现问题，彻底解决。例如设备漏油了，不仅要打扫地面的油渍，还要发现是哪里漏油、为什么漏油。

③ 扫怪：对那些不切实际的目标、不合理的制度进行清扫，扫除异常之声音、温度、振动等。清扫的内容不仅是打扫卫生、杜绝污染，也要对不切实际的目标、不合理的规章制度进行"清扫"，找出制度或者目标与现实的差别，及时改善。

清扫后的工作现场见图9-3。

图 9-3　清扫后的工作现场（图片来自互联网）

　　思政聚焦——机务作风：【清扫——清理卫生、点检设备】6S 管理中的清扫跟我们日常的打扫卫生是不一样的。6S 管理的清扫不仅包括打扫卫生，还包括对装备、设备的点检。对设备进行认真清扫是一个和装设备"亲密接触"的过程，通过清扫可以把污垢、油渍、灰尘和其他杂物清除掉，这样磨耗、瑕疵、漏油、松动、裂纹、变形等问题都会彻底暴露出来，我们也就可以采取相应的补救措施，保持装（设）备的完好状态。比如某修理厂，一名维修保障人员在清理发动机架车时发现，架车上的黑橡胶皮颜色不对，用手一掰，胶皮整个碎掉了。这是因为长时间的氧化导致的。如果在使用过程中，胶皮因为碰撞等突然脱落，就容易造成发动机与架车的磨损。经过清扫，及时发现隐患，就可以避免一些故障的发生。所以说，6S 管理中的清扫不是传统意义上的扫垃圾，把脏的地方弄干净这么简单。清扫是航空维修保障工作的一部分，除了能保持工作场所干干净净之外，还有预防性保养的作用。因此，我们可以把清扫简要概括为清理卫生、点检设备。

4. 清洁（Seiketsu）

　　（1）含义：将前面 3S（整理、整顿、清扫）的做法制度化、规范化，并贯彻执行和固化成果，意即标准化（Standardization），而不单是我们所说的干净、清洁的意思。

　　（2）目的：创建整洁明亮、条理有序的现场环境；通过制度化来维持前 3 个 S 的成果，并显现"异常"之所在；未雨绸缪，提前筹划应对异常问题的对策和方法；推行标准化，培育持之以恒的企业文化。

　　清洁就是将上述 3 个 S 实施步骤制度化、规范化，辅以必要的监督、检查、奖励措施，坚持、固化以上 3 个 S 的成果，通过强制性规定，培养职工正确的工作习惯。主要包括"彻底贯彻 3S（连续、反复不断地开展 3S 活动）、施行透明管理（设置透明检查窗口）、建立健全制度

（把各项工作制度化，包括环境维护、设备管理、作业方法、现场巡视、考核评价制度化）"等内容。

温馨提示：【"清洁"≠"干净"】这里的"清洁"不是我们平常所说的干净、没有灰尘，而是为了固化成果，将前面3个S的做法形成标准、制定制度，并贯彻执行下去。如果没有系统学习过6S管理，很容易将"清洁"的含义理解错误。有的单位为了更便于理解，用"标准化"来代替"清洁"。就航空维修保障工作而言，除了要遵守共同的管理方法外，各单位都会结合各自实际情况，颁布一些标准、规定，例如"要"与"不要"的判定标准、不要物品处理流程、物品放置规范、6S管理检查标准等，这些实际上都属于"清洁"的范畴。因此，我们可以这样来理解，清洁，就是要形成制度，并贯彻到底。

5. 素养（Shitsuke）

（1）含义：人人按章操作、依规行事，养成良好的习惯，全员参与到6S管理的活动中去，提升全体人员的素养水准。

（2）目的：培养有良好工作习惯，遵守规则的员工，营造团队精神。每位成员良好的素养是搞好"6S"活动的重要保证，通过"6S"活动又提高了员工的素养水平。

（3）素养有三个基本原则：①守纪律——遵守各项作业性管理规定；②守时间——遵守各项工作时间；③守标准——遵守管理性的制度。

思政聚焦——机务作风：【素养强调的是保持良好的习惯】"素养"是最独特的一项要素，也是6S管理精华之处，体现了单位管理中"以人为本"的思想。对于个人来讲，制度是外在的、强制性的东西，现场管理活动的最终目的，是将外在的制度要求转化为个人主动的、发自内心的行动。也就是变规定、要求为个人意识、习惯，习惯一旦养成，将潜移默化地、长期地影响每个人的工作、学习和生活的质量。素养是建立在人的意识之中的，提高素养需要进行学习、宣传、教育，以及制度的约束，并有效地运用激励等辅助手段。要向每一位维修保障人员灌输法规、质量和安全意识；此外还要强调创造一个良好风气的工作场所的意义。绝大多数人员对以上要求会付诸行动，个别人和新人就会抛弃坏的习惯，转而向好的方面发展。对于从事航空维修保障工作的机务人员来说，素养也是培树优良机务作风的基石。

6. 安全(Safety)

(1) 含义：消除隐患、排除险情，预防事故的发生，从而保障人员的人身安全，保证生产能够连续、安全、正常地进行，同时减少因安全事故造成的经济损失。

(2) 目的：建立起安全作业的环境，保证所有的工作建立在安全的前提下。

温馨提示：“安全”是对前面的一个补充。以“工作现场管理要点”这个主题去理解，增加“安全”这个要点是很可取的。现场管理始于安全，终于安全。安全不仅仅是意识，它是一个系统的管理体系，需要我们按照安全管理体系的要求开展相关工作并持续改进。安全工作常常因为细小的疏忽而酿成大错，光强调意识是不够的。

6S 管理的精髓与全面质量管理的理念相符，概括为“三全”，即全员参与，从单位的最高领导到一线的作业人员，以及各部门均要参与其中；全过程管理，对质量形成的各项工作、作业工序实施管理；全效率提高，在保证质量、安全的基础上，全面提高生产、技术及管理效率。

思政聚焦——古为今用：【老子哲学对 6S 管理的启示】老子是我国古代伟大的思想家，他的思想对今天的管理理论影响深远。深刻参悟老子的思想，对理解 6S 管理的真谛有很大的帮助。老子曰：“图难于其易，为大于其细。天下难事，必作于易；天下大事，必作于细。”6S 管理的精髓与老子的哲学思想不谋而合。计划周密，细节翔实，才能将重大的事情做好；难做的事情，用简单的方法各个突破，自然水到渠成。6S 管理注重细节，重视基础的管理，要求全员参与，脚踏实地，从身边的小事与易事做起，点点滴滴地积累，最后达成员工的素养，从而实现管理水平的全面提高。(资料来源：高庆华.卓越 6S 管理实战手册(图解版)[M].北京：化学工业出版社,2012.)

9.2.3　6S 管理各要素之间的关系

6S 管理构成要素之间彼此关联，相互作用。其中“整理”“整顿”“清扫”是进行日常 6S 活动的具体内容，其关系是层层递进，“整理”是区分要与不要，现场只适量留必需的，不要的清理掉，节约空间；而“整顿”则是对要的东西依规定定位，尽量摆放整齐，并准确标识，节约取放的时间；“清扫”是将工作内容扩展到周边的环境，对工作场所脏污进行清除，并防止脏污的发生，保持工作场所干净。“清洁”是把上述 3S 进行制度化、规范化，并保持成果，持之以恒。“素养”要求每位成员养成遵守纪律、规则，严谨认真的良好习惯；“安全”则是整个作业过程的基础,强调成员在 5S 活动的基础上实现安全作业,尊重生命,杜绝违章。可见,6 个 S 并不是各自独立,互不相关的。它们之间是一种相辅相成的关系,只有做好每一步,才能确保 6S 管理的顺利运行。6S 管理各要素之间的关系可以用图 9-4 表示。

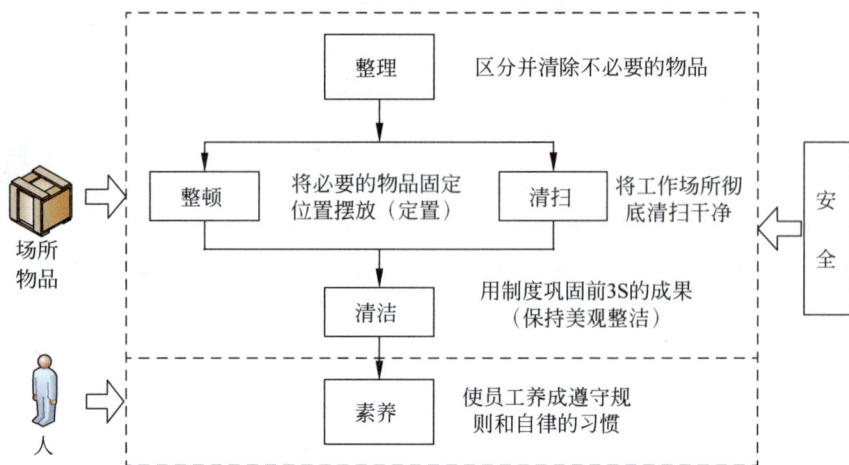

图 9-4　6S 管理各要素之间的关系

(1) 整理是整顿的基础,整顿又是整理的巩固,清扫是显现整理、整顿的效果,安全是对人的保护,而通过规范(各种规章制度)对前四项进行制度化。工作的开展与完成,关键是人员,通过人员素养的提高,才能把前面的做实,素养提高了,才能通过规范(各种制度)对整理、整顿以及清洁、安全的效果进行保持和体现。

(2)"整理、整顿、清扫"以场地、时间、物品等"硬环境"为对象,是关于现场状况改进和提升的三项基本行动。"清洁、安全、素养"主要以制度、行为、习惯等"软环境"为对象,促使向"形式化—行事化—习惯化"演变。

(3)"整理"是改进工作现场的开始,在进行整理时,可参照以下更具体、更具操作性的分类管理方法:即将物品区分为"常用、偶尔使用和不使用"三类,然后按以下方法处理。①常用物品安置在现场。②偶尔使用的物品放在固定的储存处。③不使用的物品清除或处理掉。

(4)"整顿"是衔接在整理之后的,在将不需要的东西清理掉之后,对现场进行整顿,包括重新规划区域与安放,是十分自然的。

(5)"清扫"在整顿之后进行,这三项工作是关联的,有次序的。

(6)"清洁"是上述基本行动之外的管理活动,是将活动转化为日常行为,需要将好的方法、要求总结出来,形成管理制度,长期贯彻实施,并不断检查和改进。

(7)"安全"是对前面的一个补充。以"工作现场管理要点"这个主题去理解,增加"安全"这个要点是很可取的。现场管理始于安全,终于安全。安全不仅仅是意识,它是一个系统的管理体系,需要我们按照安全管理体系的要求开展相关工作并持续改进。安全工作常常因为细小的疏忽而酿成大错,光强调意识是不够的。

(8)"素养"是最独特的一项要素,也是 6S 管理精华之处,体现了现场管理中"以人为本"的思想。对于个人来讲,制度是外在的、强制性的,现场管理活动的最终目的,是将外在的制度要求转化为个人主动的、发自内心的行动。也就是变规定、要求为个人意识、习惯,习惯一旦养成,将潜移默化地、长期地影响每个人的工作、学习和生活的质量。素养是建立在人的意识之中的,提高素养需要进行学习、宣传、教育,以及制度的约束,并有效地运用激励等辅助手段。

总之,6S 管理是一种行动。管理的对象是人、物和事。通过对人员行动品质的管理活动,对所有物品的规范管理活动,对人员工作方法和作业流程的管理活动,来改变人的思考方式,改变人的想法和行动的品质,从而提升一个单位的管理水平。

9.2.4　6S 管理与其他管理活动的关系

(1) 6S 管理是生产(维修)等活动现场管理的基础,是全面生产管理(TPM)的前提,是全面质量管理(TQM)的第一步,也是 ISO 9000 标准得以有效推行的保证。

(2) 6S 管理能够营造一种"人人积极参与,事事遵守标准"的良好氛围。有了这种氛围,推行 ISO、TQM 及 TPM 就更容易获得员工的支持和配合,有利于调动员工的积极性,形成强大的推动力。

(3) 实施 ISO、TQM、TPM 等活动的效果是隐蔽的、长期的,一时难以看到显著的效果,而 6S 管理活动的效果则是立竿见影。如果在推行 ISO、TQM、TPM 等活动的过程中导入 6S 管理,可以通过在短期内获得显著效果来增强单位成员的信心,进而为全面推行其他质量管理模式奠定基础。

(4) 6S 管理是现场管理的基础,6S 管理水平的高低,代表着管理者对现场管理认识的高低,这又决定了现场管理水平的高低,而现场管理水平的高低,制约着 ISO、TPM、TQM活动能否顺利、有效地推行。通过 6S 管理活动,从现场管理着手改进单位"体质",则能起到事半功倍的效果。

9.3　6S 管理活动开展要点

6S 管理在推进的过程中,每一个活动阶段都有一个关键点,高效顺利地推进 6S 管理需要理解和掌握这些关键点。在实际 6S 管理活动中,把握每个"S"的工作要点,才能做到工作有的放矢、制度齐全完备、生产安全有序。在 6S 管理推进的整个过程中,必须从最高管理层的政策、方针开始,然后通过成立相关的执行组织,制定具体的行动计划,并严格组织落实。最后,要对推行的表现和取得的成果进行考核评价,以确定是否达到计划的标准,及时寻找未来改进的方向,并依次建立持续改进的循环。分步进行的每一步骤都要按期审核、验收,在做下一步的同时必须保持前一步的成果。

9.3.1　开展整理活动要点

整理活动的对象是工作现场及其周边的所有物品,内容是对物品进行区分和处理。在这个活动过程中最主要的要点就是"深究产生不要物品的原因",能够正确区分物品究竟是"需要的"还是"不需要的",建立这种区分的方法或制度是开展整理活动的重点和难点。制定"需要的"和"不需要的"判别标准,对物品进行分类和处理,可以从以下几个阶段分别进行。

1. 明确划定实施整理的范围

首先要明确工作现场及其周边环境的范围,并且将这些工作区域内的物品进行统计。随后根据人员岗位的不同,合理划分整理工作,尽量确保实施整理的人员熟悉所划定区域内物品的性状和功能。

2. 制定判别标准

对工作现场物品进行区分,就必须有明确的分类标准。通常整理活动区分物品是否必要的依据是物品的使用频率。"需要"的物品是指工作或生产必须使用的物品,特点是没有替代品,缺少会影响工作开展。"不需要"的物品主要分为两类:一是使用周期较长的物品,即长达三个月、半年甚至一年用上一次的物品,例如样品、图纸、某些零配件等;二是与现场工作没有关联的物品,例如过期的图纸、生产中产生的废品、老旧损坏的仪器等。

3. 对物品进行分类和处理

将物品按照判别标准分类后,要将"需要"和"不需要"的物品明确区分开来,并分开摆放。不需要的物品要按照规定的时间和方式及时处理完毕,可以将不需要的物品分为"没有使用价值"和"有使用价值"两类,前者可以折价变卖或者移作他用,后者则需要妥善保管分类存放。

温馨提示:整理是一个长期的工作,一件物品是否需要,也与具体的工作相关。整理活动的开展必须要有决心,对不需要的物品果断处置,不能持有保守心态,将工作现场变为货物间。要有正确的价值意识,判断物品是否需要的依据是物品的使用价值而不是原购买价值,当然对于不需要的物品也要注意处理方法,减少浪费。

知识链接：【红牌作战】"红牌作战"是 6S 管理中常用的一种实施方法,指的是在 6S 管理推进过程中,不断寻找需要改进的问题并悬挂醒目的红色标牌进行标识,从而达到发现问题和解决问题的目的。红牌作战通常贯穿于 6S 管理活动的全过程中,并且对于整理工作的推进有着明显的帮助。在整理过后,通过巡检可以在多余的杂物、乱摆的物品、未及时理的设备等处张贴红色牌子,帮助员工意识到非必需品的存在,激发员工和管理者的改进意识。红牌作战的标识牌中要明确暴露的问题点、改进的期限以及责任者,实施过程中也要明确红牌并非工作失职,只是一种改进的手段,所有人要以正确的态度对待,马上跟进并立即改善。

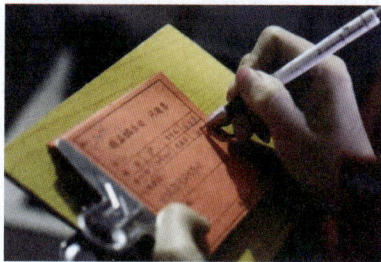

9.3.2　开展整顿活动要点

整顿是在整理过程的基础上进行的,是整理活动的进一步工作,对现场保留的物品进行归类摆放并加以标识。整顿活动不单单是对物品进行合理的摆放,与平日里整理家居物品有所不同的是,整顿的结果是要实现任何人都能快速理解并执行物品的放置方法,另外,使用后要能容易恢复到原位,当没有恢复或误放时能马上知道。因此,开展整顿活动必须要注意以下三个要素。

1. 明确物品标识

好的整顿效果是建立在彻底的整理工作基础上的。只有彻底地进行整理,在现场只留下需要的物品,摆放最低限度的必需品并且清除掉个人所需物品与必需品混杂的问题,才能做好整顿的后续工作。随后要明确物品的种类、数量,并且注意标识的统一规范。标识是整顿活动的要素之一,也是整顿的最终动作,是物品的身份证,表明物品的性状。相同类别的标识,在 6S 管理活动中要尽可能做到统一规格大小、统一加工制作。

2. 确定放置场所

在确定物品摆放位置时,要对现场进行布局研讨,确定物品放在岗位的哪一个位置比较方便,在这个过程中,可以制作一个模型或者通过电脑模拟的方式进行探讨,便于布局规划。在确定放置位置时,要注意将经常使用的物品放在距工作地点最近的地方,特殊、危险的物品必须放置在专门的场所并有专人看管。确定好物品的放置场所后,摆放要严格按照计划实施,不能经常更换场所,摆放的位置也要相对不变。

3. 决定放置方法

明确物品的放置方法,也是整顿活动的重要内容。物品的放置方法必须符合容易取用的原则。一般小型的仪器设备可以上墙上架摆放、大中型的设备则一字排列摆放并配上轮挡方便取用。放置时可以考虑在架子、箱子、袋子等容器内,放置的方式有叠放、悬挂等多种形式,要充分考虑立体放置的方式以便于节省现场空间。决定放置方法时要考虑物品的用途、形态、大小、重量、功能和使用频率等多种因素,对于容易损坏的物品要分隔放置并加以防护,同时做好防潮、防尘、防锈蚀等防范措施。

在开展整顿活动时,通常采用画线标识的方式来对现场进行管理,这与交通管理的理念其实是一致的。在公路上画线,不是为了美观,而是为了行车的高效、安全,保持现代化交通顺畅有序,减少交通事故的发生。同样,现场的画线标识除了让现场显得更加整洁之外,更主要的是营造一个井然有序、安全高效的工作环境。

知识链接:【形迹管理】"形迹管理"是针对物品摆放的一种实施方法,主要是根据物品的"形"来进行定位管理。按照物品形状,采用刻画、描边等方式,在墙壁、架子、地面等处制作形状或凹槽,与物品一一对应的放置方式即为形迹管理。这种方法在现场器件、工具的管理中经常使用,也是6S管理中整顿活动常用的物品管理方法。通过形状的描摹和定位,可以让人快速理解物品的放置位置、状态、方向等信息,便于取放。在工作过程中,也便于检查物品是否有缺失,从而减少物品误用和丢失问题。

知识链接:【目视管理】"目视管理"在现场管理活动中应用广泛,在我们日常生活中也经常可以看到,比如马路上的指示标志、红绿灯、斑马线等,都是目视管理的典型范例。这些有的是为了安全而设置,有的是为了方便和效率。在企业的生产现场管理中,目视管理更是显得愈发重要,在6S管理的整顿、清扫活动中应用较为广泛,用来指导员工按照划定的标准和指示行动。目视管理是利用各种直观的视觉感知信息,从而组织现场生产活动、提高生产效率的一种管理手段。在施行的过程中,要注意的是管理信息必须公开透明,让人能够迅速判断和理解管理意图,并能够有效地遵照执行。航空维修管理中常见的现场目视管理方法有对飞机停放画线定置、规则和评比看板管理、物品和人员颜色管理、各类安全指示标志等。例如在航母甲板上,就利用了颜色进行目视管理,便于对人员的区分和快速识别。在设置各项目视管理内容时,一定要确保信息能够迅速便捷地传递,内容要形象直观容易理解,并且要确保客观、公正、透明地展示工作内容、责任人等信息,这样才能有效促进航空机务文化的建立,形成员工凝聚力和向心力。

9.3.3　开展清扫活动要点

开展清扫活动是为了消除工作现场的脏物,保持现场干净、明亮,同时确保生产过程的稳定,及时发现问题并加以排除,维持和提高设备的性能,减少工业危险。清扫活动看起来与一般的打扫工作有些类似,但其根本目的和活动内容有所不同。一般的打扫工作指的仅仅是打扫卫生,没有进一步的细化和延伸。6S 管理中的清扫活动则是既要求对环境的清扫,也讲求对装备设备的点检等工作,在活动实施中具体需要把握以下几个要点。

1. 明确清扫范围与责任

进行清扫活动的一个基本要求就是建立每个人员的清扫区域,将清扫责任落实到个人。在最开始的全面大清扫之后,要持续不间断地例行扫除,清理脏物和死角。在清扫的过程中,对存在问题的地方要寻找污染源,明确污染源,处理责任人,制定期限,督促污染发生源的彻底解决或隔离。

2. 固定清扫工作程序

对于个人岗位区域,划分后按岗位落实责任较为合适。对于公共区域而言,轮流打扫是一种较好的办法。需要画出清洁区域图,排好打扫时间表,确定每人的清洁时间、地点和内容,展示在现场醒目位置,建立打扫规则和习惯。当清扫工作推进一定程度后,就可以逐渐减少专职清洁人员的数量,将清扫工作融入日常工作中去。

3. 保持清扫工作效果

打扫一次简单,难的是一直维持干净整洁的效果。要维持清扫后工作现场的整洁,就必须要求所有人按照清扫工作程序实施,建立各场所的卫生检查标准,这需要后续"清洁"活动加以配合。清扫要每一个人都参与进去,责任也要落实到每一个人,这样所有人才会认真对待这件事情。如果单单靠行政命令去维持,缺少公平公正、领导以身作则的氛围,就很难做到人人参与。

4. 重视设备点检

在清扫过程中,对设备进行清扫就是与设备"亲密接触"的过程。通过将设备上的油污、金属碎屑、灰尘等打扫干净,设备的老化、漏油、变形、裂纹、松动等问题都会暴露出来,这样就可以及时弥补这些问题,保持设备的完好状态,从而实现预防性维修的目的。

温馨提示:这里清扫不再是传统意义的扫除,而是维修保障等工作的一部分,不仅做到清除"脏物",保持现场干净明亮,而且要排除一切干扰正常工作的隐患,防止污染发生。因此,做好清扫工作,需要的是人人动手、用心对待,保持良好的工作习惯。

知识链接：【定点摄影】 "定点摄影"这一实施方法可以将活动推行的前后对比清晰地展示出来，督促各部门完成改善并提高员工成就感与满足感。通过同一地点、同一方向，将现场的死角、不安全之处、改善的困难等通过相机记录下来，在现场醒目位置进行公示，激起大家的改善意愿，通过对不断改善的摄影记录，使大家了解改善的过程和效果。这种方法比较适用于类似"清扫活动"改善前后这种对比明显的场景，改善前的现场照片可以促使各部门为了形象采取积极的解决措施，改善后的照片可以让员工切实了解改善的意义，从而形成进一步改善的动力。

9.3.4　开展清洁活动要点

清洁活动是标准、制度的建立和执行，是文化建设开始步入正轨的重要节点。因此，要做好清洁工作，创造一个全面、标准的制度化、规范化的现场环境，就必须充分利用前面 3 个 S 的成果，坚持和完善制度化条件。在推行 6S 管理的前期，各级领导重视、全体人员热情高涨，集会、宣传、比赛等轰轰烈烈，可是过了一段时间后，很多单位又恢复到了之前的状态。这说明要打破保守、僵化的现象，不能靠一时的热度，需要长期的坚持。6S 管理中的清洁活动就是为了使所有工作有章可循，有法可依。具体要做好以下几点。

1. 坚持全面的清扫和检查

有效的清扫和检查是实现制度优化的前提工作，凡是和作业现场有关的内容都要列入清扫和检查范围之内，一旦做好了基本的整理、整顿和清扫工作，就要总结其中好的做法，形成制度和经验，定下长期的、循环的打扫程序并马上执行下去。

2. 坚持一个纪律标准

纪律的前提是严格的标准。人的思想是复杂多变的，要做好管理工作，就必须统一思想，才能朝着共同的目标奋斗和前进。6S 管理活动中，在具体的工作上，统一思想靠的就是统一制度和标准，任何纪律和规则都不能只针对一般员工，对于造成秩序混乱、违反规定的行为，要一视同仁处理。

3. 制定并贯彻奖惩制度

清洁的奖惩目的在于鼓励先进、鞭策后进，形成良好的工作氛围。奖惩的具体内容不应以惩罚为目的，这只是一种形式，要注重的更多是团体的荣誉。例如某公司在推行 6S 管理过程中，曾在颁发"流动红旗"的同时，还颁发了"流动黄旗"，用以鞭策 6S 管理执行力最差的部门，这与前文提到的"定点摄影"实施方法有异曲同工之处。

清洁落实的过程中,需要制定大量的规则、制度、标准,但如果我们将这些规定都写在手册、文件之中,并不能有效推动 6S 管理。这就像法律不是刻在石头上的一句话,必须要写在人民的心里才能够发挥作用一样,6S 管理中清洁制定的规章制度,也不能仅仅是挂在墙上、写在纸上的规定,必须让全体员工理解制定这些制度的意义。

因此,要做好清洁工作,在维持前面 3S 效果的同时,也要进一步通过创意和思考,将规范和规则进行“美化”。也就是说,可以通过一些方式来对全体人员进行灌输和教育工作。例如可以通过下发宣传手册、组织 6S 老带新活动、优化岗位工作程序、美化现场操作指示标志等诸多方式,来让员工切实体会到制度和规范带来的好处和满足感,这也是进行清洁活动的重要之处。

温馨提示:【“三不要”原则】在实施清洁活动的过程中,要坚持“三不要”的原则,即不要放置不需要的东西、不要弄乱现场、不要弄脏环境。需要设置每一项维修作业的标准化、提高执行力的奖惩制度、考评制度等,另外还要尽可能地找出工作环境及人员健康的影响因素并加以改进。在具体执行过程中,高层领导要带头执行,并经常进行巡查,带动全体人员重视活动的深入。

9.3.5　开展素养活动要点

素养活动包括培养员工工作态度、行为规范和道德规范三个方面,目的是培养具有良好素质的人才,铸造团队精神,创造良好的人文和工作环境氛围。开展素养活动提升员工的素质和修养,本质上是为了消除文化因素所产生的工作流程不稳定性。在 6S 管理中通常是经过整理、整顿、清扫、清洁活动中的具体工作,慢慢地影响和改变个人,形成整体荣誉感,营造轻松、融洽的工作氛围和人际氛围。具体要做好以下几项内容。

1. 强化新人教育

6S 管理中教育训练中一项重要的内容就是对新入职人员的教育工作。因为 6S 管理文化的认同是通过长期坚持养成的一种习惯上的认同,而新入职人员通常很难产生理念上的共鸣。因此,需要通过教育训练、集体活动等方式让新人快速融入集体。

2. 制定特征识别符号

可以通过制定共同的服装、臂章、工作帽、胸牌等方式,强化人的集体属性,在单位内部形成固定的岗位圈层,并通过 6S 管理各项活动的宣传、改善和奖惩来强化这种集体属性,从而推动素养的提升。

3. 贯彻共同规定和守则

提升素养的重中之重就是要对制定的规定、规则、礼仪标准等严格执行,领导干部必须以身作则。规章制度要合情合理,制度贵在精不在多,制度传达的更多的应该是一种管理理念。

4. 进行多样化教育培训互动

培训是对文化传承非常有效的手段之一,具体方式不应拘泥形式,要利用早会、班前会等时机对员工进行指导教育、传递信息,通过按期召开的碰头会议,能够有效增强集体意识、引导良好的工作习惯,进而培养团队精神、提振工作士气,这对改善员工精神面貌,促进各方面的工作都有着积极的作用。

知识链接:【单点教材】"单点教材"(One Point Lesson,OPL),是把现场的一个问题的解决方案,由员工自助讲解其中的岗位知识、技巧或者经验,编写成 OPL 教材后在班组内传播交流的一种方法。这种经验交流的活动也被广泛应用于 6S 管理活动的现场培训和辅导。其开展方式灵活,可以利用班前或者班后很短的时间进行,且便于大家理解,也可以提高员工的参与度和积极性。

在 OPL 活动中,要注意对课题内容的挖掘,企业内部可以组织专门的人员对内容进行把关,对教材编写进行规范性的指导,培养一批 OPL 活动骨干,建立完备的审核和激励机制,使 OPL 活动持久化,让更多的人愿意通过 OPL 来分享自己在工作岗位中的优秀经验和做法。

9.3.6　开展安全活动要点

推行安全活动可以让全体人员放心,更好地投入工作;消除安全事故,使得各种作业活动顺利进行;杜绝伤害,减少经济损失;人人有责任,事故发生时能够应对自如;管理到位,使用户更信任。

1. 做好安全监督

各级组织管理人员,在作业现场直接领导下属,管理装(设)备,同时担负着相应的监督职责。通常作为作业现场的监督人员需要履行以下的监督职能:①规范的作业程序;②发现不适当的作业方法并加以改进;③对现场发现的不安全行为应予以指出并进行必要的指导和教育;④对所属人员的作业过程进行监督和指导;⑤对设备安全及环境条件进行改进;⑥发生异常情况时采取必要的措施。

2. 拟定安全工作核对表

结合某些具体工作制定安全管理方面的核对表,以不断固化和改进安全检查项目,可以包括对人员、装(设)备、器材、工具、现场管理等方面的检查内容,完成一项检查即签字确认,以防漏检。

3. 开展安全教育

安全教育应该贯穿到维修作业的全过程,而不是仅仅在专门的安全教育会上实施。这就需要管理者根据现场的具体情况来确定,通过对现场安全的人、机、环境、程序等方面分析,明确影响作业任务完成的不利因素,现场进行安全教育。

4. 做好安全识别

安全识别主要是利用颜色来刺激人的视觉,以达到警示的目的,并作为行动的判断标准,起到危险预知的作用。作业现场应该配备醒目的安全标志,用以表达规定的安全信息。通常安全标志分禁止标志、警告标志、命令标志和提示标志四大类。其中,禁止标志是禁止或制止人们要做某种动作,其基本形式是带斜杠的圆边框,如机翼的禁止踩踏、禁止触摸等;警告标志是促使人们提防可能发生的危险,警告标志的基本形式是正三角形边框,如当心触电、当心超压、当心烫伤等;命令标志是必须遵守的意思,命令标志的基本形式是圆形边框,如进气道检查时必须穿戴专用工作服、必须戴防毒面具、必须戴安全帽等;提示标志是提供目标所在的位置与方向性的信息,其基本形式为矩形边框,如机库安全通道、机房重地闲人莫入、禁止合闸有人工作等。

5. 安全检查

在作业进行过程中,各种资源(人、材、物、环境等因素)都处于变化状态,各种仪器、设备随着运转会发生磨损和老化,人员也会发生变化,因此对于工作场所人和物的不安全地方和因素,需要随时和定期进行检查,发生问题及时改进和纠正,这就是安全检查。

9.4 航空维修保障现场推行 6S 管理的建议

航空维修保障现场管理是装备使用、维修管理的重要组成部分,管理内容涉及人员、航空装备、保障装(设)备、物资器材、车辆、法规制度等各种保障要素,保障现场的管理是航空装备质量、维修质量的重要保证,是航空装备效能得以最大限度发挥的关键。

1. 推行 6S 管理要循序渐进

根据 6S 管理基本原理(渐变理论),推行 6S 管理通常要经历三个阶段:形式化阶段、制度化阶段、习惯化阶段。首先要通过强化人员的行为,然后改变一个人的工作态度,逐渐地让他成为习惯,到了习惯化之后,一切事情会变得非常自然,顺理成章,人员不再感觉 6S 管理的存在。

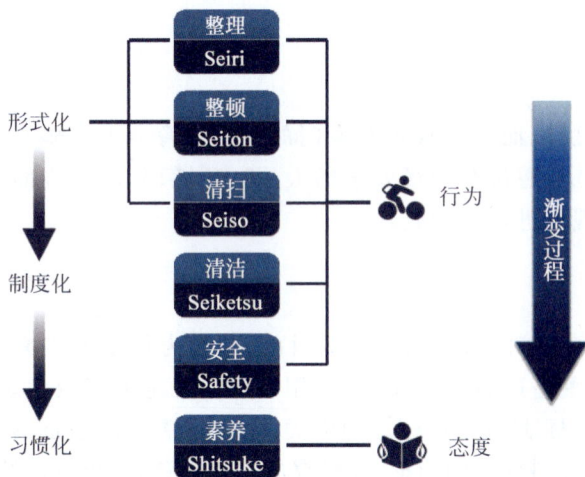

思政聚焦——思想启迪：【6S管理渐变过程：形式化—行事化—习惯化】 形成素养一般分为三个阶段：形式化、行事化（也称制度化）和习惯化。在6S管理推行的初级阶段，一般都会开展诸如擦玻璃、清洗地面、清扫装（设）备污垢等扫除活动，同时组织各专业理论学习、考试。这个阶段主要是响应6S管理号召，每个人都必须参与。这一过程是通常强制性的，我们可以称之为形式化阶段。经过一段时间的舆论引导和检查督导，并且持续落实制定的规章制度，大家慢慢地不再对6S管理工作有思想抵触，就会认识到6S管理活动是维修保障工作的一部分，意识到"某一天、某个时段，必须要做什么样的事情"。每隔固定的时间，大家会主动去打扫卫生、点检设备、整理多余的物品并摆放整齐。这时便由形式化阶段转变为行事化阶段。慢慢地，通过不断的坚持，大家做这些工作的时候，不会再感觉到刻意，就像每天刷牙洗脸一样自然，这便由行事化阶段转变为习惯化阶段。到了习惯化阶段，每个人都能遵守法规和制度，养成良好的习惯，自觉地去改善现场环境，不需要领导的监管和督促，自然而然形成良好的工作氛围，达到个人素质修养的提升和全体人员精神面貌的改善。这也是素养所要求的。

思政聚焦——古为今用：【老子的辩证思想——"静为躁君"】 协同学中有一个原理说"慢变量支配快变量"，这和老子《道德经·二十六章》中所讲"静为躁君"是一个道理。老子哲学肯定了宇宙间一切事物都在运动变化之中。其哲学范畴"静"指事物潜移渐进的变化，"躁"指事物剧烈激进的运动，"静"与"躁"是运动的两种形式，与现代哲学的"静止""运动"有别。因此，"静为躁君"可以理解为：潜移渐进的变化，胜过剧烈激进的运动。（资料来源：黄瑞云.说"静为躁君"[J].文史哲，1992(6)：75-77.）

2. 要制定实施6S管理的系统方案

实施6S管理并最终取得成功是一个长期而漫长的过程，而且涉及方方面面的管理、检查、制度、标准等内容，需要有一个详细的实施计划，并根据推行的情况及时进行调整，确保按步骤进行。不要把6S管理的推行看作是一项短期活动，只在现场贴几条标语，而不制定6S管理制度和检查活动，任凭大家各自为政，这样，6S活动就会随着标语逐渐陈旧、破损而消失殆尽。

3. 要制定并形成 6S 管理各阶段的管理制度

"没有规矩,不成方圆"。实行 6S 管理时,一开始就进入执行状态,安排人员每日整理、打扫,搞得声势浩大。然而,由于没有制定出相应的管理办法,由谁查? 检查内容是什么? 以何种标准进行检查? 检查以后如何处理? 处理的标准是什么? ⋯⋯诸如此类问题,由于缺乏管理制度的事前规定,就会随意安排,让执行人和实施人无所适从,使得 6S 活动的公信力、认可度大打折扣。

4. 要加强教育、提高认识、全员参与

6S 管理具有丰富的内涵,每个阶段的推行都有各自的特点和实施方法、步骤,根据单位推行 6S 管理的进度,要开展适时的教育活动,提高大家的认识。6S 管理并不是简单地搞搞卫生,而是通过日常细节的处理,预防大问题的产生。时间一长,如果没有认识上的动力,6S 管理就慢慢流于形式,大家视 6S 检查为"挑刺"活动,充满敌意,不积极、不配合,就会影响正常的进度和效果。

5. 要准确定位,与日常工作有机结合

6S 管理是现场管理必须具备的基础管理技术,它明确了具体的做法,什么物品放置在哪里、如何放置、数量多少合适、如何标识等,简单有效,且与我们的日常工作有机结合。在 6S 管理进行推行时不要把口号、标语、文件宣传作为重点,没有与日常工作有机结合的空洞口号、运动,对提升人的素质几乎没有任何作用。

实践证明,6S 管理是适用于航空维修保障现场管理的有效方法之一。6S 管理是各项管理工作的基础,一方面它对于改善工作现场环境、加强现场管理、维持良好的工作秩序具有重要作用;另一方面,推行 6S 管理模式,也是提高人员素质、促进安全作业、提升管理水平的有效途径,对提高航空装备维修保障能力、水平,塑造良好形象和创新发展具有积极而深远的影响。

思考与讨论题

1. 简述航空维修保障现场的含义以及航空维修保障现场管理的现状。
2. 简述如何加强航空维修保障现场管理。
3. 简述 6S 管理的起源与发展。
4. 简述 6S 管理的含义,以及 6S 管理各要素之间的内在联系。
5. 简述形迹管理、目视管理、红牌作战、定点摄影的含义及适用场合。
6. 简述航空维修保障工作推行 6S 管理的实施要点。

7. 如何提高 6S 管理的人性化？你有哪些建议？

8. 可以用图 9-5 来形象说明 6S 管理各要素之间的关系，试结合该图讨论 6S 管理各要素之间的关系。

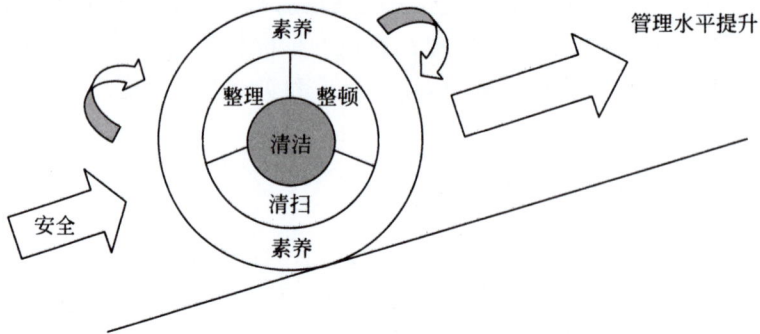

图 9-5　6S 管理各要素之间的关系示意图

9. 查阅文献资料，收集开展 6S 管理的典型案例，并讨论其经验做法。

参 考 文 献

[1] 陈至立.辞海(彩图本)[M].7 版.上海：上海辞书出版社,2020.

[2] 管理科学技术名词审定委员会.管理科学技术名词[M].北京：科学出版社,2016.

[3] 《中国质量管理最佳实践集萃》编委会.中国质量管理最佳实践集萃[M].北京：中国标准出版社,2023.

[4] 《大国质量》节目组.大国质量：世界名企版"大国崛起"[M].北京：当代世界出版社,2019.

[5] 张凤鸣,郑东良,吕振中.航空装备科学维修导论[M].北京：国防工业出版社,2006.

[6] 王端民.航空维修质量与安全管理[M].北京：国防工业出版社,2008.

[7] 刘小方,谢义.装备全寿命质量管理[M].北京：国防工业出版社,2014.

[8] 甘茂治,康建设,高崎,等.军用装备维修工程学[M].3 版.北京：国防工业出版社,2022.

[9] 陈学楚.现代维修理论[M].北京：国防工业出版社,2003.

[10] 郑东良,王坚浩.航空维修管理[M].北京：国防工业出版社,2022.

[11] 宋太亮,李军.装备建设大质量观[M].2 版.北京：国防工业出版社,2017.

[12] 左洪福,蔡景,吴昊,等.航空维修工程学[M].北京：科学出版社,2011.

[13] 王海燕.装备维修保障管理概论[M].北京：国防工业出版社,2017.

[14] 龚源.军品质量工程[M].北京：国防工业出版社,2008.

[15] 马义中,汪建均.质量管理学[M].2 版.北京：机械工业出版社,2019.

[16] 梁工谦,刘德智,陈洪根.质量管理学[M].3 版.北京：中国人民大学出版社,2018.

[17] 韩福荣.现代质量管理学[M].4 版.北京：机械工业出版社,2018.

[18] 崔利荣,赵先,刘芳宇.质量管理学[M].北京：中国人民大学出版社,2012.

[19] 尤建新,邵鲁宁,李展儒.质量管理学[M].4 版.北京：科学出版社,2021.

[20] 苏秦.质量管理与可靠性[M].3 版.北京：机械工业出版社,2019.

[21] 侯世旺,李梦群.质量管理与可靠性[M].北京：国防工业出版社,2015.

[22] 张根宝.现代质量工程[M].4 版.北京：机械工业出版社,2020.

[23] 苗瑞,朱相鹏.质量管理学[M].北京：科学出版社,2021.

[24] 武志军.质量管理学[M].北京：化学工业出版社,2022.

[25] 李晓男,顾海洋.质量管理与控制技术基础[M].北京：北京理工大学出版社,2017.

[26] 张凤荣.质量管理与控制[M].2 版.北京：机械工业出版社,2011.

[27] 赵宇,何益海,戴伟.质量工程技术体系与内涵[M].北京：国防工业出版社,2017.

[28] 李刚.建设质量强国[M].北京：中国青年出版社,2022.

[29] 孙久国.质量人工作手册：从华为质量工程师到海信质量副总的质量之路[M].青岛：中国海洋大学出版社,2019.

[30] 郭彬.创造价值的质量管理：质量管理领导力[M].北京：机械工业出版社,2018.

[31]　全国质量管理和质量保证标准化技术委员会,中国合格评定国家认可委员会,国家认证认可协会.2016 年版质量管理体系国际标准理解与实施[M].北京:中国标准出版社,2017.

[32]　夏海光,刘金刚,邹寒松,等.武器装备质量管理体系构建与审核[M].北京:航空工业出版社,2021.

[33]　康锐.可靠性维修性保障性工程基础[M].北京:国防工业出版社,2012.

[34]　谢干跃,宁书存,李仲杰.可靠性维修性保障性测试性安全性概论[M].北京:国防工业出版社,2012.

[35]　陈云翔.可靠性维修性保障性工程[M].北京:国防工业出版社,2022.

[36]　高俊峰,江劲勇.装备质量与可靠性管理[M].北京:国防工业出版社,2007.

[37]　杨建昊,朱玉岭,周红,等.保障性工程理论与应用[M].北京:国防工业出版社,2013.

[38]　李良巧.可靠性工程师手册[M].北京:中国人民大学出版社,2012.

[39]　陶俊勇,谭源源,易晓山,等.装备通用质量特性技术基础[M].长沙:国防科技大学出版社,2017.

[40]　中国航天科技集团公司.通用质量特性[M].北京:中国宇航出版社,2017.

[41]　祝华远.航空装备通用质量特性概论[M].北京:航空工业出版社,2021.

[42]　王灵芝.航空装备通用质量特性使用评价基础[M].北京:航空工业出版社,2021.

[43]　周友苏,杨飒.质量管理统计技术[M].北京:北京大学出版社,2010.

[44]　周尊英.质量管理实用统计技术[M].北京:中国标准出版社,2009.

[45]　杨军,丁文兴,等.统计质量控制[M].北京:中国质检出版社,2012.

[46]　杨彦明,高扬,张锐丽,等.质量管理统计分析与应用[M].北京:清华大学出版社,2015.

[47]　杨彦明,张锐丽,孙璐璐,等.航空维修信息分析技术[M].北京:清华大学出版社,2020.

[48]　杨彦明.装备保障数据分析理论与应用[M].北京:清华大学出版社,2023.

[49]　杨彦明,祝华远,杨爱民.航空装备可靠性数据建模与分析[M].北京:航空工业出版社,2020.

[50]　亓四华.六西格玛管理概论[M].2 版.合肥:中国科学技术大学出版社,2017.

[51]　王瑛,张凤鸣,杨少华,等.航空装备维修精益维修理论与实践[M].北京:国防工业出版社,2017.

[52]　张楠,张学锋,姚晓军.航空装备维修保障精细化管理理论研究与创新实践[M].北京:国防工业出版社,2014.

[53]　赵德勇,古平,袁红丽,等.装备大修精细化管理理论与应用[M].北京:北京理工大学出版社,2019.

[54]　陈世国,王志宇,尹富.航空装备维修精细化管理[M].武汉:武汉理工大学出版社,2021.

[55]　高庆华.卓越 6S 管理实战手册(图解版)[M].北京:化学工业出版社,2012.

[56]　姜明忠.6S 管理现场实战全解[M].北京:机械工业出版社,2015.

[57]　李家林.6S 精益推行手册[M].北京:人民邮电出版社,2011.

[58]　胡凡启.5S 管理与现场改善[M].北京:中国水利水电出版社,2011.

[59]　端木京顺,常洪,等.航空装备安全学[M].2 版.北京:国防工业出版社,2016.

[60]　姜明远,马震宇.航空维修安全导论[M].北京:国防工业出版社,2014.

[61]　张会峰,杨哲,包佳仪.现代航空装备维修差错:人为差错研究[M].北京:北京航空航天大学出版社,2021.

[62]　李学仁,杜军,王红雷.维修差错导致的民用航空事故案例分析汇编[M].北京:国防工业出版社,2013.

[63]　梁满仓.中华经典名著全本全注全译丛书:人物志[M].北京:中华书局,2018.

[64]　伏俊琏.人物志译注[M].上海:上海古籍出版社,2018.

[65]　陈曦,陈铮铮.中华经典兵法丛书:司马法[M].北京:中华书局,2017.

[66]　李山,轩新丽.中华经典名著全本全注全译丛书:管子[M].北京:中华书局,2019.

[67] 谢浩范,朱迎平.管子译注[M].上海:上海古籍出版社,2020.

[68] 闻人军.考工记译注[M].上海:上海古籍出版社,2021.

[69] 杨天宇.礼记译注[M].上海:上海古籍出版社,2016.

[70] 张永祥,肖霞.墨子译注[M].上海:上海古籍出版社,2016.

[71] 张觉.韩非子译注[M].上海:上海古籍出版社,2016.

[72] 任继愈.老子绎读[M].2版.北京:北京图书馆出版社,2015.

[73] 廖明春.中华传统文化百部经典:荀子[M].北京:国家图书馆出版社,2019.

[74] 黄寿祺,张善文.周易译注[M].上海:上海古籍出版社,2016.

[75] 杨伯峻.孟子译注[M].2版.北京:中华书局,2019.

[76] 郭化若.孙子译注[M].上海:上海古籍出版社,2016.

[77] 石磊.中华经典名著全本全注全译丛书:商君书[M].2版.北京:中华书局,2022.

[78] 毛泽东选集:第一卷[M].2版.北京:人民出版社,1991.

[79] 毛泽东选集:第二卷[M].2版.北京:人民出版社,1991.

[80] 毛泽东选集:第四卷[M].2版.北京:人民出版社,1991.

[81] 袁远维扬."物勒工名"制的伦理蕴含[J].湖北经济学院学报(人文社会科学版),2018,15(4):22-24.

[82] 梅其君."物勒工名"与传统工匠精神[J].孔学堂,2021(2):68-74.

[83] 梅其君,韩赫明,陈凡.中国传统工匠精神:基本内涵、文化特征与本质[J].科学技术哲学研究,2022,39(6):120-125.

[84] 孙璐璐,杨彦明,崔健.浅谈控制图在飞机完好率控制中的应用[J].航空维修与工程,2013(4):71-73.

[85] 强彀.精益六西格玛在美军基地级维修中的应用[J].兵工自动化,2011,30(6):23-26.

[86] 周辅疆,田伟峰,朱小冬.精益六西格玛在美军装备LCC管理中的应用及启示[J].国防技术基础,2009(8):37-40.

[87] 李洪广,刘乐义,贾进峰.美国海军装备"精益维修"案例分析[J].国防技术基础,2006(12):38-41.

[88] 焦冰,常天庆,梁冰.面向装甲装备维修保障的精益六西格玛应用研究[J].军事运筹与系统工程,2010,24(4):69-74.

[89] 欧渊,曹孟谊,邰海军.精益六西格玛在装备维修保障中的应用研究[J].价值工程,2010,29(11):67-68.

[90] 沈斌,刘殿如,兰宁远.马兰基地与酒泉卫星发射中心:"两弹一星"伟业背后的故事[J].党建,2023(6):64-66.

[91] 杨彦明,张锐丽,滕曰.航空维修保障推行精细化管理探讨[J].价值工程,2017,36(5):230-232.

[92] 汤罗浩,刘毅,丁兆云,等."指挥与控制原理"的课程思政实践——以"OODA环"教学为例[J].现代职业教育,2023(7):41-44.

[93] 于澄,颜萍.奥卡姆剃刀的管理学意义[J].学海,2006(6):173-176.

[94] 秦小萍."破窗理论"的哲理赏析[J].中学政治教学参考,2008(12):52.

[95] 黄瑞云.说"静为躁君"[J].文史哲,1992(6):75-77.

[96] 质量强国建设纲要[M].北京:中国标准出版社,2023.

[97] 武器装备质量管理条例[M].北京:中国法制出版社,2010.

[98] 质量管理体系 基础和术语:GB/T 19000—2016/ISO 9000:2015[S].北京:中国标准出版社,2016.

［99］ 质量管理体系　要求：GB/T 19001—2016/ISO 9001：2015［S］.北京：中国标准出版社,2016.

［100］ 常规控制图：GB/T 4091—2001［S］.北京：中国标准出版社,2001.

［101］ 控制图　第2部分：常规控制图：GB/T 17989.2—2020［S］.北京：中国标准出版社,2020.

［102］ 装备质量管理术语：GJB 1405A—2006［S］.2006.

［103］ 质量管理体系要求：GJB 9001C—2017［S］.2017.

［104］ 可靠性维修性保障性术语：GJB 451A—2005［S］.2005.

［105］ 装备维修性工作通用要求：GJB 368B—2009［S］.2009.

［106］ 装备综合保障通用要求：GJB 3872—1999［S］.1999.

［107］ 装备测试性工作通用要求：GJB 2547A—2012［S］.2012.

［108］ 装备安全性工作通用要求：GJB 900A—2012［S］.2012.

［109］ 装备环境工程通用要求：GJB 4239—2001［S］.2001.